野外应急生活保障理论与技术系列丛书

野外应急住用房理论与技术

黄光宏　佐晓波　孙艳军　赵晓文　编著

西安电子科技大学出版社

内 容 简 介

本书共分 4 章。第 1 章为绪论，主要对野外应急住用房的定义与分类、帐篷和活动房的发展概况等作了简要介绍；第 2 章为野外应急住用房基本理论，包括外部作用因素、材料力学基本理论、结构力学基本理论、建筑热工学基本原理及有限元数值模拟软件等相关内容；第 3 章为野外应急住用房设计原则及设计实例，全面总结了帐篷和活动房的总体设计原则及步骤，给出了支杆式帐篷、框架式帐篷、网架式帐篷、充气式帐篷和框架组合式活动房的设计实例，并对通用帐篷热工设计进行了阐述；第 4 章为野外应急住用房新材料应用，对野外应急住用房涉及的新材料进行了展望，如柔性织物光伏发电材料、气凝胶隔热材料、高压充气材料、防弹材料、轻质复合杆件材料、可热合帐篷布材料、轻质高电磁屏蔽材料和相变织物材料等。

本书可供从事野外应急住用房研究与开发的相关技术人员使用，用于指导相关产品的研究和设计工作，也可供高等学校相关专业高年级本科生、研究生参考。

图书在版编目(CIP)数据

野外应急住用房理论与技术 / 黄光宏等编著. —西安：西安电子科技大学出版社，2023.5
ISBN 978 - 7 - 5606 - 6755 - 3

Ⅰ. ①野…　Ⅱ. ①黄…　Ⅲ. ①野外—住宅—应急系统　Ⅳ. ①TU241

中国国家版本馆 CIP 数据核字(2023)第 041315 号

策　　划　　刘小莉
责任编辑　　刘小莉
出版发行　　西安电子科技大学出版社(西安市太白南路 2 号)
电　　话　　(029)88202421　88201467　　邮　　编　　710071
网　　址　　www. xduph. com　　　　电子邮箱　　xdupfxb001@163. com
经　　销　　新华书店
印刷单位　　咸阳华盛印务有限责任公司
版　　次　　2023 年 5 月第 1 版　2023 年 5 月第 1 次印刷
开　　本　　787 毫米×1092 毫米　1/16　印张 13
字　　数　　304 千字
印　　数　　1～1000 册
定　　价　　39.00 元
ISBN 978 - 7 - 5606 - 6755 - 3 / TU

XDUP 7057001 - 1

* * * 如有印装问题可调换 * * *

前　　言

　　我国地域广阔，地形地貌复杂，处于太平洋板块和亚欧板块交汇处，地壳运动强烈，季风气候特点突出，自然灾害频发，是世界上少数几个多种灾害均较严重的国家之一，防灾减灾工作任务艰巨。

　　灾后的应急保障对抢险救灾行动至关重要，而关系到救灾行动中人员安置的应急生活保障尤为重要。临时住用房就属于基本生存条件保障，无论是救灾活动的组织领导、人员救护，还是灾民安置，均需要临时住用房来提供保障。灾害可能导致固定建筑倒塌或者使其成为危房不能居住，此时各种帐篷、活动房就成了应急住用房的主要选择。长期以来，由于缺乏专门的研究机构，没有专业人员全面总结关于野外应急住用房的相关理论与技术，导致这方面的参考资料较少。本书编著者长期从事野外应急住用房体系论证研究、设备开发等技术工作，积累了一定的经验，希望通过本书能为从事本领域工作的技术人员提供全面的知识储备和设计方法指导。

　　本书主要安排四部分内容，即基本概念、基本理论、基本实践和新材料应用。基本概念部分主要介绍野外应急住用房的相关定义、分类，以及国内外发展概况；基本理论部分主要阐述野外应急住用房研究设计中需用到的基本理论知识，包括材料力学、结构力学、建筑热工学及有限元理论等，力求简洁明了、提纲挈领；基本实践部分主要阐述野外应急住用房的总体设计原则和步骤，并列举了典型帐篷及活动房的结构分析和热工计算实例；新材料应用部分主要列举了8种可能在野外应急住用房领域应用的新材料，探讨野外应急住用房技术的发展方向。

　　本书的编著是在总结两代人前期工作的基础上形成的，他们是韩建军、张茂功、王德一、殷继刚(已故)、冯远红、吴昌满、闫文魁、陈浩锋。另外，西安欧亚学院的李源老师、中国人民解放军32181部队的宋瑶工程师也参与了编著工作，在此一并表示感谢！

编著者

2022 年 11 月

目　　录

第 1 章 绪 论

1.1 野外应急住用房的定义与分类

当人们因某种特定原因，如灾害、战争、工程施工或科学考察等，离开固定设施在没有生活保障依托的野外工作和生活时，就需要临时生活保障设施来提供住房、供暖、用电、用水、卫浴及饮食等保障。这些设施古已有之，它们源于民而精于军，民用属于应急救援设备设施范畴，军用属于野营装备范畴。据《中国军事后勤百科全书》解释，野营装备即部队野外设营所使用的各类制式装备器材的总称，包括野营住房、供水、供电、供暖与空调，以及卫生洗浴等功能。通俗地讲，野营装备就是固定营区的营房、水、电、暖、卫等设施设备的野外化。

野外应急住用房是指在野外工作和生活时，能够为人员提供住宿或办公场所的临时性建筑。按照围护结构的不同，野外应急住用房可分为帐篷和活动房两大类。

帐篷是由支撑结构和柔性围护结构组成的。支撑结构的材料主要为钢材、铝合金和复合材料；柔性围护结构的材料主要采用以涤纶、锦纶等为基材的涂层布。帐篷按照支撑结构形式的不同可以分为支杆式、框架式、网架式、充气式等。

活动房是由支撑结构和硬质围护结构组成的。支撑结构的材料主要为钢材、铝合金；硬质围护结构为复合结构，内外表面的材料主要为彩钢板、铝板和玻璃钢，中间夹芯材料为聚苯乙烯、岩棉及聚氨酯等。活动房按照结构形式的不同可以分为拼装式和集装箱式。

帐篷由于成本低、运输方便、搭设快捷，因此在野外应急住用房中占有主要地位，在军事行动和应急救援中发挥着不可替代的作用。活动房保温隔热性能好，居住较舒适，但成本和运力要求高，所以在特殊环境下应用较多，能够较好地满足人员对于住宿使用时间较长、室内环境要求较高的需求。

1.2 野外应急住用房的发展概况

人类使用野外住用房历史悠久，图 1-1 所示为想象中的远古帐篷，它以埋置在土中的植物枝条为重要支承，枝条间铺盖兽皮并系在一起，起防雨和防日晒的作用。

帐篷在汉代时被称为"幄帐"，刘邦所说的"运筹帷幄之中，决胜千里之外"中的"帷幄"其实就是帐篷。据《史记》记载，汉代的贵族公子常"饰冠剑，连车骑""弋射渔猎，犯晨夜，冒霜雪，驰阬谷，不避猛兽之害"，这些贵族公子们在野外所居住的也是幄帐，且有多种款式可选。在著名的中山靖王刘胜墓中，就出土过两种幄帐，如图 1-2 和图 1-3 所示。一种是四阿式顶长方形幄帐，一种是四角攒尖式幄帐，虽然木制帐架和围布已朽毁，但铜制帐构制作十分精巧，保存至今。

图 1-1　想象中的远古帐篷

图 1-2　四阿式顶长方形幄帐

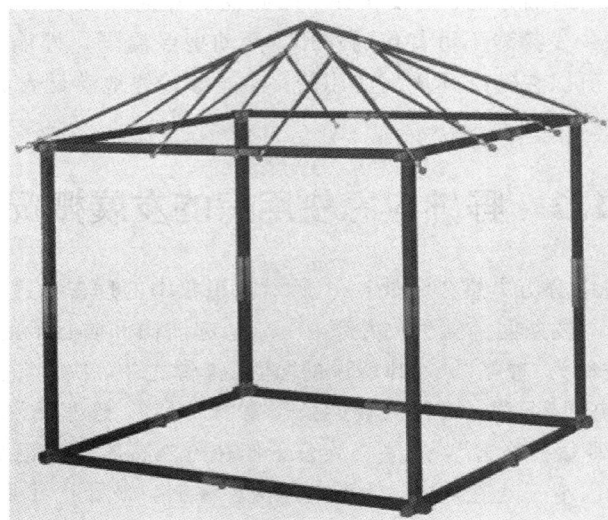

图 1-3　四角攒尖式幄帐

1.2.1　帐篷的发展概况

1. 帐篷在民用领域的发展概况

　　随着社会的发展和技术的进步，帐篷的品种和规格越来越多，人们可以根据不同的季节、不同的地点选择不同的品种。现代帐篷，无论是材料质量还是结构可靠性都有较大进步，在应急救灾、户外旅游等临时住用领域应用广泛。

　　我国人口众多，地域辽阔，地质灾害频发，在应急救灾方面，帐篷发挥了重要的作用。如图 1-4 所示，救灾帐篷一般采用框架式结构。救灾帐篷的骨架材料早期采用钢材，近年来开始采用铝合金材料，减轻了结构质量；篷布材料早期采用 PVC 涂层织物，近年来开始采用 PU 涂层织物，具有了更好的环境适应性。

图 1-4　救灾帐篷

　　户外帐篷属于小众产品，像服装一样根据人们的爱好而变化，不同的年代流行不同的式样，图 1-5 是其中的结构之一。在国外，户外帐篷在二十世纪初主要用于考古，五十年代时用于登山，六七十年代伴随着美国嬉皮士文化的兴起，户外帐篷正式走进了大众生活。近年来随着我国经济高速发展，野外体验和探险等户外运动蓬勃发展，户外帐篷的用户越来越广，样式也越来越多。目前，户外帐篷主要分为三角形帐篷、圆顶形帐篷、六角形帐篷、隧道形帐篷和屋脊形帐篷等。户外帐篷的支撑骨架材料主要有非金属复合材料和高强度铝合金材料等，篷布材料也由早期的硅油尼龙布发展到了 PU 涂层尼龙布。

图 1-5　户外帐篷

2. 帐篷在军用领域的发展概况

古今中外，军事家历来都十分重视军队作战中的"安营扎寨"，在何处安营，在何处扎寨，扎什么样的寨，既有战略、战术思想，又有复杂的技术要求。墨子在《非攻下》中写道"幔幕帷盖，三军之用"；德国著名的军事家克劳塞维茨在《战争论》中，把作战分为"战斗—宿营—行军"三个步骤，其中宿营就离不开帐篷。战争中恶劣的气候和地理条件，是对部队生存的严峻考验。如果部队没有适当的宿营条件，得不到充分的休整，将严重影响战斗力的发挥。1941年冬季，在德军进攻苏联首都莫斯科的战役中，由于战线长，对战时后勤营房保障重视不够，德军没有防寒帐篷、取暖炉具和燃料，士兵只能蜷缩在战壕内，结果三个月内，德军仅冻伤、冻死的士兵就达11万人之众，严重影响了士气，削弱了战斗力。

现代战争，特别是在信息化条件下的局部战争，具有发起突然且猛烈、战争节奏快等特点，这就需要有适应高技术战争的保障与之相适应，因此需要为部队配发技术含量高、战术技术性能好、轻型、多功能、机动性强、系列配套的野外住用房。我国军用住用房设备器材的研制生产起步较晚，经过几十年、几代科研工作者的努力，野营帐篷从无到有、从品种单一到系列配套，现已能较好地满足野外驻训的要求。

二十世纪五十年代中期，我国开始研制、生产军用帐篷，但限于当时的经济状况和生产条件，从抗美援朝战争的实际情况看，还未能具备有力的保障能力。六十年代，我军组建了专门的研究机构，军用住用房设备器材的研制从仿制走向了创新，走上了自主发展的道路。在五十到六十年代的军用帐篷中，篷布材料以棉帆布为主，支撑结构材料以木材为主，结构主要有支杆式和框架式两种，其中支杆式主要用于单帐篷，框架式主要用于棉帐篷。但这两种帐篷都存在体大笨重、机动性差、使用寿命短、易腐蚀、易虫蛀等突出问题。到七十年代，我军自主研制了维纶帆布，使得帐篷的各项性能有了很大提高，但结构形式还沿用以前的结构，见图1-6。

图1-6　二十世纪七十年代军用支杆式帐篷

二十世纪八十年代，我军成功研发了用于军用帐篷的维纶有机硅防水帆布和合成纤维针刺毡等新型材料，研制出了支杆式单帐篷（见图1-7）和框架式寒区帐篷。单帐篷以支杆式为主，零部件相对减少，质量较以前减轻了近30%，并且由于开设了天窗、通风窗，改善了帐篷热环境，使其使用寿命比以前有所延长，在热区可使用两年。框架式寒区帐篷的保温材料采用合成纤维针刺毡取代了毛毡，篷布材料采用维纶防水帆布取代了棉帆布，质量较以前减轻了30多千克，零部件相对减少，包装体积减小，架设和撤收时间缩短，使其机动性能有了一定提高，寒区使用寿命可以达到三年。但这一时期的帐篷，仍以住宿为主，品种单一，还存在伪装隐蔽性较差等问题。

图 1-7 支杆式单帐篷

二十世纪九十年代以后，帐篷的结构形式和材料又有了很大发展，大量新技术、新材料被采用，军用帐篷的系列化、通用化有了很大提高。以下对其中一些典型样式作简要介绍。

(1) 便携式双人单帐篷。这种帐篷结构简单可靠，可供两人同时坐、卧、出入，通风、防蚊虫效果好，质量轻，包装体积小，便于携行，架设方便。充气床垫既防潮、通风，又隔热、耐冻，体感十分舒适，折叠后体积和16开书本大小相当，质量仅800克，便于单人携带。

(2) 新型双坡支杆式单帐篷(见图1-8)。这种帐篷主要在南方热区使用，研发人员根据传热学原理对支杆式单帐篷进行了结构优化，设计了人字形顶面——双坡顶结构，并且采用胶带热合接缝的防水处理方法，解决了单帐篷难以防雨和防渗漏的难题，使其具有防晒、防雨、防蚊虫以及通风隔热性能良好等优点。在炎热地区夏季阳光直射条件下，与老式的支杆式帐篷相比，新型双坡篷内辐射温度下降了16℃，闷热感、烘烤感明显降低，提高了热区帐篷的可居住性。同时篷布采用新一代涤纶系列篷布，成功解决了纺织、印染、伪装、阻燃、防水、透气等一系列技术难题，其强度、防水性、耐磨性、色牢度等耐久性能达到了较高水平，此外，这种篷布还具有一定的防可见光、防近红外侦视等功能。

图 1-8 新型双坡支杆式单帐篷

（3）折叠式网架帐篷（见图1-9）。这种帐篷的骨架采用全新网架结构，骨架由若干杆件铰接在一起形成整体承力结构，内外篷布连接在骨架上，展开、撤收如撑伞般方便，省去了像传统帐篷那样一件件组装的时间，主体一分钟即可架起，五分钟内撤收完毕，被称为"傻瓜帐篷"，使用简单方便。该结构主要解决了帐篷折叠与受力之间的矛盾，在满足折叠条件的前提下，通过计算机模拟运动分析和结构试验，对帐篷的基本单元进行变形，设计出了菱形、矩形和六边形等不同的单元结构形式，不同形式规格的帐篷可用来满足不同规格、尺寸、大小等要求。传统帐篷的保温隔热性能较差，篷内夏季很热、冬季又很冷，而网架帐篷巧妙地利用了骨架提供的空气隔层，并在篷布表面涂上了隔热涂层，从而显著提高了这类帐篷的保温隔热性能和热环境质量，具有很强的适用性。折叠式网架帐篷具有质量轻、架设速度快、篷内热环境质量好、与供电和取暖装备接口配套、通用化好等优点，可以广泛应用于野外施工、应急救援等场合。

图1-9　折叠式网架帐篷

（4）办公帐篷（见图1-10）。这是一种能够满足野外办公需要的大型帐篷，可以悬挂地图或摆放办公桌椅、标图板、沙盘和召开会议等。通用大型办公帐篷通常采用传统框架式结构，杆件之间插接，使用面积可以达到100 m²以上。但这种帐篷零散件多，架设速度相对较慢，所需操作人员也较多。

图1-10　108 m²办公帐篷

（5）卫生救援帐篷。这种帐篷与一般帐篷相比，对热环境和卫生条件要求更高，需要满足野外条件下紧急手术对操作空间、温湿度等的要求。早期的卫生帐篷采用框架式结构，包装体积大，架设速度慢。如今则采用网架结构，内外篷布和骨架一体化，能够迅速展开、撤收。

（6）人工锁紧式网架帐篷（见图 1-11）。这种帐篷的跨度超过 10 m，面积可达 100～150 m²，满足了开设野外维修场所、临时储存物资等需求。这种帐篷成功地解决了机构折叠与结构稳定之间的矛盾，山墙结构可全断面开启，方便大型设备进出，同时具有质量轻、跨度空间大、承载能力高、架设和撤收快捷方便等特点，安全性、可靠性、可操作性和可维修性好。

图 1-11　人工锁紧式网架帐篷

3. 帐篷在国外的发展概况

在国外，新材料、新技术在帐篷领域的应用也在不断进步，促进了帐篷在户外运动和军事应用两个方面的发展。在户外帐篷中，轻质、高强度、多功能篷布材料正在逐步得到应用。如美国戈尔公司研发的 GORE-TEX（戈尔特斯）材料，具有防雨、防风和透气等功能，突破了一般防水面料透气性差的缺点，被誉为“世纪之布”，在宇航、军事及医疗等方面得到了广泛应用。在应急救援领域，新型结构和材料的发展应用与传统帐篷技术相互融合，使帐篷的使用性能得到极大的提升。

在国外，框架式帐篷被大量应用。其中较为典型的是美国的模块化扩展帐篷（TEMPER），它采用固定通头式框架结构，每个单元尺寸为 2.44 m（长）×6.25 m（宽）×2.08 m（檐高）至 3.05 m（顶高），长度方向可按 2.44 m 延长。其中，住宿帐篷为 Ⅳ 型，由 4 个单元组成，展开面积为 60 m²，质量为 602 kg，见图 1-12。

图 1-12　美国模块化扩展帐篷（TEMPER）

　　法国 Utilis 公司研制的外框架式帐篷，设计思路巧妙，金属框架采用整体折叠结构，檩条、侧柱、斜梁均可折叠。篷布采用内吊的方式，待外部框架支撑好后，可以通过拉绳将其悬挂到设计位置。帐篷展开方便，30 m² 的帐篷 4 人只需 5 分钟即可完成展开，见图 1 - 13。

图 1 - 13　法国折叠式框架帐篷

　　美国 Vertigo 公司承担了美军的"Aviation Inflatable Maintenance Shelter（AIMS）"项目，研制出了可空运的大型维修帐篷，该帐篷能够满足 1 架 CH - 47 直升机或 2 架 F - 22 战斗机或 2 架 F - 15 战斗机或 4 架 F - 16 战斗机或 4 架 JSF 战斗机的贮存和维修需求。该帐篷质量轻、体积小，配备了充、排气自动控制系统和气压监控系统。该帐篷长为 52 m，宽为 25.3 m，高为 10.7 m，占地净面积为 870 m²；气肋数为 9 根，气肋采用 Vectran 纤维编织织物，气肋直径为 0.76 m，压力为 550 kPa 左右，质量为 7.7 t，工具及配件质量为 0.68 t，由标准集装箱装载，见图 1 - 14。

图 1 - 14　大型维修帐篷

1.2.2　活动房的发展概况

　　"活动房屋"这个概念是 1956 年在南斯拉夫杜布罗夫尼克召开的国际现代建筑会议上提出的，它得到了与会专家的广泛认可。此后活动房屋（简称为活动房）作为一种建筑形式得到迅速发展。

　　活动房与传统临时工棚和固定房相比的根本区别在于它能够重复拆装，因此无论从经济性还是实用性上看，活动房均具有较大优越性。它具有设计标准、结构简单、用途广泛和适应性强等特点。

　　活动房作为野外住用房的一种形式，随着时代的发展而进步，由拼装式和拆装集装箱活动房发展成为扩展集装箱活动房。它在民用方面主要用于工程施工中的住用，结构以拼装式活动房为主，承力骨架材料为轻钢型材，围护材料采用聚苯乙烯或者岩棉保温材料，采用两面彩钢板蒙皮，如图 1-15 所示。

　　对于一些对室内环境要求较高、空间灵活多变、重复使用可靠性强的应用场景，可采用拆装集装箱活动房，如图 1-16 所示。它的外形、结构和材料与集装箱一致，但可以分解成墙板、底板、顶板三类构件，便于运输，并且可根据现场需要灵活组合。

图 1-15　拼装式活动房　　　　　　　　　　图 1-16　拆装集装箱活动房

1. 活动房在国内的发展概况

　　我国对于活动房的研究开始于二十世纪八十年代，最初研制了木质板材拼装房，这种活动房的材料自重大，使用寿命短。进入九十年代，我国研制了集装箱式活动房，即在标准集装箱内，布置必需的生活用具，以实现少量人员住宿。2000 年后，为了保障高原高寒地区较长时间的应急住用，我国研制了新型拼装式活动房。这种活动房的承力结构采用铝合金框架结构，围护材料采用轻质保温聚氨酯材料，设计为模块化板材形式，可方便地进行长途运输和现场搭建，如图 1-17 所示。2006 年，我国又研制出了以 6 m 集装箱为运输载体，内装拼接板材和框架，承力骨架采用铝合金型材，板材采用双面彩钢板蒙皮，内置轻质保温聚氨酯材料，搭建后使用面积为 126 m² 的扩展集装箱活动房，这种活动房的内部使用空间大，环境舒适，配备有各种设备接口，如图 1-18 所示。活动房与帐篷相比，成本较高、质量大、机动性较差，因此应用范围相对较窄，适宜在对舒适性要求较高、居住时间较长的场合中使用。

图 1-17　新型拼装式活动房

图 1-18　扩展集装箱活动房

2. 活动房在国外的发展概况

　　以美国为首的发达国家也十分重视对活动房的研究，特别是其在军事领域的应用。美军把野战住房作为制式装备，并把野战住房保障列入野战条令，还对此设有专门研究机构。早在二十世纪四十年代，以美军为首的发达国家的军队已开始研制和使用活动房。第二次世界大战期间，随着战争向纵深方面发展，各种军用活动房的发展越发迅速。在五十年代后，随着新材料的不断涌现，集装箱式活动房开始兴起。到七十年代后，美军已制定出了不同用途和系列的集装箱式活动房标准。近年来，几家企业又开发出了以标准集装箱为基本载体，可快速展开形成更大使用空间的扩展式活动房。图 1-19 所示的是以集装箱为载体的单边快速扩展式活动房，图 1-20 所示的是以集装箱为载体的双边快速扩展式活动房。

图 1-19　单边快速扩展式活动房

图 1-20　双边快速扩展式活动房

第 2 章　野外应急住用房基本理论

野外应急住用房和固定建筑在设计上的关注点不完全相同。作者根据多年经验将设计野外应急住用房所用到的理论知识归纳为外部作用因素、材料力学、结构力学、建筑热工学等几个方面。另外，因为设计上需要广泛使用数值计算，故本章也简单介绍几款常用软件。

2.1　外部作用因素

2.1.1　荷载作用

荷载作用是房屋设计的基本要素，荷载的准确与否将直接影响到房屋结构计算可信度，准确把握荷载取值是进行房屋设计的前提。在实际情况下，荷载作用千变万化，要完全真实地计算每个荷载作用效应是十分困难的，从工程角度来看也没有必要。因此，对于实际荷载，需要根据效应相等原则对其进行近似计算，以等效均布荷载代替实际荷载来简化计算。

野外应急住用房与固定建筑不同。固定建筑主要考虑活荷载、风荷载、雪荷载和地震作用，必须要满足我国《建筑结构荷载规范》(GB 50009)的要求，所对应的设计年限应大于 50 年；而野外应急住用房一般是单层底矮结构，且能够灵活移动。所以从活荷载角度而言，野外应急住用房没有楼面荷载，只需考虑屋面荷载，一般按照《建筑结构荷载规范》(GB 50009)中设计年限为 10 年的要求或按照临时建筑的要求进行荷载取值。但同时还应考虑建筑材料做法和功能要求，如有特殊要求，屋面活荷载应由建设方提供并对其进行核实。风荷载和雪荷载的取值可参考规范要求，根据实际使用要求计算荷载取值，同时可考虑不利环境影响对其适当放大。下面对风荷载作用和雪荷载作用进行详细介绍。

1. 风荷载作用

风是空气从气压大的空间向气压小的空间流动而形成的。一旦遇到结构阻塞，风就会形成高压气幕。风速越大，其对结构产生的压力也越大，从而会使结构产生变形和振动。如果未充分考虑其影响，则可能对结构造成局部或整体的破坏。

我国的《建筑结构荷载规范》(GB 50009)中以 10 m 高度为标准高度，此高度记录的风压或风速为基本值。对于主要受力结构，风荷载的标准值的表达可有两种形式：一种是平均风压加上由脉动风引起结构风振的等效风压；另一种是平均风压乘以风振系数。我国与大多数国家一样，采用后一种表达形式，即平均风压乘以风振系数，它综合考虑了结构在风荷载作用下的动力响应，其中包括风速随时间、空间的变异性和结构阻尼特性等因素。风荷载标准值的公式为

$$w_k = \beta_z \mu_s \mu_z w_0 \tag{2-1}$$

式中：w_k 为风荷载标准值(kN/m^2)；β_z 为高度 z 处的风振系数；μ_s 为风荷载体型系数；μ_z 为风压高度变化系数；w_0 为基本风压(kN/m^2)。

基本风压应按规范规定的方法确定 50 年重现期风压，但不得小于 $0.3\ kN/m^2$，式(2-1)中各个系数的取值参见《建筑结构荷载规范》(GB 50009)。

由于应急房屋体型不同，实际风压在其各处的分布也不均匀，为了得到建筑物表面风压的实际大小和分布，最基本的方法就是通过试验确定。试验的方法分为两种：一种是直接在建筑上测定表面压力分布；另一种是将房屋按一定比例做成模型进行风洞试验。第一种方法得到的数据最可靠且最有价值，但由于进行实物测量较为耗时耗资，故实际应用较少。而通过风洞试验确定风压的大小和分布是目前最常用的方法。

风洞试验根据研究手段的不同可分为物理风洞试验和数值风洞模拟试验。其中，物理风洞试验根据目的不同又可按下列方法进行分类。

（1）风荷载试验：包括测压试验、测力试验、气动弹性试验等。

（2）风环境试验：包括行人高度风荷载评估、建筑物自然通风环境试验等。

（3）特殊试验：包括地形模拟试验、流动显示试验、污染扩散试验、积雪漂移试验、风雨共同作用试验等。

数值风洞模拟试验根据研究目的不同可按下列方法进行分类。

（1）风荷载模拟试验：包括表面风压模拟试验、流固耦合效应模拟试验等。

（2）风环境模拟试验：包括流场模拟试验、通风模拟试验等。

（3）其他模拟试验：包括风致介质运输试验、风致积雪漂移试验等。

在研究建筑工程风荷载和风振响应时，应优先采用物理风洞试验；而在建筑方案设计或建筑方案优选阶段，则可以采用数值风洞模拟试验。

除特殊情况外，建筑工程风洞试验应在模拟大气边界层风场中进行，并按照国家现行标准《建筑结构荷载规范》(GB 50009)中规定的地面粗糙度类别来模拟平均风速剖面和湍流度剖面。对于需获得风振响应的试验，应该考虑到湍流功率谱和积分尺度相似性要求。当模拟流场特性与要求模拟流场特性的差异较大时，应考虑对试验结果进行修正。对处于特殊地形条件下的建筑工程风洞试验，其风场特性宜按实际情况进行模拟。对于特别重要或特殊的建筑工程，应在不同的风洞试验室进行独立对比风洞试验。当试验结果差别较大时，应通过重复试验或专家评审等方式确定合理的试验取值。

风荷载取值由风洞试验得到，应选择 1～2 个风向角(风向角用于定义来流，即空气流参数，以北风为 0°，顺时针转动)进行重复测量，得到其平均压力系数或平均风力(矩)系数。偏差范围应满足最大相对误差不超过 5%，最大绝对误差不超过 0.02。

数值风洞模拟试验一般采用商业软件进行。要求建筑物或构筑物的几何模型应准确地反映实际工程的主要几何特征，对几何模型不能详细模拟的重要构造或周边环境障碍物，可采用适当的数学物理模型进行模拟。当采用网格离散数值风洞模拟时，网格尺度应满足模拟精度要求。在几何模型的尖锐边缘或流场物理量梯度较大的区域，网格应适当加密。在数值模拟计算前，应建立相应的空气数值风洞模型，检查入口、出口以及地面等边界条件的合理性，并应检验其是否符合自平衡边界层的要求，同时顶面边界及侧面边界条件宜设置为滑移壁面。数值模拟应根据模拟的目的和计算方法选用合适的湍流模型和湍流参数。

对于数据处理和获得的试验报告，需要注意的是：用于数据处理的参考风速位置应在远离模型和洞壁处选取，以免干扰测量；采集数据时，应保证设备具有良好屏蔽，避免噪声干扰，并且应对数据进行滤波等预处理；数据处理时，基本风压应按国家现行标准《建筑结构荷载规范》(GB 50009)的相关规定取值；试验报告的基本内容应包括试验方法、试验内容、试验结果和使用建议。

用于建筑工程的试验风洞应按边界层风洞的要求进行设计，其气动布局可根据实际需要采用直流式或回流式。风洞设备投入使用前应通过风洞验收和流场校测。商业化风洞试验设备应具有合格证书和检验证书，自研风洞试验设备应满足测试精度要求。

对于测压试验，有如下要求：刚性模型应具有足够刚度和可靠连接，试验中模型不应出现明显的变形和振动；试验模型表面应布置足够多的测点，在压力变化较大的区域应适当加密，对于两面承受风压的区域应在两面同时布置测点；试验前应检查测压管路的通气性和气密性；测压试验报告应根据主要受力结构和围护结构设计的不同需要，提供平均风压系数和极值风压。对于平均风压系数，应明确说明其和国家现行标准《建筑结构荷载规范》(GB 50009)中规定系数的关系；对于极值风压，宜提供不同风向的包络值并说明内压的影响。

对于测力试验，应注意以下几个方面：用于动态测力的试验模型应选用质量轻、刚度大的材料制作，天平模型系统应有足够的刚度和较高的固有频率，试验前应进行固有频率和模态阻尼比测定；试验模型的形心主轴宜与天平底座的主轴保持一致，当出现水平偏心或天平测量中心与模型底部高度不一致时，应对采用数据进行修正；动态测力试验应根据天平模型系统和原型固有频率进行滤波处理和数据修正。

当建筑场地及周边存在体量较大的山体，或者场地周边地形复杂时，宜进行地形模拟试验。试验要符合下列要求：

(1) 模拟区域半径不应小于 2 km，缩尺比不宜小于 1:2000；

(2) 应在模拟大气边界层风场中进行；

(3) 应测量场地内一定高度范围内的风速，并应明确其方向。

积雪漂移试验宜满足以下相似条件：

(1) 风场相似；

(2) 模型和原型雪介质颗粒的临界沉降速度和阈值剪切速度的比值相近。

有些结构形式的野外应急住用房对风荷载较为敏感，尤其是以轻型骨架等自重较小的结构形式为主的房屋，如简易帐篷、轻钢结构房屋等。对于这些结构形式的建筑，必要时应采取相应的加强措施。对于风荷载敏感结构，对其进行承载力设计时应按基本风压的 1.1 倍取值。除了按照《建筑结构荷载规范》(GB 50009)中当地的基本风压取值外，还要考虑山口、风口、海岸、海岛、台风多发地、山坡、山顶等地区不利因素的影响。

2. 雪荷载作用

雪荷载是房屋所受的主要荷载之一。在寒冷多雪地区，尤其是对一些轻型结构，因雪荷载分布不均导致的结构破坏时有发生。雪荷载作为活荷载作用在屋面上，它的标准值是由基本雪压乘以屋面积雪分布系数得到的。《建筑结构荷载规范》(GB 50009)中关于雪荷载标准值给出的公式为

$$s_k = \mu_r s_0 \qquad\qquad (2-2)$$

式中：s_k 为雪荷载标准值（kN/m^2）；μ_r 为屋面积雪分布系数；s_0 为基本雪压（kN/m^2）。

影响结构雪荷载大小的主要因素是当地的地面积雪自重和结构屋面上的积雪分布，它们直接关系到雪荷载的取值和结构的安全。

基本雪压的确定方法和重现期直接关系到当地的基本雪压值的大小，因而也直接关系到建筑结构在雪荷载作用下的安全。基本雪压的确定方法包括雪压观测场地选取、观测数据记录以及统计处理方法等，详见《建筑结构荷载规范》附录 E，其中 E.5 提供的 50 年重现期的基本雪压是根据全国 672 个地点的基本气象台（站）的最大雪压或雪深资料，按照附录 E 规定的方法经统计得到的。

基本雪压是针对地面上积雪荷载定义的，是指当地空旷平坦的地面上均匀分布的雪荷载。而屋面上的雪荷载由于多种因素的影响，与地面上的雪荷载有所不同。造成这种不同的主要原因有风对屋面积雪的影响、屋面形式和散热情况等。具体表现为雪的漂积、漂移、融化、结冰等。考虑以上原因，将基本雪压乘上屋面积雪分布系数，就可以得到屋面在水平投影面积上的雪荷载。

3. 安装维修荷载作用

对于野外住用房来讲，通常情况下只考虑风荷载和雪荷载的作用。但对于一些特殊结构的活动房屋，可能需要个别人员在安装和后期维修中到屋顶进行操作，因此这类结构需要考虑人员的重力荷载作用。此类荷载是以集中荷载的方式进行设计验算的。由于此类荷载的值较小，因此，通常结构在按风、雪荷载设计后都能满足此荷载的安全要求。

2.1.2　环境作用

环境作用主要是指温度、湿度、雨淋、日晒、盐雾、沙尘等对野外住用房的作用，与地域密切相关。如果使用地域比较确定，则可以通过查阅该地区历史上的气象资料来确定这些参数。盐雾作用一般在沿海使用时才需考虑。如果全国通用，根据中国国土范围内气象资料，作业环境温度一般为最低 −40℃ 左右，最高 45℃ 左右；储存极限温度为低温 −55℃，高温 70℃；相对湿度耐受能力方面，具有在相对湿度 95%（40℃）条件下持续工作的能力，应能抵抗我国沿海地区盐雾腐蚀环境条件的有害影响；抗雨淋能力方面，在降雨强度为 1.7 mm/min、持续时间为 3 h 的条件下无渗漏，5 h 条件下无滴漏；在太阳辐射强度为 1120 W/m² 条件下不出现发粘、龟裂、损坏。

2.2　材料力学基本理论

野外应急住用房结构以支杆、框架、网架等为主，材料受力以拉压、扭转和弯曲为主，下面对涉及的材料力学有关理论进行介绍。

由于野外应急住用房中杆件的强度、刚度、稳定性都与构件变形有直接关系，因此将构件作为可变形体来研究。

为了抓住主要矛盾，在对用可变形固体材料制作的构件进行强度、刚度、稳定性研究时，要忽略一些次要因素，做出一定假设，把材料抽象为理想模型进行分析。对可变形固体的基本假设有以下几个方面：

（1）连续性假设。该假设认为，物体在其整个体积内无空隙地充满物质。从微观角度看，物体内部是充满空隙的，但是这些空隙与构件尺寸相比是非常微小的，因此可以将材料看作是密实的，并且不会影响其宏观力学性质。

（2）均匀性假设。该假设认为，物体内各部分的力学性质是均匀的，所研究物体中的任意一部分都具有与整体同样的力学性质。

（3）各向同性假设。该假设认为，材料沿各方向的力学性质均相同。有些材料沿各方向的力学性质并不相同，例如木材在顺纹方向和横纹方向的力学性质就有显著差异，这样的材料称为各向异性材料。还有些材料虽然在微观角度上并不是各向同性的，但是在宏观角度上是各向同性的，例如工程上常用的金属材料。材料力学所研究的只限于具有各向同性的可变形固体。

工程材料在荷载作用下均会发生变形。如果卸去荷载后变形消失，物体恢复原状，则称这种变形为弹性变形；但是如果荷载过大，物体发生的变形在卸去荷载后只能够部分消失，而另一部分变形不会消失，则称这种残留下的变形为塑性变形。

对于工程材料，在一定受力范围内，其变形完全是弹性的，并且多数构件在正常使用条件下均要求材料仅发生弹性变形，所以在材料力学中，研究的大部分问题都在弹性范围内。

由此可知，材料力学是把实际材料看作均匀、连续、各向同性的可变形固体，且在弹性变形范围内对其进行研究。材料力学中的研究对象主要是杆件。杆件是指纵向（即长度方向）尺寸远大于其横向（即垂直于长度方向）尺寸的构件。

2.2.1　拉伸与压缩

杆件在受到轴向拉力作用时，会产生变形而伸长，同时在杆件内任何截面处，截面两侧相连部分之间会产生相互作用力，保证了截面两侧部分不被分开，这种作用力就是杆件的拉伸内力。类似地，杆件在受到轴向压力作用时，杆件内部会产生压缩内力。

为了研究拉（压）杆横截面、斜截面上内力的分布规律，需要引进应力的概念。在外力作用下，杆件的内力在截面上某点分布的集度称为该点的应力。要确定截面上各点的应力，仅靠平衡条件是不能解决的，还要考虑杆件的变形，并利用内力和变形的关系建立补充条件。

对杆件内部变形做如下假设：变形后，横截面仍保持为平面，并且仍垂直于杆轴，只是各横截面沿杆轴做相对平移。该假设称为平面假设。可以将杆件设想成由无数根纵向"纤维"所组成的构件，由平面假设知，任意两横截面间所有纤维的变形均相同。假定材料均匀，则各纵向纤维变形相同、受力相同。

由此可见，杆件任意横截面上各点处的应力均相等，其方向均垂直于横截面。垂直于横截面的应力称为正应力或法向应力，用 σ 表示，如图 2-1 所示。

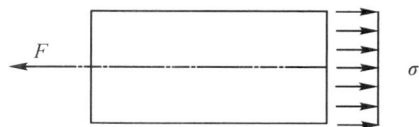

图 2-1　受拉杆件截面应力分布

若拉（压）杆横截面面积为 A，轴力为 F，则正应力 σ 为

$$\sigma = \frac{F}{A} \tag{2-3}$$

其中，σ 的符号由轴力符号而定，即拉应力为正，压应力为负。

对于任意斜截面上的应力，可以用一个与横截面成 α 角的斜截面将杆件一分为二来进行研究，如图 2-2 所示。此时斜截面上总的内力为 F_α，则根据平衡原理有 $F_\alpha=F$。由于斜截面上各处的总应力 P_α 均匀分布，于是有

$$P_\alpha=\frac{F_\alpha}{A_\alpha} \tag{2-4}$$

式中，A_α 为斜截面面积，由几何关系知 $A_\alpha=\dfrac{A}{\cos\alpha}$，将此关系式代入式(2-4)，得到

$$P_\alpha=\frac{F}{A}\cos\alpha=\sigma_0\cos\alpha \tag{2-5}$$

P_α 是斜截面任一点的总应力，将其沿截面法线和切线方向分解，可以得到两个分量，其中法线方向分量称为斜截面上的正应力，用 σ_α 来表示；切线方向分量称为斜截面上的切应力，用 τ_α 来表示，见图 2-2(c)。同时规定角度 α 以横截面外法线方向至斜截面外法线方向做逆时针转向时为正向。可得如下关系：

$$\sigma_\alpha=P_\alpha\cos\alpha=\sigma_0\cos^2\alpha \tag{2-6}$$

$$\tau_\alpha=P_\alpha\sin\alpha=\frac{\sigma_0}{2}\sin2\alpha \tag{2-7}$$

式(2-6)和式(2-7)表明了过拉(压)杆任一点不同截面上的正应力 σ_α 和切应力 τ_α 随角度 α 而变化的规律。

拉(压)杆变形主要是纵向的伸长(缩短)。由相关实验可知，在杆件沿纵向伸长(缩短)时，其横向尺寸还会有缩小(增大)。

如图 2-3 所示，原杆件长为 l，横向尺寸为 b，轴向受力后，杆件长变为 l_1，横向尺寸变为 b_1，杆件纵向变形为 $\Delta l=l_1-l$，横向变形为 $\Delta b=b_1-b$。为了表明变形程度的大小，引入应变的概念。应变是指单位长度上的变形量，于是受拉杆件纵向线应变为 $\varepsilon=\dfrac{\Delta l}{l}$，横向线应变为 $\varepsilon'=\dfrac{\Delta b}{b}$。

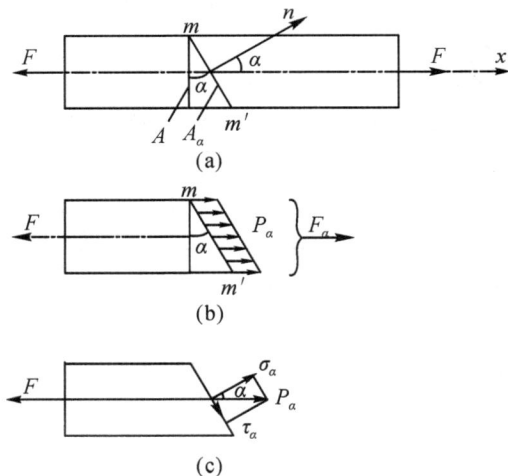

图 2-2　斜截面上的应力　　　　图 2-3　受拉杆件纵向和横向变形

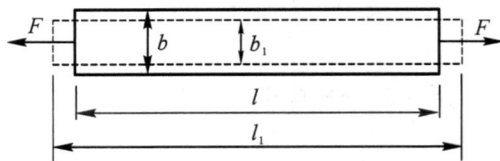

对于拉杆来说，Δl 为正，Δb 为负，所以 ε 为正，ε' 为负；而对于压杆来说，则 ε 为负，ε' 为正。

实验研究表明，当拉（压）杆内应力不超过某一限值（即材料的比例极限）时，其横向线应变与纵向线应变的比值的绝对值是一个常数。这个比值称为泊松比，以符号 μ 表示，即 $\mu = \left| \dfrac{\varepsilon'}{\varepsilon} \right|$。$\mu$ 是一个无量纲的量，其数值由材料而定。由于 ε 和 ε' 符号相反，因此有 $\varepsilon' = -\mu\varepsilon$。

当拉（压）内应力不超过材料的比例极限时，杆的横截面正应力与纵向线应变呈正比，即 $\sigma \propto \varepsilon$。设有一系数 E，使得 $\sigma = E\varepsilon$ 或 $\varepsilon = \sigma/E$，该关系式称为胡克定律。其中，系数 E 称为弹性模量，其值随材料的不同而不同，由试验测定。

由于 $\sigma = F/A$，因此 Δl 又可以写成

$$\Delta l = \frac{Fl}{EA} \qquad (2-8)$$

而由 $\varepsilon' = -\mu\varepsilon$，可以得到 $\varepsilon' = -\mu \dfrac{\sigma}{E}$。其中，弹性模量 E 和泊松比 μ 都是材料的弹性常数。

以上公式的研究对象为杆件，而若以受到三个方向主应力的弹性单元体为研究对象，则单元体的应力分解如图 2-4 所示。

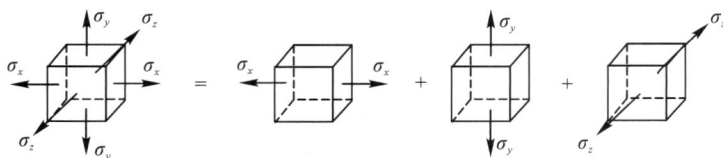

图 2-4　单元体的应力分解

当只受 σ_x 作用时，x 方向上有 $\varepsilon' = \dfrac{\sigma_x}{E}$；当只受 σ_y 作用时，x 方向上有 $\varepsilon'' = -\mu \dfrac{\sigma_y}{E}$；当只受 σ_z 作用时，x 方向上有 $\varepsilon''' = -\mu \dfrac{\sigma_z}{E}$。因此，在 x 方向上由 σ_x、σ_y、σ_z 引起的应变为 $\varepsilon_x = \varepsilon' + \varepsilon'' + \varepsilon'''$，即 $\varepsilon_x = \dfrac{1}{E}[\sigma_x - \mu(\sigma_y + \sigma_z)]$。对于 y、z 方向，也是同理。综合起来，可以得到广义胡克定律，即

$$\begin{cases} \varepsilon_x = \dfrac{1}{E}[\sigma_x - \mu(\sigma_y + \sigma_z)] \\[2mm] \varepsilon_y = \dfrac{1}{E}[\sigma_y - \mu(\sigma_x + \sigma_z)] \\[2mm] \varepsilon_z = \dfrac{1}{E}[\sigma_z - \mu(\sigma_x + \sigma_y)] \end{cases} \qquad (2-9)$$

2.2.2　剪切与扭转

作用在构件两侧面上外力的合力大小相等、方向相反、作用线相隔较近，并使各自推动的部分沿着与合力作用线平行的受剪面（$m-m$）发生错动，这就是剪切变形，如图 2-5 所示。

　　构件在剪切变形时，受剪面上将有应力，称为切应力，其合力则为剪力 F_Q，如图 2-6 所示。

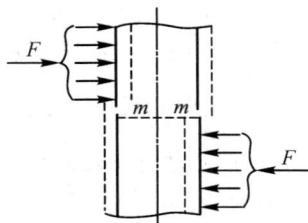

图 2-5　剪切变形构件的受力　　　　　图 2-6　截面上的剪力

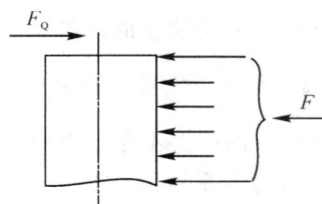

　　直杆在垂直于杆件轴线的平面内有力偶时，将引起杆件的扭转变形，如图 2-7 所示。当杆件发生扭转变形时，各横截面绕杆轴做相对转动，这种绕轴做相对转动的角位移称为扭转角。各截面上的内力是作用在该截面内的力偶，通常称该力偶的矩为扭矩，相应地，在截面上将分布有切应力。

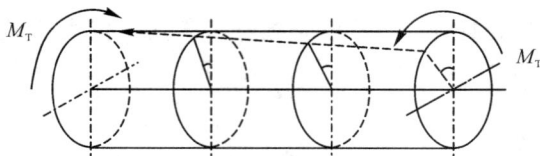

图 2-7　直杆的扭转变形

　　以一薄壁圆筒为例，其表面等间距地画有纵线和圆周线，形成一系列相同的矩形网格。在圆筒两端垂直于杆轴的平面内施加一对方向相反、力偶矩大小均为 M_T 的力偶，则转动时各圆周线的形状不变，只是绕轴线做相对转动。如果扭转变形很小的话，各圆周线的大小和间距都不变，则各矩形会变成同样的平行四边形，如图 2-8 所示。

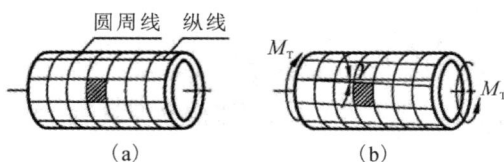

（a）　　　　　　　　（b）

图 2-8　薄壁圆筒的扭转变形

　　在圆筒中取一微元体 abcd，微元体在轴向和环向均无正应变，只是相邻的横截面 ab 和 cd 间发生相对的错动，即只产生剪切变形。同时，沿圆周所有微元体的剪切变形均相同，如图 2-9 所示。

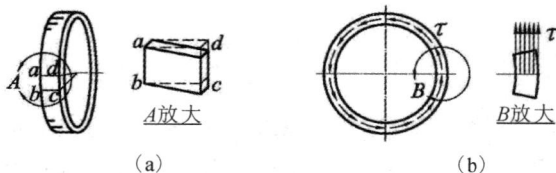

（a）　　　　　　　　（b）

图 2-9　受扭薄壁圆筒上微元体的变形和应力分布

由此可知，在圆筒横截面各点，只存在上述变形相应的应力，即垂直于半径的切应力
τ。它们沿圆周大小不变，而且由于是薄壁圆筒，切应力沿壁厚的方向可近似看成是均匀分
布。经积分运算，可以得到薄壁圆筒的切应力公式，即

$$\tau = \frac{M_T}{2\pi R_0^2 t} \tag{2-10}$$

式中，R_0 是薄壁圆筒的平均半径，t 是薄壁圆筒的壁厚。只要壁
厚 t 足够薄，切应力计算公式就是精确的。当壁厚不大于平均
半径的 1/10 时，误差不超过 4.25%。

当微元体在切应力作用下产生剪切变形时，相互垂直的
角将发生微小的改变，这个改变量称为剪应变，用 γ 表示，其
单位为弧度（rad），如图 2-10 所示，图中虚线为发生变形后
的形状。

当切应力不超过材料的剪切比例极限时，切应力与剪应变
呈正比，即 $\tau \propto \gamma$。若引入比例系数 G，则有

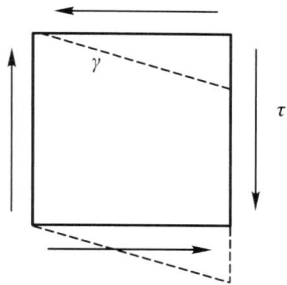

图 2-10　微元体剪切变形

$$\tau = G\gamma \tag{2-11}$$

此关系式称为剪切胡克定律。比例系数 G 称为剪切模量，其值随材料的不同而不同，
由试验测定。

另外，理论和试验研究均表明，弹性模量 E、剪切模量 G 和泊松比 μ 之间存在如下
关系：

$$G = \frac{E}{2(1+\mu)} \tag{2-12}$$

知道其中两个量之后，就可以通过式（2-12）求得第三个量。

2.2.3　弯曲

1. 弯曲内力

工程中常遇到一类杆件，它在受到垂直于杆轴的外力或通过杆轴外力偶作用时，将发
生弯曲变形。以弯曲变形为主的杆件称为梁。

工程中常见的梁，其横截面通常都采用对称形状，如矩形、工字形、T 字形及圆形等，
其截面上至少有一条对称轴，且梁上所有外力均作用在包含对称轴且与轴线纵向对称的平
面内。若梁在变形后轴线所在的平面与外力所在的纵向平面相重合，则这种弯曲称为平面
弯曲。平面弯曲是工程上最常见、最基本的弯曲形式。

在对梁的内力进行计算时，必须对其几何形状、荷载和支座情况进行简化。由于所研
究的梁一般是等截面的，因而计算时可以用梁的轴线来代替梁。同理，作用在梁上的荷载
也可以简化为作用在梁的轴线上。

按梁的支座对梁的约束情况不同，可以将支座简化为以下三种基本形式：

（1）固定支座。这种支座形式使梁的截面既不能转动，也不能移动。它对梁的端部截
面有三个约束，相应地有三个支座反力，即水平支反力、竖向支反力和支反力偶。

（2）固定铰支座。这种支座使梁的支座截面不能产生水平和竖向的移动，但不限制梁

绕铰的转动，因此固定铰支座对梁有两个约束，相应地有两个支反力，即水平支反力和竖向支反力。

（3）可动铰支座。这种支座使梁的支座截面不能产生垂直于支承面的移动，因此可动铰支座对梁有一个约束，相应地就只有一个支反力，即垂直于支承面的支反力。

在确定了梁的支座形式以后，我们再来分析梁在外力作用下任意截面的内力。需要注意，梁的内力只有剪力和弯矩。

以简支梁为例，如图 2-11(a)所示，距支座 A 为 a 处有一截面 $m-m$ 将梁分为左右两部分，以左边的一部分为研究对象（如图 2-11(b)所示），可得

$$\sum F_y = 0, \quad F_{yA} - Q = 0$$
$$F_{yA} = Q \tag{2-13}$$

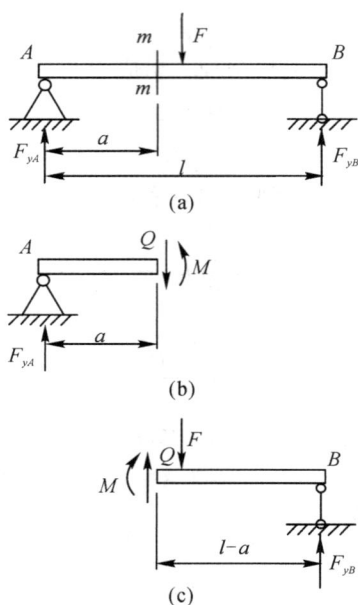

图 2-11　简支梁的内力

F_{yA} 和 Q 构成了一个大小为 $F_{yA} \cdot a$ 的顺时针力偶，所以，为了与其平衡，此截面必然有一个内力偶，设为 M。以横截面 $m-m$ 的形心为矩心，由 $\sum M = 0$，得 $M - F_{yA} \cdot a = 0$，即

$$M = F_{yA} \cdot a \tag{2-14}$$

内力偶 M 称为梁横截面上的弯矩。也可以解释为，梁的弯曲使得梁的凸面的纤维伸长，凹面的纤维压缩。伸长的纤维产生的分布内力合成为一个拉力，而压缩的纤维产生的分布内力则合成为一个压力，这两个力组成一个力偶，它就是横截面上的弯矩 M。

由于水平方向上的支反力等于 0，因此可以判断梁的轴力为 0。同理，以右边部分为研究对象（如图 2-11(c)所示），也可以得到与左边部分在数值上相同的剪力和弯矩，但是方向相反，这是因为它们是作用力和反作用力的关系。

下面再来介绍一下梁的内力的符号规定。与拉、压、扭转一样，弯曲也是根据形状来规定符号的。从梁中取出长度为 dx 的一段，如果其错动为"左上右下"，则剪力为正，反之

则为负。将这一微段 dx 视为隔离体，则使隔离体有顺时针转动趋势的剪力的符号为正，反之为负，如图 2 - 12 所示。

在材料力学中，为了推导方便，规定梁的弯矩以使其下面纤维受拉为正，反之为负，弯矩图画在梁受拉的一面，如图 2 - 13 所示。

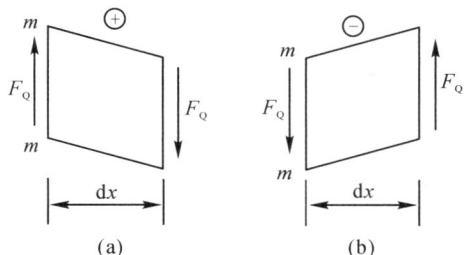

图 2 - 12　剪力符号的规定　　　　　　　　图 2 - 13　弯矩符号的规定

在梁的任何截面处，将弯矩函数 $M(x)$ 对 x 求导，就会得到剪力函数 $F_Q(x)$；而将剪力函数 $F_Q(x)$ 对 x 求导，就会得到分布荷载 q（以向上为正）。这一规律在直梁中普遍成立。

通过上述微分关系，可以得到梁的剪力图和弯矩图（见图 2 - 14），其形状特点如下：

（1）在无外荷载作用的梁段上，剪力图为一段平行于杆轴的直线，弯矩图为一段倾斜直线。

（2）梁段上有向下均匀分布的荷载时，剪力图为向右下方倾斜的直线，弯矩图为向下凹的二次抛物线。

（3）在集中力作用处，由于剪力图有突变，弯矩图切线方向将发生转折，弯矩图在此点形成折角。

（4）在集中力偶作用处，弯矩图有突变，突变的差值等于集中力偶的值，在靠近该点的左右两侧，弯矩图的切线平行，因此该点的剪力图没有变化。

（5）在剪力为 0 的截面处，由于弯矩的一阶导数为 0，因此弯矩图在该处应取极值。

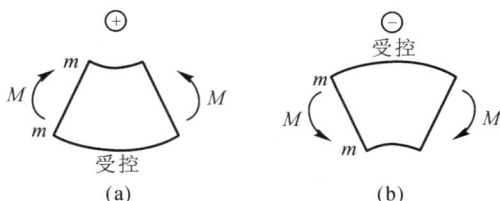

图 2 - 14　荷载与剪力、弯矩的关系图

获得弯矩图有一种更为实用简便的方法，即区段叠加法。该方法就是将梁划分成若干梁段，分段运用叠加原理进行计算。同理，当结构在几个外界因素（如多种荷载、温度等）共同作用下时，产生的效应（如内力、应力、反力和位移）值等于各个外界因素分别单独作用于结构时所产生的该种效应值的代数和。该原理一般适用于弹性结构发生微小变形的情况。

2．剪切应力

梁在只有弯矩而没有剪力，且任一横截面上的弯矩都相同的情况下的弯曲称为纯弯曲。根据纯弯曲梁横截面正应力公式

$$\sigma = \frac{My}{I_z} \tag{2-15}$$

可以推导出，横截面上任意一点的弯曲正应力 σ 与它到中性层的距离 y 呈正比，与截面中性轴的惯性矩 I_z 呈反比。

一般来说，横截面上既有弯曲又有剪力时，就是横力弯曲，但此时梁的正应力计算仍然可以利用纯弯曲计算公式。

发生横力弯曲时，梁的截面上不仅有正应力而且有切应力。由于有切应力存在，梁的截面将发生翘曲。此外，在与中型层平行的纵截面上，还有由横向力引起的挤压应力。因此，在这种情况下，梁在纯弯曲时所做的平面假设和各纵向纤维互不挤压的假设不能成立。但根据弹性理论方法进行精确分析后可以发现，在梁为细长梁的情况下，把纯弯曲中的正应力公式运用到横力弯曲中所引起的误差是很小的。对于均布荷载作用下的简支梁，当其跨长 L 与截面高度 h 的比值 L/h（即跨高比）大于 5 时，横截面上的最大正应力按纯弯曲计算时，误差不超过 1%。跨高比越大，误差越小。

矩形截面梁受任意横向荷载作用时，某一截面上一点的切应力公式为

$$\tau = \frac{F_Q S_z^*}{I_z b} \tag{2-16}$$

式中：F_Q 是横截面上的剪力；S_z^* 是横截面上距离中性轴为 y 以外的面积对中性轴的面积矩；I_z 为整个横截面对其中性轴的惯性矩；b 为横截面的宽度。

2.2.4　强度理论

构件在基本变形情况下，虽然破坏形式各异，但是基本上可以归结为塑性屈服和脆性断裂两大类。因此，强度理论也分为两类：一类是解释材料脆性断裂破坏的强度理论，其中有最大拉应力理论和最大拉应变理论等；另一类是解释塑性屈服破坏的强度理论，其中有最大切应力理论和形状改变比能理论等。

1．最大拉应力理论（第一强度理论）

最大拉应力理论（第一强度理论）认为最大拉应力 σ_1 是引起材料脆性断裂破坏的主要因素，即无论是在复杂应力状态下还是在单向应力状态下，只要单元体的最大拉应力 σ_1 达到材料在单向拉伸下发生脆性断裂破坏时的极限应力值 σ_b，材料就将发生断裂破坏。将极限应力值 σ_b 除以安全系数，即可得到允许应力 $[\sigma]$。于是得到按第一强度理论建立的强度条件为

$$\sigma_1 \leqslant [\sigma] \tag{2-17}$$

试验证明，这一理论与铸铁、石料、混凝土等脆性材料的拉断破坏现象比较符合。但是这个理论没有考虑其他两个主应力对材料断裂的影响。

2. 最大拉应变理论(第二强度理论)

最大拉应变理论(第二强度理论)认为最大伸长线应变 ε_1 是引起材料脆性断裂破坏的主要因素。即无论是在复杂应力状态下还是在单向应力状态下,只要单元体中的最大伸长应变 ε_1 达到材料在单向拉伸下发生脆性断裂破坏时的伸长应变极限值 ε^0,材料就将发生断裂破坏。假设拉断时伸长应变的极限值 ε^0 仍可用胡克定律计算,则有

$$\varepsilon_1 = \varepsilon^0 = \frac{\sigma_b}{E}$$

又根据广义胡克定律 $\varepsilon_1 = \dfrac{1}{E}\left[\sigma_1 - \mu(\sigma_2 + \sigma_3)\right]$(其中,$\sigma_1$、$\sigma_2$、$\sigma_3$ 为断裂点由大到小的三个主应力),得到以主应力形式表达的破坏条件为

$$\sigma_1 - \mu(\sigma_2 + \sigma_3) = \sigma_b$$

引入安全系数后,可以得到根据第二强度理论建立的强度条件为

$$\sigma_1 - \mu(\sigma_2 + \sigma_3) \leqslant [\sigma] \tag{2-18}$$

石料或混凝土等脆性材料受轴向压缩,往往出现纵向裂缝而断裂破坏,而最大伸长应变发生在横向,最大拉应变理论可以很好地解释这种现象。但是根据试验结果,这一理论仅与少数脆性材料在某些情况下的破坏符合,故不能用来描述材料破坏的一般规律。

3. 最大切应力理论(第三强度理论)

最大切应力理论(第三强度理论)认为最大切应力 τ_{max} 是引起材料塑性屈服破坏的主要因素。即无论是在复杂应力状态下还是在单向应力状态下,只要单元体中的最大切应力 τ_{max} 达到材料在单向拉伸下发生塑性屈服破坏时的极限应力值 τ^0,材料就将发生塑性屈服破坏。屈服破坏的条件为

$$\tau_{max} = \tau^0 = \frac{\sigma_s}{2}$$

其中,σ_s 为屈服应力。在复杂应力状态下的最大切应力为

$$\tau_{max} = \frac{1}{2}(\sigma_1 - \sigma_3)$$

以主应力形式表达的破坏条件为

$$\sigma_1 - \sigma_3 = \sigma_s$$

引入安全系数后,可以得到根据第三强度理论建立的强度条件为

$$\sigma_1 - \sigma_3 \leqslant [\sigma] \tag{2-19}$$

这一理论能够较为满意地解释塑性材料出现塑性屈服的现象。其不足之处在于没有考虑到中间主应力 σ_2 的影响,并且只适用于拉伸屈服极限和压缩屈服极限相同的材料。

4. 形状改变比能理论(第四强度理论)

形状改变比能理论(第四强度理论)也称为均方根切应力理论,该理论认为另外的两个主切应力也将影响材料的塑性屈服,因此决定材料塑性屈服破坏的因素不仅仅是最大切应力,而应该是三个主切应力的均方根平均值,即

$$\tau_{123} = \sqrt{\frac{1}{3}(\tau_{12}^2 + \tau_{23}^2 + \tau_{31}^2)}$$

无论在复杂应力状态下还是在单向应力状态下,只要单元体中的均方根切应力 τ_{123} 达到材料在单向拉伸下发生塑性屈服时的极限均方根切应力 τ_{123}^0,材料就将发生塑性屈服破

坏，即

$$\tau_{123}^0 = \tau_{123}$$

由三向应力状态下的应力分析可以得到：

$$\tau_{12} = \frac{1}{2}(\sigma_1 - \sigma_2), \quad \tau_{23} = \frac{1}{2}(\sigma_2 - \sigma_3), \quad \tau_{13} = \frac{1}{2}(\sigma_1 - \sigma_3)$$

代入 τ_{123} 均方根切应力表达式，得

$$\tau_{123} = \sqrt{\frac{1}{12}\left[(\sigma_1 - \sigma_2)^2 + (\sigma_2 - \sigma_3)^2 + (\sigma_3 - \sigma_1)^2\right]} \qquad (2-20)$$

在单向拉伸情况下，当拉应力 $\sigma_1(\sigma_2 = \sigma_3 = 0)$ 达到极限 σ_s 时，单元体相应的极限均方根切应力为

$$\tau_{123}^0 = \sqrt{\frac{1}{6}\sigma_s^2}$$

故可以得到以主应力形式表示的破坏条件为

$$\sqrt{\frac{1}{2}\left[(\sigma_1 - \sigma_2)^2 + (\sigma_2 - \sigma_3)^2 + (\sigma_3 - \sigma_1)^2\right]} = \sigma_s$$

这也就是密息斯(Mises)屈服准则。引入安全系数后，得到根据第四强度理论建立的强度条件为

$$\sqrt{\frac{1}{2}\left[(\sigma_1 - \sigma_2)^2 + (\sigma_2 - \sigma_3)^2 + (\sigma_3 - \sigma_1)^2\right]} \leqslant [\sigma] \qquad (2-21)$$

在二向应力状态下，与第三强度理论相比，第四强度理论与试验结果较为符合，更接近实际情况。在机械、土木等领域，第三、四强度理论都得到了广泛的应用。

2.3 结构力学基本理论

结构力学研究的是杆件体系的强度、刚度和稳定性问题，在住房结构设计分析中应用较多。根据住房结构不同，可能用到静定结构和超静定结构计算、有限元原理及计算等知识。简单的结构可以采用手算方法完成计算，而较为复杂的结构则需要应用结构分析软件来进行计算分析。

2.3.1 静定结构

静定结构是指结构的约束反力及内力完全可由静力平衡条件唯一确定的结构。

在静力平衡方面，静定结构内力可以由平衡条件完全确定，根据平衡条件确定支座反力和内力，做出结构的内力图。作为受力分析基础，必须从结构中截取隔离体，把反力和内力暴露出来，使之成为隔离体的外力，才能应用平衡方程计算反力和内力。

静定结构的具体分析过程如下：

（1）确定隔离体的形式。隔离体有多种形式，例如节点（铰节点、刚节点、组合节点）、杆件、刚片（内部几何不变体系）或者杆件体系等。桁架节点法通常以节点为隔离体。桁架截面法所截取的隔离体通常是多杆件体系。多跨静定梁通常以杆件为隔离体。在刚架分析时，通常取杆件为隔离体计算杆端剪力，取节点为隔离体计算杆端轴力。

（2）确定约束力。选取隔离体时，在截断约束处暴露出来的约束力即为隔离体的外力。

这些约束力的个数和类型是由所截断处的约束性质决定的。在平面结构中，截断链杆有一个约束力(轴力)，截断简单铰接一般有两个约束力，截断简单刚接(或梁式杆件)一般有三个约束力，截断滚轴支座、铰支座、定向支座、嵌固支座分别有一个、两个、两个、三个约束力。

(3) 确定隔离体的平衡方程数目。对隔离体建立平衡方程时，应使平衡方程的数目等于隔离体的自由度个数。在平面结构中，取铰节点为隔离体时有两个独立的平衡方程，取刚节点和组合节点为隔离体时有三个独立的平衡方程，取刚片或内部几何不变体系为隔离体时有 n 个独立的平衡方程(n 表示隔离体的自由度个数)。

(4) 合理选择平衡方程。计算隔离体未知力时，要注意合理选择平衡方程并考虑使计算简化。例如，在桁架节点法中，常使用投影方程，也可以选择力矩方程；而在桁架截面法中，力矩中心和投影轴选择就显得比较重要。因此，对于隔离体平衡方程应该进行优化选择，使求解过程尽量不解或少解联立方程。最好情况就是每建立一个平衡方程，只出现一个新的未知力。

(5) 确定截取隔离体的次序。简化静定结构受力分析最重要的手段就是合理选择截取隔离体的次序。对于多跨梁，应该先计算附属部分，再计算基本部分；对于简单桁架，截取节点的次序应该与桁架组成时添加节点的次序相反；对于联合桁架，应先用截面法求出连接杆的轴力，然后计算其他杆件内力。

由此可见，为了选择合理的计算次序，必须分析结构的几何构造。在受力分析中，要解决结构是如何分解为单元的，即"如何拆"的问题；而在几何构造分析中，要解决结构是如何组成的，即"如何搭"的问题。拆和搭是相互联系的，拆的次序与搭的次序相反，即截取隔离体的次序与结构组成过程中逐步添加单元的次序是相反的，按此方法，结构受力分析问题就可以得到很好的解决。

图 2-15 所示为一静定刚架，是按照Ⅰ、Ⅱ次序组成的。受力分析则应该按照相反的次序截取隔离体。

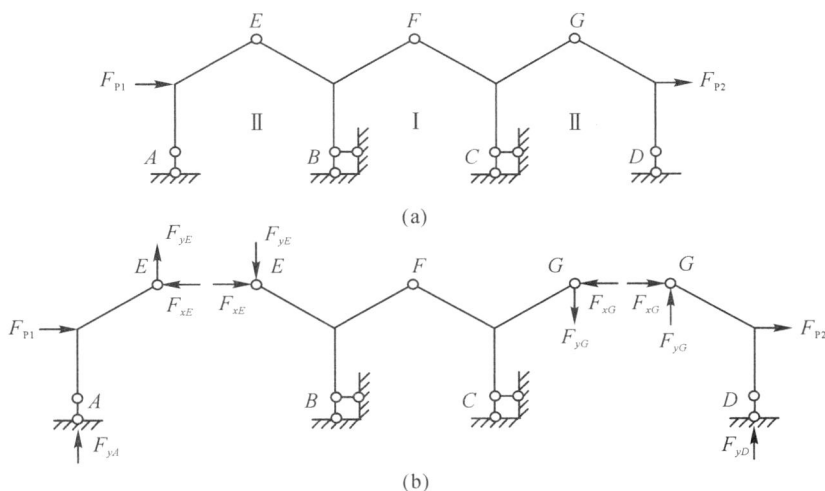

(a)

(b)

图 2-15　静定刚架

满足平衡条件的内力解答是唯一的，这是静定结构的基本静力特性。此外，静定结构还具有以下特性：

(1) 温度改变、支座移动和制造误差等因素在静定结构中不引起内力。如图 2-16 所示，简支梁支座 B 的下沉只会引起刚体的位移（如虚线所示），而在梁中不会引起内力。为了说明这个结论，假定将支座 B 的支杆去掉，使梁绕 A 旋转至 B' 后，再将支杆重新安上，可以发现在这个过程中，梁内也不会产生内力。同样地，在静定结构中制造误差和温度改变也不会引起内力。

（2）静定结构的局部平衡特性。在荷载作用下，如果静定结构中的某一局部可以与荷载维持平衡，则其余部分的内力必为零。如图 2-17 所示的静定多跨梁，梁 AB 是几何不变部分，当梁 AB 承受荷载时，它自身可与荷载维持平衡，则此时梁 BC 没有内力。还应注意局部平衡不一定是几何不变的，它也可以是几何可变的，只要能够在特定的荷载作用下维持平衡即可。

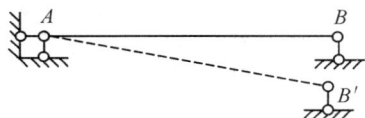

图 2-16　简支梁支座位移

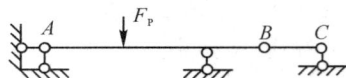

图 2-17　静定多跨梁

（3）静定结构的荷载等效特性。当静定结构的一个内部几何不变部分上的荷载作等效变换时，其余部分的内力不变。等效荷载是指荷载分布虽不同，但其合力彼此相等的荷载。如图 2-18 所示，对于荷载 F_P，其与节点 A、B 上的两个荷载 $F_P/2$ 是等效荷载，故将图 2-18(a)改为图 2-18(b)时，只有杆 AB 的内力改变，其余各杆的内力都不变。

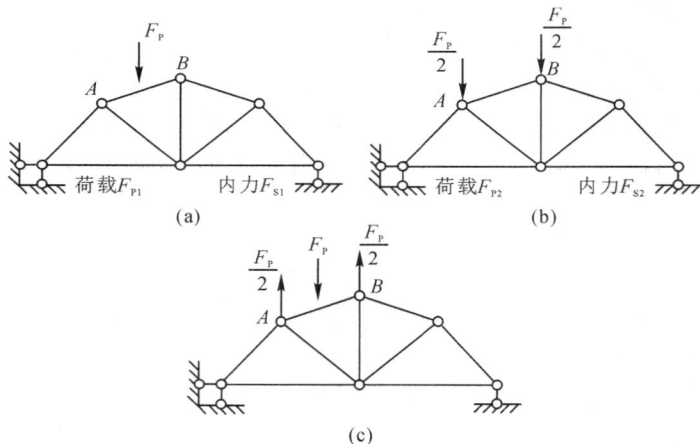

图 2-18　静定桁架等效荷载作用

静定结构在等效荷载下的这一特性，可用局部平衡特性来说明。设在静定结构的某一几何不变部分上作用有两种等效荷载 F_{P1}、F_{P2}，其相应的内力分别为 F_{S1} 和 F_{S2}。根据叠加原理，在荷载 F_{P1} 和荷载 $-F_{P2}$ 共同作用下相应的内力状态应为 $F_{S1}-F_{S2}$，由于 F_{P1} 和 $-F_{P2}$ 组成平衡力系，因此，根据局部平衡特性可知，除了杆 AB 以外，其余部分的内力 $F_{S1}-F_{S2}$ 应为零，即 $F_{S1}=F_{S2}$。由此可知，在两种等效荷载 F_{P1}、F_{P2} 分别作用时，除杆 AB 以外，其余部分相应的内力 F_{S1} 和 F_{S2} 必相等。

（4）静定结构的构造变换特性。当静定结构的一个内部几何不变部分作构造变换时，其余部分内力不变。如图 2-19 所示，若将桁架的上弦杆 AB 改为一个小桁架，则只是 AB 的内力有改变，其余部分内力没有改变。

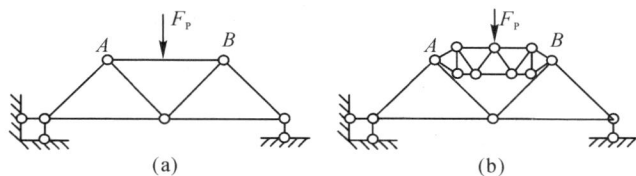

图 2 - 19　静定桁架等效变换

2.3.2　结构的位移计算和虚功原理

静定结构的位移计算是结构力学分析的一个重要内容，也是超静定结构内力分析的基础。

结构位移计算的目的有两个：一是验算结构刚度；二是为超静定结构内力计算作准备。因为在超静定结构计算中，不仅要考虑结构平衡条件，还必须满足结构变形协调条件。

产生位移的主要因素有下列三个：一是荷载作用；二是温度变化和材料胀缩；三是支座沉降和制造误差。

结构位移有两大类：一类是线位移，指结构上某点沿直线方向移动的距离；另一类是角位移，指结构上某截面转动的角度。

线性变形体系的位移计算的理论基础是虚功原理，计算方法是单位荷载法。线性变形体系的应用条件是：

（1）材料处于弹性阶段，应力与应变呈正比。

（2）结构变形微小，不影响力的作用。

线性变形体系也称为线性弹性体系，它的应用条件也是叠加原理的应用条件。对线性变形体系计算，可以应用叠加原理。

一个不变的力所作的功是以该力的大小与其作用点沿力方向相应位移的乘积来衡量的，即

$$W = P\Delta$$

式中：W 为虚功；P 为广义力；Δ 为广义位移。

如果 P 是一个力，则相应的 Δ 为沿这个力作用线方向的线位移。如图 2 - 20(a)所示，简支梁在 C 点作用一个竖向力 P，让它经历图 2 - 20(c)所示的位移作功，则相应的位移 Δ 是在 C 点沿力 P 作用方向的线位移。

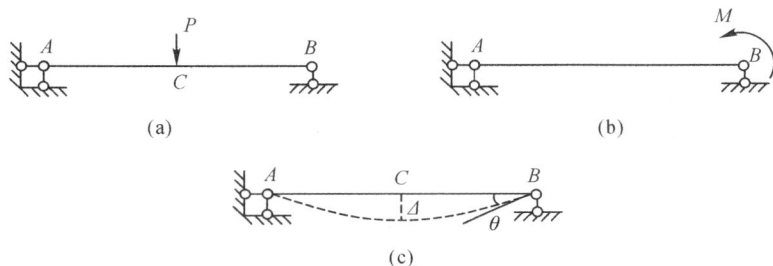

图 2 - 20　简支梁在集中荷载作用下的广义位移

如果 P 是一个力偶，则相应的 Δ 为沿力偶作用方向的角位移。如图 2 - 20(b)所示，简支梁在 B 端作用一个力偶 M，让它经历图 2 - 20(c)所示的位移作功，则相应的位移 Δ 是沿 M 作用方向的 B 端截面的转角 θ。

如果一组力经历相应的位移作功，结果可表示为 $W = P\Delta$ 的形式，即一组力可以用一

个符号 P 来表示，相应的位移也可以用一个符号 Δ 来表示，那么这种扩大了的力和位移分别称为广义力和广义位移。

　　虚功是为了与实功相区别的。所谓虚，是指作用力 P 与经历的位移 Δ 是独立无关的，即经历的位移 Δ 不必是 P 所产生的；或在经历位移 Δ 时，作用力 P 为一常值。例如，图 2-20(a) 和 (b) 所示的力系与图(c)所示的位移是互相无关的，它们无因果关系。

2.3.3　超静定结构和力法计算

　　对于一个结构，如果它的支座反力和各截面的内力可以用静力平衡条件唯一确定，就称其为静定结构；如果不能完全由静力平衡条件唯一确定，就称其为超静定结构。

　　所谓多余约束，是相对于保持体系的几何不变性而言的，静定结构是没有多余约束的几何不变体系，而超静定结构是有多余约束的几何不变体系。

1. 超静定次数的确定

　　从几何组成的角度看，超静定次数是指超静定结构中多余约束的个数。如果从原结构中去掉 n 个约束，结构就成为静定的，则原有结构为 n 次超静定。

　　超静定次数等于多余约束个数，也等于把原有结构变成静定结构时所需撤除的约束个数，即

$$超静定次数 = -\omega$$

其中，ω 为体系的计算自由度。

　　从静力分析的角度看，超静定次数等于根据平衡方程计算未知力时所缺少的方程个数，因此有

$$超静定次数 = 多余未知力个数 = 未知力个数 - 平衡方程个数$$

学会求超静定次数，关键是学会把超静定结构拆成静定结构。通常有以下几种方法：

　　（1）撤去一根支杆或切断一根链杆，等于拆掉一个约束。如图 2-21(a) 所示，将一个多跨连续梁撤去中间两个支杆，即可变为图(b)中的简支梁。

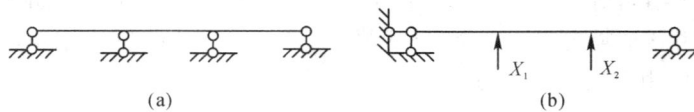

图 2-21　连续梁多余杆件示意图

　　（2）撤去一个铰支座或撤去一个单铰，等于拆掉两个约束。

　　（3）撤去一个固定端或切断一个梁式杆，等于拆掉三个约束，如图 2-22 所示。

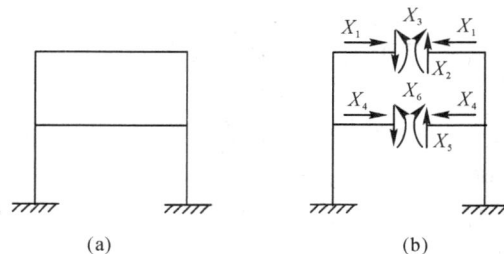

图 2-22　刚架拆掉多余约束示意图

（4）在连续杆上加一个单铰，等于拆掉一个约束，如图 2-23 所示。

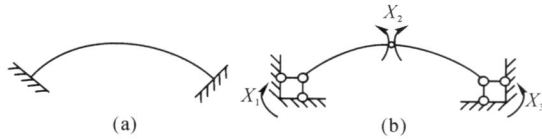

图 2-23　拱拆掉多余约束示意图

在撤去多余约束时，还应注意以下两点：

（1）不要把原结构拆成一个几何可变体系。

（2）必须把全部多余约束都拆除。如图 2-24(a)所示的超静定结构，如果只拆去一根竖向支杆，变为图 2-24(b)所示，则闭合的框内仍有三个多余约束。因此，必须把闭合框再切开一个截面，才能变成静定结构，如图 2-24(c)所示。原结构共有四个多余约束。

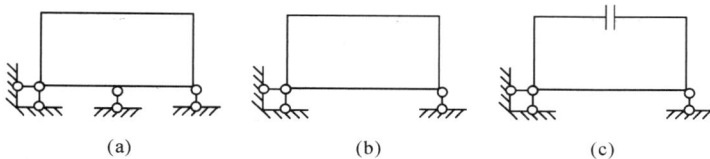

图 2-24　超静定结构及多余约束拆除

2. 力法计算

　　力法是计算超静定结构最基本的方法。其基本思路就是把超静定结构计算问题转化为静定结构计算问题，即利用计算静定结构的方法达到计算超静定结构的目的。

　　超静定结构由于有多余约束存在，相应的就有多余约束力，故不能仅由平衡条件求出，必须考虑变形条件才能求解。

　　1）力法的基本未知量

　　图 2-25(a)所示为超静定梁，共有四个支座反力，不能用平衡方程求出。

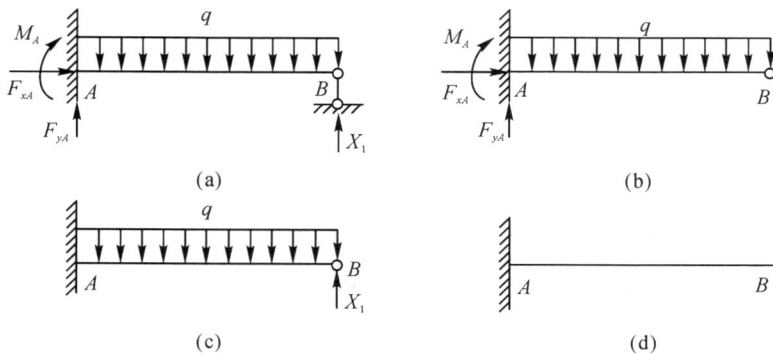

图 2-25　超静定梁力法示意图

　　如果撤去支座 B，变为如图 2-25(b)所示，再以一个相应的未知力 X_1 代替，则原来的超静定结构就转化为图 2-25(c)所示的在荷载 q 和 X_1 共同作用下的静定结构，此时就相当于图 2-25(d)所示的基本结构。

力法的主要特点是把多余未知力的计算问题当作解超静定结构的关键问题，处于关键地位的多余约束未知力称为力法的基本未知量。

2）力法的基本体系

在超静定结构中，去掉多余约束所得到的静定结构就是力法的基本结构。基本结构在荷载和多余约束未知力的共同作用下的体系称为基本体系。而基本体系是静定结构，可以通过调整未知力的大小，使其受力情况、变形状态与原结构完全相同。所以基本体系就是将超静定结构计算问题转化为静定结构计算问题的桥梁。

3）力法的基本方程

如图 2-26 所示的基本体系，要求得基本未知量 X_1，必须在平衡条件基础上补充新的条件。只在均布荷载 q 的作用下，B 点有向下的位移；只在主动力 X_1 的作用下，B 点有向上的位移。在 q 和 X_1 共同作用下，B 点位移等于零时，基本体系中的主动力 X_1 才和原有超静定结构中 B 点竖向支座反力相等，基本体系才转化为原超静定结构。

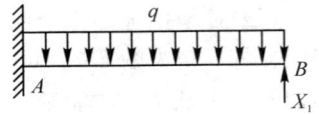

图 2-26 力法基本体系

根据叠加原理，图 2-27(a)的状态应等于图(b)和图(c)的状态之和。图(b)和图(c)分别表示基本结构在荷载 q 和未知力 X_1 单独作用下的受力和变形状态。由支座 B 处的变形条件可得

$$\Delta_1 = \Delta_{11} + \Delta_{1P}$$

式中：Δ_1 为基本体系（即基本结构在荷载 q 与未知力 X_1 共同作用下）沿 X_1 方向的总的位移；Δ_{1P} 为基本结构在荷载 q 单独作用下沿 X_1 方向的位移；Δ_{11} 为基本结构在未知力 X_1 单独作用下沿 X_1 方向的位移。

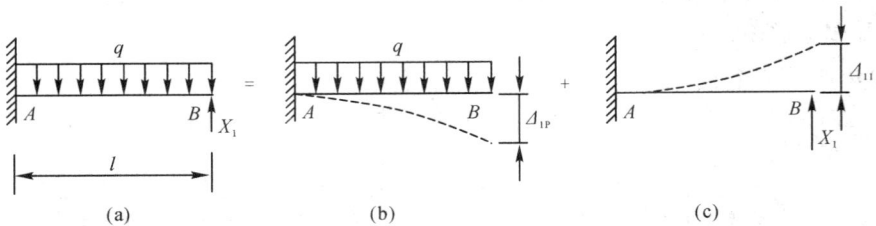

图 2-27 基本体系的叠加转化

在线性变形体系中，位移 Δ_{11} 与 X_1 呈正比，即

$$\Delta_{11} = \delta_{11} X_1 \tag{2-22}$$

式中：δ_{11} 为系数，即基本结构在单位力 $X_1=1$ 单独作用下沿 X_1 方向产生的位移。

将式(2-22)代入式 $\Delta_1 = \Delta_{11} + \Delta_{1P}$，即得

$$\delta_{11} X_1 + \Delta_{1P} = 0 \tag{2-23}$$

这就是线性变形条件下一次超静定结构的力法基本方程。

2.3.4 位移法计算

位移法是以结构节点位移作为基本未知量，通过平衡条件建立位移方程，求出位移后，即可利用位移和内力之间的关系求出杆件和结构的内力。

位移法要点如下：

（1）基本未知量是节点位移。

（2）基本方程是平衡方程。

（3）建立基本方程时，先将节点位移锁住，求出各超静定杆在荷载作用下的结果，再求出各超静定杆在节点位移作用下的结果，最后叠加以上两步的结果，使外加约束的约束力等于零，即得位移法的基本方程。

（4）求解位移法方程，得到基本未知量，从而求出各杆内力。

与力法计算相同，位移法计算超静定结构时，也首先需要确定基本未知量和基本体系。位移法的基本未知量是节点角位移和节点线位移，基本体系是将基本未知量完全锁住后得到的超静定杆的综合体。

下面以图 2-28 所示的具有两个基本未知量的刚架结构为例进行说明。节点 C 的转角为 Δ_1，节点 D 的水平位移为 Δ_2。在节点 C 施加控制转动的约束，为约束 1；在节点 D 施加控制水平位移的支杆，为约束 2。基本体系如图 2-29 所示。

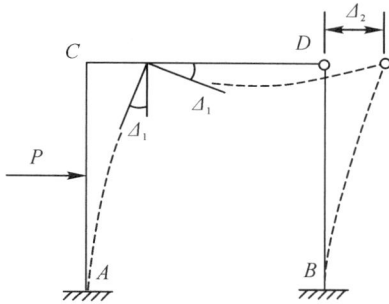

图 2-28　两个基本未知量的刚架结构　　　图 2-29　两个基本未知量的刚架结构的基本体系

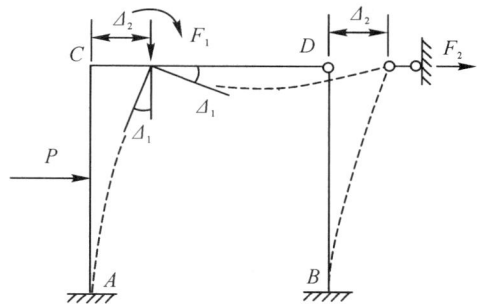

下面利用叠加原理建立位移法方程：

第一，对基本结构在荷载单独作用时进行计算。先求出各杆的固端力，再求出约束中存在的约束力矩 F_{1P} 和 F_{2P}。

第二，对基本结构在 Δ_1 单独作用时进行计算。使基本结构在节点 C 发生节点位移 Δ_1，但节点 D 仍然被锁住。这时可求出基本结构在杆件 CA 和 CD 的杆端力以及在两个约束中分别存在的约束力矩 F_{11} 和 F_{21}。

第三，对基本结构在 Δ_2 单独作用时进行计算。使基本结构在节点 D 发生节点位移 Δ_2，但节点 C 仍然被锁住。这时可求出基本结构在杆件 AC 和 BD 的杆端力以及在两个约束中分别存在的约束力矩 F_{12} 和 F_{22}。

叠加以上三种情况，得到基本体系在荷载和节点位移 Δ_1、Δ_2 共同作用时的结果。这时基本体系已经转化为原结构，虽然在形式上还有约束，但实际上已经不起作用，即附加约束中的总约束力应等于零，可表示为

$$F_1 = 0$$
$$F_2 = 0$$

进一步表示为

$$F_{1P} + F_{11} + F_{12} = 0 \qquad\qquad (2-24)$$

$$F_{2P} + F_{21} + F_{22} = 0 \qquad\qquad (2-25)$$

式中：F_{1P}、F_{2P} 为基本结构在荷载单独作用时，在附加约束 1 和 2 中产生的约束力矩；F_{11}、F_{21} 为基本结构在节点位移 Δ_1 单独作用时（$\Delta_2 = 0$），在附加约束 1 和 2 中产生的约束力矩；F_{12}、F_{22} 为基本结构在节点位移 Δ_2 单独作用时（$\Delta_1 = 0$），在附加约束 1 和 2 中产生的约束力矩。

利用叠加原理，可以将 F_{11}、F_{12}、F_{21}、F_{22} 表示为与 Δ_1、Δ_2 有关的量，得到下列式子：

$$F_{1P} + k_{11}\Delta_1 + k_{12}\Delta_2 = 0 \qquad\qquad (2-26)$$

$$F_{2P} + k_{21}\Delta_1 + k_{22}\Delta_2 = 0 \qquad\qquad (2-27)$$

式中：k_{11}、k_{21} 为基本结构在单位节点位移 $\Delta_1 = 1$ 单独作用时（$\Delta_2 = 0$），在附加约束 1 和 2 中产生的约束力；k_{12}、k_{22} 为基本结构在单位节点位移 $\Delta_2 = 1$ 单独作用时（$\Delta_1 = 0$），在附加约束 1 和 2 中产生的约束力。

用位移法计算超静定结构时，当节点位移基本未知量较多时，需要求解较多个联立方程，计算工作量大。而在实际工程中，应用较多的结构为对称结构。因此，可利用结构和荷载的对称性进行简化计算。

力法和位移法是计算超静定结构的两个基本方法。位移法也可以计算静定结构，由杆端位移和杆端荷载推算杆端弯矩的公式是位移法的基本公式。位移法的基本未知量是结构节点位移，即刚节点的角位移和独立线位移。清楚地理解等截面直杆的形常数和载常数的物理意义，可以帮助我们了解在位移法中为什么可以取这些节点位移作为基本未知量，而不是取任意节点的位移作为基本未知量。同时，我们还要注意位移和杆端力的正负号规定。

在位移法中，用来计算基本未知量的是平衡方程。对于每一个刚节点，可以写一个节点力矩平衡方程。对于每一个独立的节点线位移，可以写一个截面平衡方程。平衡方程的数目与基本未知量的数目正好相等。

力法和位移法可以进行手算，但当基本未知量很多时，传统手算方法计算工作量太大，有时甚至不可能完成。随着现代计算机的广泛应用，结构分析计算方法也得到了空前发展，结构矩阵分析法就是其中最重要的方法之一。

2.3.5　矩阵位移法计算

结构矩阵分析法是以结构力学原理为基础，用矩阵代数表达式等计算公式，并用计算机进行运算的一种三位一体的分析方法。采用矩阵进行运算，不但使得公式紧凑，形式统一，便于使计算过程规范化和程序化，而且也能适应计算机自动处理的要求。

矩阵位移法计算杆件结构的基本原理与传统位移法相同，也是以节点位移为基本未知量，将整个结构分解为若干个单元（在杆件结构中，通常取一根杆件为一个单元）。对于每一个单元，分析杆端力和杆端位移及荷载之间的关系，并用矩阵形式表示出来，然后利用结构变形协调条件和平衡条件，将各单元集合成整体结构，最后可得到求解基本未知量的方程，即整体刚度方程。

由此可见，矩阵位移法和传统位移法计算杆件结构的基本环节是一样的，即结构离散化、单元分析和整体分析。

（1）结构离散化：将一个受外力作用的连续弹性体离散成一定数量的有限小的单元集合体，单元之间只是在节点上互相联系，即只有节点才能传递力。

（2）单元分析：根据弹性力学基本方程和变分原理建立单元节点力和节点位移之间的关系。

（3）整体分析：根据节点力的平衡条件建立有限元方程，引入边界条件，解线性方程组求出位移，然后求出单元应力。

矩阵位移法计算的基本步骤如下：

（1）整理原始数据，对单元和整体结构进行局部码和总码编码。

（2）形成局部坐标系中的单元刚度矩阵。

（3）形成整体坐标系中的单元刚度矩阵。

（4）用单元集成法形成整体刚度矩阵。

（5）求局部坐标系的单元等效节点荷载，求整体坐标系的单元等效节点荷载。

（6）用单元集成法形成整体结构的等效节点荷载。

（7）解方程，求各杆的杆端内力。

矩阵位移法也是有限元中杆件计算的理论基础，在后续有限元原理介绍中将不再重复。

2.3.6　结构稳定计算

1. 结构失稳的基本概念

稳定是关于结构平衡状态性质的定义。平衡状态指结构处于静止或匀速运动状态。平衡分为稳定平衡、不稳定平衡和中性平衡三类。

若结构原来处于某个平衡状态，后来由于受到轻微干扰而稍微偏离了原有位置，当干扰消失后，如果结构能够回到原来的平衡位置，则原来的平衡状态称为稳定平衡状态；如果结构继续偏离，不能回到原有位置，则原来的平衡状态称为不稳定平衡状态；结构由稳定平衡到不稳定平衡的中间过渡状态称为中性平衡状态。

随着荷载继续增大，结构的原始平衡状态可能由稳定平衡状态转变为不稳定平衡状态，这时原始平衡状态丧失其稳定性，简称为失稳。

由于在实际工程中各类微小干扰无法避免，因此还需要对失稳后有干扰的结构性能进行研究，这种研究称为屈曲后性能分析。有些结构失稳后受到干扰时，需要不断降低荷载才能维持平衡，临界荷载是这类结构承载能力的最大理论值；有些结构失稳后受到干扰时，会因条件变化在新的位置又处于稳定平衡的状态，可以继续加载，这类结构的最终承载能力大于临界荷载，超出的部分称为屈曲后强度，这也说明失稳并不一定意味着承载能力丧失。

失稳形式根据屈曲变形的不同，可分为弯曲屈曲、扭转屈曲和弯扭屈曲；根据失稳范围的不同，可分为整体失稳和局部失稳，其中，整体失稳是指整个结构或构件发生失稳，局部失稳是指组成构件的部分板件发生失稳；根据缺陷影响的不同，可分为缺陷敏感型和缺陷不敏感型；根据失稳的应力状态不同，可分为弹性屈曲和弹塑性屈曲。

若结构失稳后受到干扰时变形可以持续发展，则属于大变形的范畴，屈曲后性能需要采用大变形理论来分析。根据大变形理论，结构失稳的两种基本形式是分支点失稳和极值点失稳。

对于分支点失稳，下面来看一个例子。图 2-30（a）为理想四边简支受压薄板，材料为弹性，板件初始平直，无缺陷，压力 P 沿板截面均匀分布且方向不变，w 为板的挠度。板的平衡曲线见图 2-30（b），OA 段处于稳定平衡状态，随着压力 P 继续增大，板受力增加，

AB 段处于不稳定平衡状态，A 点对应的荷载为临界荷载，B 点受力大于临界荷载，代表屈曲后强度增加。板件屈曲后，无干扰时在原位保持平直（AB 段），有干扰时会发生波浪形凸曲变形，AB 曲线变为 AC 或 AC'，板件以凸曲状态保持稳定平衡，这类分岔支点失稳称为稳定分岔失稳。AC 及 AC' 为屈曲后性能曲线，最终承载力大于 P_{cr}。

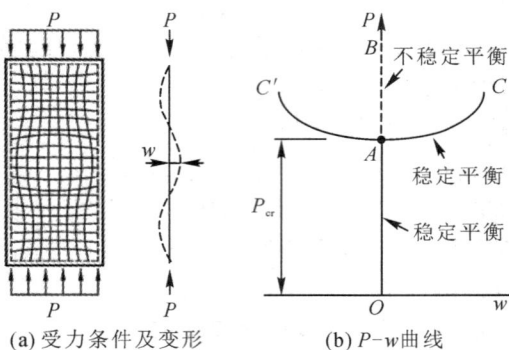

(a) 受力条件及变形　　　　　(b) P-w 曲线

图 2-30　简支薄板受力变形及相应平衡状态

2. 压杆稳定类型

静力失稳问题常常以单向压缩为例，对于压杆，只有短粗杆才发生强度破坏，而细长杆在横截面上的应力未达到强度破坏应力水平就会因为弯曲而失去承载能力，这种现象称为压杆失去稳定，简称失稳。细长的理想中心受压直杆，当轴向压力达到临界值时，压杆处于临界平衡形态，只有在这一临界力作用下，压杆才有可能在微弯形态保持平衡。也就是说，使压杆保持微小弯曲平衡的最小压力即为临界压力。

图 2-31(a)所示为简支压杆的完善体系或理想体系，杆件轴线是理想直线，荷载 P 是理想中心受压荷载（没有偏心）。随着压力 P 逐渐增大，压力 P 与中心挠度 Δ 之间的关系曲线如图 2-31(b)所示。

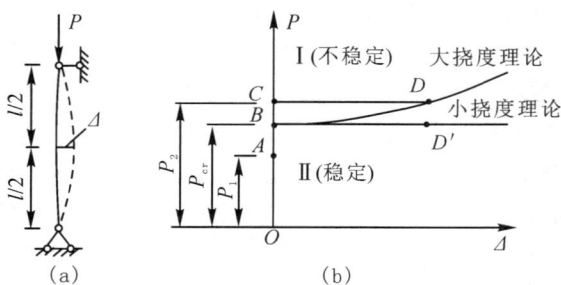

图 2-31　理想中心受压直杆的稳定示意图

当荷载 P 小于欧拉临界值 P_{cr} 时，压杆只是单纯受压，不发生弯曲变形（挠度 $\Delta=0$），压杆处于直线形式的平衡状态（称为原始平衡状态）。在图 2-31(b)中，其 P-Δ 曲线由直线 OAB 表示，称为原始平衡路径（路径Ⅰ）。如果压杆受到轻微干扰而发生弯曲，偏离原始平衡状态，则当干扰消失后，压杆仍回到原始平衡状态。因此，当 $P<P_{cr}$ 时，原始平衡状态是稳定的。在原始平衡路径Ⅰ上 A 点所对应的平衡状态是稳定的。原始平衡形式是唯一的平衡形式。

当荷载 $P > P_{cr}$ 时，原始平衡形式不再是唯一的形式。压杆既可处于直线形式平衡状态，也可处于弯曲形式平衡状态，也就是说这时存在两种不同形式的平衡状态，即在图 2-31(b) 中对应两条不同的 $P-\Delta$ 曲线：原始平衡路径 Ⅰ（由直线 BC 表示）和第二平衡路径 Ⅱ（根据大挠度理论，由曲线 BD 表示；如果采用小挠度理论进行近似计算，则曲线退化为 BD'）。还可以看出，这时原始平衡状态（C 点）是不稳定的。如果压杆受到干扰而弯曲，则当干扰消失后，压杆并不能回到 C 点对应的原始平衡状态，而是继续弯曲，直到到达图中 C 点对应的弯曲形式的平衡状态为止。因此，当 $P > P_{cr}$ 时，在原始平衡路径 Ⅰ 上，C 点所对应的平衡状态是不稳定的。

两条平衡路径 Ⅰ 和 Ⅱ 的交点 B 称为分支点。分支点 B 将原始平衡路径 Ⅰ 分为两段：前段 OB 上的点属于稳定平衡，后段 BC 上的点属于不稳定平衡。也就是说，在分支点 B 处，原始路径 Ⅰ 与新平衡路径 Ⅱ 同时并存，出现了平衡形式的二重性，原始路径 Ⅰ 由稳定平衡转变为不稳定平衡，出现了稳定性的转变。具有这种特征的失稳形式称为分支点失稳形式。分支点失稳对应的荷载称为临界荷载，对应的平衡状态称为临界状态。分支点失稳又称为第一类失稳。

图 2-32(a)、(b) 分别为具有初曲率的压杆和承受偏心荷载的压杆，称为压杆的非完善体系。

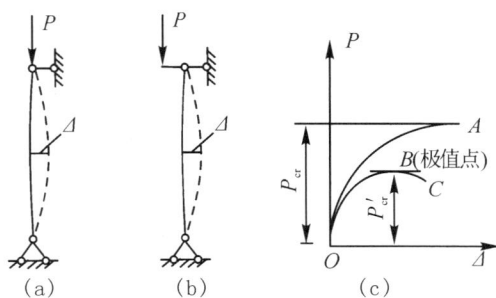

图 2-32　非完善压杆体系图

压杆从一开始加载时就处于弯曲平衡状态。按照小挠度理论，其 $P-\Delta$ 曲线如图 2-32(c) 中的 OA 所示。在初始阶段挠度增加较慢，以后逐渐变快，当 P 接近中心压杆的欧拉临界值 P_{cr} 时，挠度趋于无限大。如果按照大挠度理论，其 $P-\Delta$ 曲线如图 2-32(c) 中的 OBC 所示。B 点为极值点，荷载在 B 点达到极大值。在极值点以前的曲线段 OB，其平衡状态是稳定的；在极值点以后的曲线段 BC，其相应的荷载反而下降，其平衡状态是不稳定的。在极值点处，平衡路径由稳定平衡转变为不稳定平衡。这种失稳形式称为极值点失稳，其特征是平衡形式不出现分支现象，$P-\Delta$ 曲线具有极值点。极值点相对应的荷载的极大值称为临界荷载。极值点失稳又称为第二类失稳。

在实际工程问题中，多数受压构件处于偏心受压状态（即压力和弯矩同有的状态），是非完善的压杆体系，多属于第二类失稳问题。

3. 临界荷载计算方法

强度问题是指结构在稳定平衡状态下的最大应力不超过材料的允许应力，重点在内力计算上。对大多数结构而言，通常其应力都处于弹性范围内而变形很小。因此，可以认为荷载与变形之间呈线性关系，并按结构未变形前的几何形状和位置来进行计算，此时叠加原理适用，通常称此种计算为线性分析或一阶分析。对于应力虽然处于弹性范围内但变形较大的结构（如悬索），因其变形对计算的影响不能忽略，故应按结构变形后的几何形状和位置进行计算，此时，荷载与变形之间已经是非线性关系了，叠加原理不再适用，称这种计算为几何非线性分析或二阶分析。

稳定问题与强度问题的不同之处在于稳定问题的着眼点不是放在计算最大应力上，而是放在研究荷载与结构内部抵抗力之间的平衡上，研究这种平衡是否处于稳定状态，即要找出变形开始急剧增长的临界点，并找出与临界状态相应的最小荷载（临界荷载）。对稳定问题的计算属于二阶分析。

确定临界荷载的基本方法有两类：一类是根据临界状态静力特征而提出的方法，称为静力法；另一类是根据临界状态能量特征而提出的方法，称为能量法。

1）**静力法求解临界荷载**

在分支点失稳问题中，临界状态的静力特征是平衡形式的二重性。静力法的要点是在原始平衡路径Ⅰ之外寻找新的平衡路径Ⅱ，确定两者交叉分支点，由此求出临界荷载。

下面以图 2-33 为例进行分析。在图 2-33(a)中，AB 为刚性压杆，底端 A 为弹性支承，其转动刚度系数为 k。

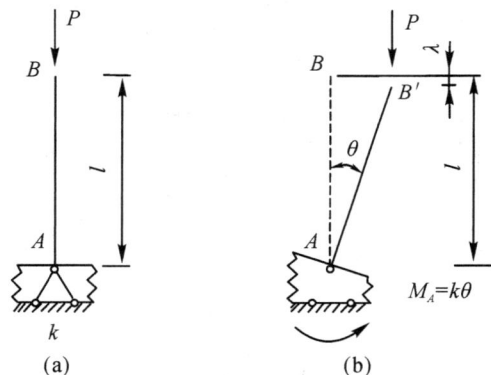

图 2-33　临界载荷确定图

杆 AB 处于竖直位置时的平衡形式是原始平衡形式。杆件处于倾斜位置是新的平衡形式。根据小挠度理论，平衡方程为

$$Pl\theta - M_A = 0 \qquad (2-28)$$

由于弹性支座的反力矩 $M_A = k\theta$，因此有

$$(Pl-k)\theta = 0 \qquad (2-29)$$

在稳定分析中，平衡方程是针对变形后的结构新位置写出的（不是针对变形前的原始位置），也就是说，要考虑结构变形对几何尺寸的影响。在应用小挠度理论时，由于假设位移是微量，因而对结构中的各个力要区分为主要力和次要力两类。在图 2-33(b)中，纵向力 P 是主要力（有限量），而弹性支座反力矩 $M_A = k\theta$ 是次要力（微量）。建立平衡方程时，方程中各项应是同级微量，因此对主要力 P 项需要考虑结构变形对几何尺寸的微量变化，对次要力项则不考虑几何尺寸的微量变化。

$(Pl-k)\theta=0$ 是以 θ 为未知量的齐次方程。齐次方程有两类解，即零解和非零解。零解（$\theta=0$）对应的是原始平衡形式，即平衡路径Ⅰ；非零解（$\theta\neq0$）对应的是新的平衡形式。为了有非零解，齐次方程的系数应为零，即

$$Pl-k=0 \tag{2-30}$$

式（2-30）称为特征方程。由特征方程可知，第二平衡路径Ⅱ为水平直线，由两条路径的交点可得到分支点，分支点相应的荷载即为临界荷载，因此

$$P_{cr}=\frac{k}{l} \tag{2-31}$$

2）能量法求解临界荷载

用能量法求临界荷载，仍是以结构失稳时平衡的二重性为依据，应用以能量形式表示的平衡条件，寻求结构在新的形式下能维持平衡的荷载，得到的最小者即为临界荷载。

用能量形式表示的平衡条件就是势能驻值原理，它表述为：对于弹性结构，在满足支承条件及位移连续条件的一切虚位移中，同时又满足平衡条件的位移（因而是真实的位移）使结构的势能 $\varPi$ 为驻值，也就是结构势能的一阶变分等于零，即

$$\delta\varPi=0 \tag{2-32}$$

结构的势能 $\varPi$ 等于结构的应变能 U 与外力势能 U_P 的和，即

$$\varPi=U+U_P \tag{2-33}$$

仍以图 2-33 为例，弹簧的应变能为

$$U=\frac{1}{2}k\theta^2 \tag{2-34}$$

荷载势能为

$$U_P=-P\lambda \tag{2-35}$$

这里的 λ 为 B 点的竖向位移，可表示为

$$\lambda=l(1-\cos\theta)=l\frac{\theta^2}{2} \tag{2-36}$$

将式（2-36）代入式（2-35），可得

$$U_P=-\frac{Pl}{2}\theta^2 \tag{2-37}$$

体系的势能为

$$\varPi=U+U_P=\frac{1}{2}(k-Pl)\theta^2 \tag{2-38}$$

应用势能驻值条件 $\dfrac{\mathrm{d}\varPi}{\mathrm{d}\theta}=0$，得到

$$(k-Pl)\theta=0 \tag{2-39}$$

可以看出，式（2-39）与静力法是等价的。由此可见，能量法与静力法可导出同样的方程。换言之，势能驻值条件等价于用位移表示的平衡方程。

能量法余下的计算步骤与静力法完全相同，即根据位移 θ 有非零解的条件导出特征方程

$$k-Pl=0$$

从而求出临界荷载

$$P_{cr} = \frac{k}{l} \qquad\qquad (2-40)$$

归纳起来,在分支失稳问题中,临界状态的能量特征是:势能为驻值,且位移有非零解。能量法就是根据上述能量特征求临界荷载。

2.4　建筑热工学基本原理

2.4.1　室内外热湿环境

室内热湿环境的品质直接影响人们的工作、学习和生活,甚至影响人体健康。营造相对舒适的室内热湿环境是设计野外应急住用房的重要任务。

室外热湿环境是指作用在建筑外围护结构上的一切热、湿等物理因素的总称。改善室外热湿环境对于营造舒适的室内热湿环境起关键性作用。只有掌握影响室外气候因素的相关知识,才能针对各地气候的不同特点,采取适宜的建筑设计方法和技术手段,改善野外应急住用房的室内热湿环境。

1. 室内热湿环境

1) 室内热湿环境的组成要素

室内热湿环境主要是指由室内气温、湿度、气流及壁面热辐射等因素综合而成的室内微气候。结合室外不同的气象条件,室内微气候的各种不同组合形成了不同的室内热湿环境。因为在野外应急住用房内只有人体新陈代谢、生活和生产设备及照明灯具散发的热量和水分,所以室内气候主要取决于室外热湿环境,可以通过改善围护结构的材料、构造等优化室外热湿状况,从而达到改善室内热湿环境的目的。

2) 人体热平衡与热舒适

人体热舒适程度是指人们对所处室内气候环境满意程度的感受。舒适的热环境是保障人们身心健康、高效工作和学习的重要条件。人体对周围环境的热舒适程度主要反映在人的冷热感觉上。人的冷热感觉不仅取决于室内气候,还与人体本身的条件(如健康状况、种族、性别、年龄、体形等)、活动量、衣着状况等诸多因素有关。人们在某一环境中感到热舒适的必要条件是:人体内产生的热量与向环境散发的热量相等,即保持人体的热平衡。人体与环境之间的热平衡关系可表示为

$$\Delta q = q_m \pm q_e \pm q_r - q_w \qquad\qquad (2-41)$$

式中:q_m 为人体新陈代谢产热量,W/m^2;q_e 为人体与周围空气之间的对流换热量,W/m^2;q_r 为人体与环境间的辐射换热量,W/m^2;q_w 为人体的蒸发散热量,W/m^2;Δq 为人体得失的热量,W/m^2。

从式(2-41)可以看出,人体与周围环境的换热方式有对流、辐射和蒸发三种,而换热的余量即为人体热负荷 Δq。根据卫生学研究,Δq 的值与人们的体温变化率呈正比,当 $\Delta q > 0$ 时,体温将升高;当 $\Delta q < 0$ 时,体温将降低。如果这种体温变化的差值不大,时间也不长,则可以通过环境因素的改善和肌体本身的调节,逐渐减小,直至恢复正常体温状态,不致对人体产生影响;若变动幅度大,时间长,则人体将出现不舒适感,严重者将出现病态征

兆，甚至死亡。因此，应当从环境条件上控制 Δq 值，以维持人体体温恒定不变。而要维持
人体体温恒定不变，必须使 Δq＝0，即人体新陈代谢产热量正好与人体所处环境的热交换
量处于平衡状态。显然，人体热平衡是达到人体热舒适的必要条件。式(2-41)中各项还受
一些条件影响，可以在较大的范围内变动，虽然许多种不同的组合都可能满足上述热平衡
方程，但人体的热感觉可能会有较大的差异。换句话说，从人体热舒适角度考虑，单纯达
到热平衡是不够的，还应当将人体与环境的各种方式换热限制在一定的范围内。据研究，
在达到热平衡状态的同时，只有当对流换热约占总散热量的 25%～3 0%，辐射散热量占
45%～50%，呼吸和无感觉蒸发散热量占 25%～30%时，人体才能达到热舒适状态。因
此，能达到这种适宜比例的环境才是人体热舒适的充分条件。

　3）人体热平衡的影响因素

　根据热平衡方程，可以从式(2-41)中各项的分析得出影响人体热平衡的各因素。

　(1) 人体新陈代谢产热量 q_m。

　人体新陈代谢产热量 q_m 主要取决于人体的新陈代谢率及对外作机械功的效率。单位时
间内人体新陈代谢所产生的能量称为新陈代谢率，通常用符号 m 表示，单位为 W/m^2（人
体表面积），亦常以"met"表示，1 met＝58.2 W/m^2。新陈代谢率的数值随人的活动量而
异，人体新陈代谢过程释放出的能量大部分转化为人体内部的热量，即人体新陈代谢产热
量，有时部分用来对外作机械功。

　(2) 对流换热量 q_e。

　对流换热量 q_e 是指当着衣体表面与周围空气间存在温度差时的热交换值，它取决于着
衣体表面和空气间的温差、气流速度以及衣着的热物理性质。人体皮肤温度并非均匀一
致，也会受到环境因素的影响。因此，在卫生学研究中最常用的平均皮肤温度是体表上几
个不同部位点皮肤温度的平均值，每个部位的测定值是按其所代表的人体表面积的比例加
权计算得到的。人体在休息时或认为所在环境舒适时，皮肤温度在 28～34℃之间；开始感
到温热时，皮肤温度为 35～37℃。当人体平均皮肤温度高于空气温度时，q_e 为负值，人体
向周围空气散热，且气流速度愈大，散热愈多；当空气温度高于人体平均皮肤温度时，q_e 为
正值，人体从空气中吸热，且气流速度愈大，得热愈多。因此，气流速度对人体的对流换热
影响很大，在人体与周围空气的对流换热中，人体是散热还是得热，受人体所着服装的影
响。衣服热阻越大，对流换热量越小。

　(3) 辐射换热量 q_r。

　辐射换热量 q_r 是指在着衣体表面与周围环境表面间进行的换热量，它取决于两者温
度、辐射系数、相对位置以及人体的有效辐射面积。当人体温度高于周围环境表面温度时，
辐射换热结果是人体失热，q_r 为负值；反之，人体得热，q_r 为正值。

　(4) 人体的蒸发散热量 q_w。

　人体的蒸发散热量 q_w 由无感蒸发散热量与有感显汗蒸发散热量组成。无感蒸发是通过
肺部呼吸和皮肤的隐汗蒸发进行的，属于无明显感觉的生理现象。由呼吸引起的散热量与
通过肺部的空气量呈正比，即与新陈代谢率呈正比。至于通过皮肤的隐汗散热，是因皮肤
水分扩散引起的，取决于皮肤表面和周围空气的水蒸气压力差。有感显汗蒸发是通过皮下
汗腺分泌的汗液蒸发进行的，散热量的大小取决于排汗率。当排汗率不大，而环境允许人
体蒸发散热量很大时，体表上没有汗珠形成，此时蒸发所需的热量几乎全部取自人体。但

当体表积累的汗水较多，形成一定大小的水珠，甚至全身湿透时，汗液蒸发的热量将有相当数量取自周围空气，有时还可能因吸收环境辐射热量而蒸发。显然，在这种情况下，蒸发汗液所消耗的热量远大于人体的蒸发散热量。靠有感的汗液蒸发散失的热量，在整个皮肤表面 100% 为汗液湿透时达到最大值。同时，蒸发散热量与空气流速、从皮肤表面经衣服到周围空气的水蒸气压力分布、衣服对蒸汽的渗透阻等因素有关。

综上所述，可知影响人体热感的因素包括空气温度 t_i、空气相对湿度 φ_i、气流速度 v_i、环境平均辐射温度 θ_i、人体新陈代谢率 m 和人体衣着状况等，它们对热环境的影响是综合性的，各因素之间具有互补性。特别是前四个物理因素，它们与野外应急住用房的选址、整体设计、选材息息相关，所以在设计中应结合建筑物所在地区的气候特点和对建筑物的功能要求，充分利用上述诸因素变化规律，使所设计的建筑空间具有良好的热环境条件。

4）室内热湿环境的影响因素

（1）室外气候因素。

建筑物基地的各种气候因素通过建筑物围护结构、外门窗及各类开口可以直接影响室内气候条件。为了获得良好的室内热湿环境，必须了解建筑物基地各主要气候因素的概况及变化规律特征，并将其作为野外应急住用房的设计依据。

（2）热环境设备影响。

这里所说的热环境设备是指以改善室内热湿环境为主要功能的设备，例如用于冬季采暖的电加热器，用于夏季制冷、增风、去湿的空气调节器、风扇、空气去湿机等。只要使用得当，就可以在不同程度上有效地良性改善室内热湿环境的某个或某几个因素，从而增加人体舒适感。

（3）其他设备影响。

在野外应急住用房中，还有灯具、计算机、烘干机、电磁炉等电器，这些设备在使用中都会向所在空间散发热量，至于其对室内热湿环境的影响程度，则取决于室外气候状况、建筑空间大小以及所使用设备的种类和功率。在小空间居室内使用白炽灯，在炎热的夏日会增加人体热感；相比之下，采用节能型灯具，感觉就不一样了。野外应急住用房中烹饪所用燃料通常以固体和液体燃料为主，在燃烧过程中会产生热、多种废气和水蒸气以及其他多种热量，在野外应急住用房设计中应考虑这部分热量。

（4）人体活动影响。

人生活在建筑空间内时，也向建筑空间释放着热量。在空间大、人数不多的场所，人体活动对环境的影响并不明显；若野外应急住用房内人群密集，夏季就易感到过热。而且在人群密集的地方，往往自然通风不畅，人体呼出的水蒸气等气体也会对环境的湿度和卫生状况产生不良影响。

5）室内热湿环境的评价方法

人体与其周围环境之间保持热平衡，是使人保持健康与舒适的首要条件之一。这种平衡条件的取得以及身体对周围环境达到平衡时的状态，取决于许多因素的综合作用，这也决定了评价室内热湿环境标准的指标种类多样，下面介绍几种经常使用的评价方法。

（1）有效温度 ET。

有效温度是 1923—1925 年由美国 Yaglon 等人提出的一种热指标，该指标的影响因素有空气温度、空气湿度与气流速度，可用于评价上述三个影响因素对人们在休息或工作时的主观热感觉的综合影响。这个指标是以受试者的主观反应为评价依据。在决定此项指标的实验中，受试者在环境因素组合不相同的两个房间中来回走动，调节其中一个房间的各项参数值，使得受试者由一个房间进入另一个房间时具有相同的热感觉，如图 2 - 34 所示。

图 2 - 34 中 φ_i 为室内空气相对湿度，v_i 为空气流动速度，t_i 为室内空气温度。房间 A 为制定有效温度的参考房间；房间 B 的环境要素可以任意组合，以模拟可能遇到的实际环境条件。当受试者在两个房间内获得同样的热感觉时，把房间 A 的温度作为房间 B 的有效温度。例如房间 B 的 $t_i = 27℃$，$\varphi_i = 60\%$，$v_i = 1.5 \ \mathrm{m/s}$ 与房间 A 在 $t_i = 20℃$ 时的主观热感觉相同，则房间 B 的有效温度 ET = 20℃。有效温度与人体热感觉之间的关系如表 2 - 1 所示。

表 2 - 1　有效温度与人体热感觉关系表

有效温度 ET/℃	43	40	35	34～31	30	25	20	19～16	15	10
主观热感觉	允许上限	酷热	炎热	热	稍热	适中	稍冷	冷	寒冷	严寒

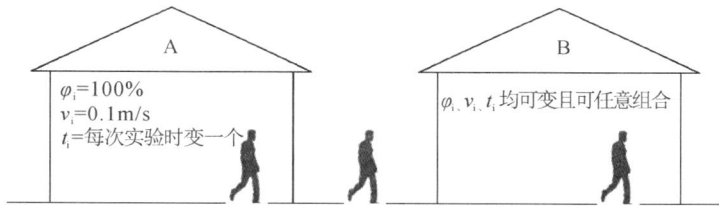

图 2 - 34　有效温度的定标实验

（2）热感觉指标 PMV - PPD。

1967 年，丹麦的房格尔（Fanger）教授在堪萨斯州立大学实验数据的基础上，发表了著名的热舒适平衡方程。1970 年，房格尔以人体热平衡方程及 ASHRAE 七点标度为出发点，并对米瑙（Menall）等在堪萨斯州立大学所进行的实验得出的四种新陈代谢率情况下的热感觉数据进行了曲线拟合，得到了至今被广泛使用的热舒适评价指标——预测平均投票数（Predicted Mean Vote，PMV）和预测不满意百分数（Predicted Percentage of Dissatisfied，PPD）。该指标综合了空气温度、平均辐射温度、空气流速、空气湿度、人体新陈代谢率及服装热阻等六个因素，是至今最全面的评价热环境的指标，已被编入国际标准 ISO7730。1972—1975 年，房格尔又对影响人体热舒适的其他因素（如年龄、性别、种族、健康水平等）作了进一步研究，指出人体热舒适不受上述因素的影响。

所谓热舒适平衡方程，是指在基本热平衡方程式（2 - 41）中，设人体调节机能处于舒适平和状态下的 q_w 为 q_w^*，根据此状态下的皮肤表面温度 t_s^* 可计算基本热平衡方程中的 q_r 和 q_e，由此得到的辐射换热量和对流换热量分别以 q_r^* 和 q_e^* 表示，则得

$$\Delta q^* = q_m \pm q_e^* \pm q_r^* - q_w \qquad (2 - 42)$$

根据五个参数的某种组合，按式（2 - 42）所得的结果为：若 $\Delta q^* = 0$，则认为该热环境（四要素的某种组合）是舒适的，即 PMV = 0；若 $\Delta q^* \neq 0$，则热舒适平衡遭到破坏，此变化

值用 L 表示，按热平衡方程式（2-42），L 为人体得失的热量，也叫人体热负荷。人体为维持正常体温，势必改变调节机能的工作强度，L 的绝对值越大，不舒适程度越大。房格尔根据实验得出了表示热感觉的 PMV 指数与热负荷 L 等因素之间的函数关系，即

$$PMV = 0.303e^{-0.036q_m} \cdot L \qquad (2-43)$$

PMV 是受测试者在实验过程中对某种环境因素组合的热感觉值，该指数与人体热感觉之间的关系如表 2-2 所示。

表 2-2　PMV 与人体热感觉关系表

PMV	−3.0	−2.0	−1.0	0	+1.0	+2.0	+3.0
人体热感觉	严寒	冷	稍冷	适中	稍热	热	炎热

（3）心理适应性模型。

尽管 PWV-PPD 评价方法比较全面、科学，但也有一定的局限。它对相对舒适的室内环境（即 PMV 值在 −1.0～+1.0 之间时）的评价较为准确，而当 PMV 值超过 ±2.0 时，PMV 值和人体的热感觉之间的差异则较大。例如在自然通风建筑中，PMV 值和人体热感觉就有较大偏差。特别是在较热的环境中，人体感觉舒适的中性温度往往远高于 PMV 值为 0 时的舒适温度。造成这种偏差的原因是多方面的，其中人的心理因素占比较大，故结合使用者心理因素的适应性模型随之被提出。心理适应性模型可以解释自然通风建筑中实际观测结果和 PMV 预测结果不同的主要原因，并归纳出了室内热中性温度和室外月平均温度之间的关系：

$$t_{ie} = 17.8 + 0.31t_e \qquad (2-44)$$

式中：t_{ie} 为室内热中性温度（即室内热舒适温度），℃；t_e 为室外月平均温度，℃。

适应性模型以热中性温度为中心，以 90% 的人可接受的舒适温度变化范围为 5℃，并以 80% 的人可接受的舒适温度变化范围为 7℃，以此来定义自然通风建筑的热舒适温度区。

（4）湿球黑球温度指数。

湿球黑球温度指数（Wet Bulb Globe Temperature Index）又称为 WBGT 指数，是综合评价人体接触作业环境热负荷的一个基本参量，单位为℃。WBGT 是由自然湿球温度（T_{nw}）、黑球温度（T_g）和露天情况下空气干球温度（T_a）三个部分构成的，它综合考虑了空气温度、风速、空气湿度和辐射热四个因素。

此法可方便地应用在工业环境中，以评价环境热强度。它适宜于评价在整个工作周期中人体所受的热强度，而不适宜于评价短时间内或热舒适区附近的热强度。测量仪器可采用 WBGT 指数测定仪直接测量（如图 2-35 所示），也可采用干球温度计、自然湿球温度计或黑球温度计，在同一地点分别测量。自然湿球温度是用湿球温度计测量的，其测量方法是将温度计感温部分裹上一层湿纱布，由其自然蒸发（即不加外力）。黑球温度也叫实感温度，即在辐射热环境中人或物体受辐射热和对流热综合作用时，以温度表示出来的实际感觉温度。所测的黑球温度值一般比环境温度值（也就是空气温度值）高一些，因为黑球温度是一个综合温度，受太阳辐射作用很大，对人体的热感觉影响强烈。在可以忍受的温度范围内，强烈太阳辐射带给人的烘烤感是使人感觉不舒适的重要原因。

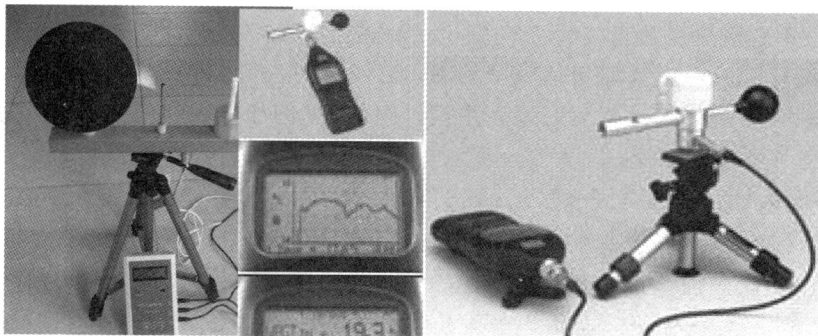

图 2-35　湿球黑球温度测量仪器

温度的测量一般包括三种方法。① 干球温度法：在温度计的水银球不加任何包被的情况下测出的温度为大气温度，俗称气温。② 湿球温度法：在用湿棉纱包裹温度计的水银球的情况下测出的温度，即为大气湿度饱和情况下的温度。③ 黑球温度法：将温度计的水银球放入一个直径为 15 cm、外涂黑色的空心铜球的中心测得的温度，用以反映环境的热辐射状况。三种温度所反映的环境温度性质不同，故使用时须说明所采用的测量方法。

前面已介绍了湿球黑球温度指数是由黑球、自然湿球、干球所测的三个温度构成的。其中，黑球温度受空气温度、辐射热和风速的影响。自然湿球温度受空气温度、风速、湿度和辐射热的影响。只有在计算中综合考虑以上因素，才能得出较为科学的结果。当湿球黑球温度指数按下列方法综合计算时，结果可以比较正确地反映工作地点的气象条件。

下面介绍湿球黑球温度指数的计算方法。

在室内和室外无太阳辐射热时，有

$$T_{\mathrm{WBGT}} = 0.7 t_{\mathrm{nw}} + 0.3 t_{\mathrm{g}} \tag{2-45}$$

在室外有太阳辐射热时，有

$$T_{\mathrm{WBGT}} = 0.7 t_{\mathrm{nw}} + 0.2 t_{\mathrm{g}} + 0.1 t_{\mathrm{a}} \tag{2-46}$$

式中：T_{WBGT} 为湿球黑球温度指数，℃；t_{nw} 为自然湿球温度，℃；t_{g} 为黑球温度，℃；t_{a} 为干球温度，℃。

计算各参数时，还应考虑到随时间和空间的变化而取其平均值。

（5）热应力指数（HSI）。

热应力指数即人体所需的蒸发散热量与室内环境条件下最大可能的蒸发散热量之比，一般用百分比表示，即

$$\mathrm{HSI} = \frac{q_{\mathrm{req}}}{q_{\mathrm{max}}} \times 100\% \tag{2-47}$$

式中：q_{req} 为人体所需的蒸发散热量，其值由人体的热平衡方程而定，即

$$q_{\mathrm{req}} = q_{\mathrm{m}} \pm q_{\mathrm{e}} \pm q_{\mathrm{r}} \tag{2-48}$$

q_{max} 为室内环境条件下最大可能的蒸发散热量，其值取决于室内空气湿度、气流速度以及人体衣着等因素。

热应力指数全面地考虑了室内热微气候中的四个物理因素以及人的活动状况与衣着等因素的影响，因而是一个较为全面的评价指标。但根据实验范围，它只适用于空气温度偏高，即在 20～50℃ 且衣着较单薄的情况，因此常用于评价夏季热环境状况。

2. 室外热湿环境

室外热湿环境的组成要素包括太阳辐射、空气温度、空气湿度、风、降水、积雪、日照等。这些要素以复杂的方式相互联系，并随时间周期（例如日、年）变化，这些变化有时是有规律的，有时则没有规律。

1）室外热湿环境的组成要素

（1）太阳辐射。

太阳辐射能是地球热量的基本来源，是决定气候的主要因素，也是建筑物外部最主要的气候条件之一。到达地面的太阳辐射由两部分组成，一部分是太阳直接射达地面的，它的射线是相互平行的，称为直接辐射；另一部分是经大气散射后到达地面的，它的射线来自各个方向，称为散射辐射。直接辐射与散射辐射之和就是到达地面的太阳辐射总量，称为总辐射。散射辐射照度与太阳高度角呈正比，与大气透明度呈反比。因此，海拔高的地方或农村地区，散射辐射照度就小，多云天气散射辐射照度较无云时大。在大气层上界，太阳辐射的能量主要集中在紫外线、可见光及红外线三个波段。当太阳辐射透过大气层时，由于大气对不同波长的射线具有选择性的反射和吸收作用，因此在不同太阳高度角下，光谱的成分也不相同，太阳高度角越高，紫外线及可见光成分就越多；红外线恰好相反，它的成分随太阳高度角的增加而减少。

描述太阳辐射的另一个指标是日照时数。在晴朗天气时，一天内从日出到日落，阳光照射大地的时间称为可照时数，它取决于纬度及日期。实际上，由于云、烟、雾等遮挡，地面上接受直阳辐射照度的时间要小于可照时数。实际日照时数与可照时数的比值，称为日照百分率。日照百分率越大，则到达地面上的太阳辐射能的总和就越多；反之就越少。我国各地全年的日照百分率以西北、华北和东北地区为最大，以四川盆地、贵州东部和两湖盆地为最小，华南及长江下游介于中间。在工程应用中，不仅要了解水平面的太阳辐射照度，还要了解任意倾斜面和各朝向垂直面的太阳辐射照度。

辐射包括太阳辐射（使人体受热）和人体与其周围环境之间通过辐射形式产生的热交换。任何两种不同温度的物体之间都有热辐射存在。热辐射不受空气流速影响，总是从温度较高的物体向温度较低的物体辐射散热，直至两物体温度相等为止。辐射量与温度的 4 次方呈正比，并与实际参与辐射的表面积有关。当周壁温度比人体皮肤温度高时，热流从周壁向人体辐射，使人体受热，这种辐射称为正辐射。当周壁温度低于皮肤温度时，热流从人体向周壁辐射，使人体散热，这种辐射称为负辐射。人体对负辐射的反射性调节不很敏感，因此，在寒冷季节人可能因负辐射丧失大量热量而受凉。

（2）空气温度。

大气中的气体分子在吸收和放射辐射能时具有选择性，它几乎是透明体，直接受太阳辐射而增温是非常微弱的，主要靠吸收地面长波辐射而增温。因此，地面与空气的热量交换是气温升降的直接原因。影响地面附近气温的因素主要有以下几点：首先是入射到地面的太阳辐射热量，它起着决定性的作用；其次，大气对流作用对空气温度的影响最大，无论是水平方向还是垂直方向的空气流动，都会使高、低温空气混合，从而减少地域间空气温度的差异；第三，下垫面对空气温度的影响也很重要，草原、森林、水面、沙漠等不同地面覆盖层对太阳辐射的吸收及与空气的热交换状况各不相同，对空气温度的影响也不同，因此各地温度也就有了差别；最后，海拔高度、地形地貌都对气温及其变化有一定影响。

气温对人体的热调节起着主要的作用。在温度开始升高时，机体的第一个适应过程是皮肤末梢毛细血管扩张，皮肤温度升高，从而使辐射和传导对流散热增加。末梢毛细血管扩张的结果可导致血压下降，但在正常情况下会立即由脉搏增加和血流的重新分配所补偿。同时，血液稀释使血流量增加亦可使血压有所增加。气温继续增加时，汗腺活动显著增加，蒸发放热逐渐成为主要的散热方式（人体皮肤约有 200～250 万个汗腺，当皮肤温度为 34℃时每蒸发 1 克水分可散失热量 580 千卡）。根据上海第一医学院环境卫生学教研组研究结果，当气温在 32℃以上时，人体出汗开始显著增加，当气温在 33℃以上时，出汗几乎已成为唯一的散热方式。由于汗腺活动增加，汗液大量分泌，将引起体内水分、盐分损失，甚至引起水盐代谢障碍。在高温作用下，除了血液循环系统所发生的变化以外，机体的其他器官、系统也会发生变化。例如，温度对消化液分泌和胃肠机能有明显影响。高温时胃酸分泌会减少，胃运动机能亦有变化，在气温为 9.0～15.0℃，相对湿度为 72%～78%时，胃每分钟收缩 20 次，并且有固定的收缩波形；当温度增至 32.0～34.0℃，相对湿度为 32%～40%时，胃的收缩减为每分钟一次，收缩波形减小，收缩曲线变得不规则。高温不仅能抑制胃腺的分泌活动，而且也能抑制胰腺和肠腺的活动。高温对胃腺作用最明显，胰腺次之，肠腺最弱。在高温作用下，人体的代谢和生化过程也会发生改变。高温环境还能使人体的肌肉活动能力下降，所以人在高温环境中进行体力劳动时容易感到疲劳。气温降低时，通过中枢神经系统调节，人体皮肤的末梢毛细血管收缩，血流量减少，皮肤温度降低而使辐射、传导和对流散热减少。因此，低温时人常常蜷缩起来，减少体表面积而使散热减少，同时人的食欲常增加以使产热增加而维持热平衡。寒冷环境还能使机体甲状腺的活动和内脏器官的代谢活动增加。

（3）空气湿度。

空气湿度是指空气中水蒸气的含量。这些水蒸气来源于江河湖海水面、植物以及其他水体的水面蒸发，通常以绝对湿度和相对湿度来表示。相对湿度的日变化受地面性质、水陆分布、季节寒暑、天气阴晴等因素影响，一般规律是大陆大于海面，夏季大于冬季，晴天大于阴天。相对湿度的日变化趋势与气温的日变化趋势相反。在晴天，其最高值出现在黎明前后，虽然此时空气中的水汽含量少，但温度最低，故相对湿度最大；最低值出现在午后，虽然此时空气中所含的水蒸气量较多（因蒸发较强），但温度已达最高，故相对湿度低。

空气相对湿度对人体的热平衡和温热感有重大作用，特别是在高温条件下，高湿对人体的作用就更为明显。高温高湿对机体热平衡有非常不利的影响，因为在高温时，机体主要依靠蒸发散热来维持热平衡，若此时相对湿度过高，将妨碍汗液蒸发，使汗液大滴落下，结果导致热平衡破坏。此外，随着空气中湿度增高，人的体温和脉搏也增高。

在低温情况下，空气湿度增高可以加速机体散热，此时身体热辐射被空气中的蒸汽所吸收，同时衣服在潮湿的环境中吸收水分后其导热性增高，会使人体更感寒冷。寒冷可能引起毛细血管收缩、皮肤苍白、代谢降低等不良后果，甚至会使组织内血液循环和细胞代谢发生障碍，引起组织营养失调，发生冻伤。

在温度比较适中时，空气相对湿度的变化对人体的影响比较小。在室温为 15.5～21℃

时，皮肤温度虽会随着相对湿度的改变而改变，但变化幅度很小。当气温为15.5℃时，相对湿度改变50％对人体的影响仅相当于空气温度改变1℃；当室温为16～17℃时，相对湿度改变50％，额部皮肤温度平均只改变0.2℃；当室温为21℃时，相对湿度改变50％，额部皮肤温度平均只改变0.3℃；当室温为21～27℃时，相对湿度改变50％，可以使人有明显的温热感觉的变化。当相对湿度相差50％（例如，一组的相对湿度为30％，另一组为80％）时，人体散热量有明显变化，且相对湿度为30％的一组散热要比80％的一组为多，而且随着温度的增加这种情况愈加明显。皮肤温度的变化也是如此，在高湿（80％）时的皮肤温度要比低湿（30％）时高，但在比较低温（22℃）的情况下，这种差别远不如在比较高温（26.5℃）的情况下明显。因此，高温高湿和低温低湿对人体都是不利的；而在温度适中时，相对湿度的影响则不甚显著。但空气也不宜过于干燥，相对湿度过低（低于10％～15％）时会因过于干燥而引起皮肤及口、鼻、气管黏膜开裂出血，有时甚至引起感染。此外，空气过于干燥亦将促使尘土飞扬而使人们的生活卫生条件恶化。

（4）风。

风是指由大气压力差所引起的大气水平方向的运动。风向和风速是描述风特性的两个要素。通常人们把风吹来的地平方向确定为风的方向，例如，风来自西北方叫西北风，风来自东南方则叫东南风。陆地上的风向通常用16个方位来表示。风速即单位时间内风所行进的距离，以m/s表示。根据测定和统计以获得各地的年、季、月的风速平均值、最大值及风向频率的数据，是考虑房屋朝向、间距及平面布置选择的重要参考因素。为了直观地反映一个地方的风速和风向，通常用风玫瑰图（见图2-36）表示。图2-36中给出了某地7月份的风向频率分布。它的做法是先将同一月中各个方位的风向出现次数统计出来，然后计算出各个方位出现次数占总次数的百分比（即频率），再按一定的比例在各个方位的射线上点出，最后将各点连接起来即成。由图可知该地7月份以东风最盛。

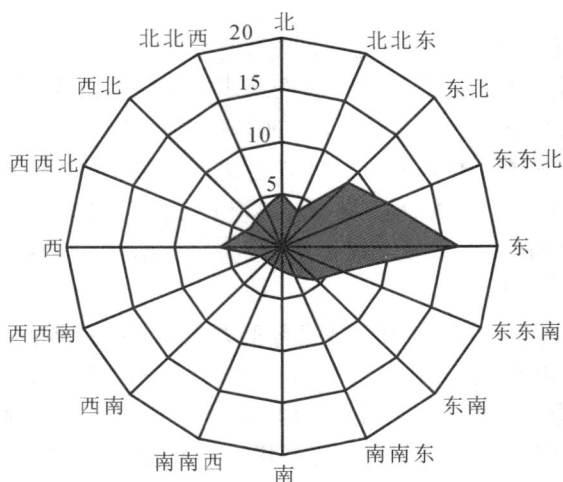

图2-36 风玫瑰图

风速对人体体温调节有着重要作用。在不同季节时风速对人体有着不同的影响，空气流动可促进人体散热，这在夏季可使机体感到舒适；但当气温高于人体皮肤温度时，空气流动反而会促使人体从外界环境吸收更多的热，对机体热平衡可产生不良影响。在冬季空气流动则使机体感到更加寒冷，特别是在低温高湿环境中，如果风速比较大，往往会由于散热过多而使机体过冷。

对人体对流换热起重要作用的气流可分为自然对流和人工对流两种。自然对流是流体中的温差引起浮力所致，例如，热源加热空气时，热空气上升而引起空气对流。人工对流是由于外界的力作用于流体上而引起的空气对流，例如，风扇送风。自然对流绝大多数是静止空气或低速气流。上述两种形式的对流围绕身体时，其气流的流型在低风速时为层流（流线型），高风速时为涡流。人工对流的风速可能很高，但在自然对流中高风速并不常见。在静止空气中，自然对流的层流空气围绕受热的身体时，可形成一个对流热交换带。围绕坐位者的风速往往可超过 0.3 m/s。相反，围绕卧位者头部的则是很薄的一层气流，其流速很低，仅有 0.05 m/s。笼罩立位者的自然对流由于头部的风速快而形成涡流，围绕下肢部位的却是层流。当皮肤温度超过气温 10℃ 时，自然对流可从人体带走的热量达 30～40 W/m²，相当于大部分的休息代谢产热量。气温低于体表温度时，可提高人体的对流散热量。对流散热量与风速的平方呈一定函数关系，但风速与对流散热量并非呈比例地增大，当风速增大到一定限度时，对流散热量不再显著增加。例如，当风速由 1 m/s 增加至 3 m/s 时，风速增加了 2 m/s，在劳动和安静时，对流散热量可分别增加 40.5% 和 57.0%；而当风速由 3 m/s 增加至 5 m/s 时，风速也增加了 2 m/s，但无论劳动或安静时，对流散热却只平均增加 22.6%（20.20%～25.9%）。

在正常情况下，提高风速既可使皮温下降，也可促进水分蒸发。在高温与低湿情况下，风速增加则有利于蒸发，这是因为持续大风量会将干燥空气迅速置换为接近体表的饱和水蒸气的空气，可以促进体表的蒸发散热。除气温外，直接关系到体表水分蒸发量的因素是生理饱和差和风速。所谓生理饱和差，是指在体表温度下的饱和水蒸气分压与空气中水蒸气分压之差。而风速对蒸发的影响是十分明显的。故生理饱和差和风速越大，体表水分蒸发量也越大。但是需要注意，风速不能无限地促进蒸发。一般来说，当风速提高到 3.6 m/s后，水分蒸发量就不再明显增加了。机体体表水分的蒸发包括呼吸道蒸发、皮肤不显汗蒸发和显汗蒸发。这三方面的水分蒸发都可使机体散热，但其程度有很大差别。在高热环境下，影响体表汗液蒸发能力的因素是生理饱和差和风速。提高汗液蒸发效率的主要措施是通过降低湿度来提高生理饱和差，或提高风速。前者实施起来是非常困难的，而通过提高风速来增加体表汗液蒸发则是较容易办到的事。

当环境温度在 35℃ 以下且人体安静时，即使风速低至 0.05 m/s，仍能完全蒸发安静者体表的水分。当温度上升至 40～45℃ 时，要完全蒸发安静者体表的水分，则需将风速提高到 0.5 m/s。若环境温度未超过 20℃，即使在从事中等体力劳动时，0.2 m/s 的低风速也能完全蒸发体表的汗液。而在 28℃ 的环境温度下从事中等体力劳动时，要使体表汗液完全蒸发，则需有 0.5 m/s 的风速。在 35℃ 下从事中等体力劳动时，要达到同样的蒸发效果，就得有 1.0 m/s 的风速。当环境温度上升至 40～45℃ 时，8.0 m/s 的风速才能将中等体力劳动者体表排出的汗液完全蒸发。风速除了直接影响汗液蒸发外，同时也间接影响出汗速度。风速大时，汗液容易蒸发，体热易于发散，出汗速度小；风速小时，汗液不易蒸发，体热不易发散，出汗速度大。皮肤表面出汗蒸发散热是人类在热环境中赖以生存的最有效方法，蒸发散热量本身就是反映人体热负荷最好的生理指标。贝尔丁（Belding）选定 18~20 g/min 作为普通身材者的最大稳态出汗量，并把它当作热应激反应极限。在极热的环境里测得的短时间内全身最大出汗量为 20~80 g/min。有报道显示，最高出汗率可达 3 L/h，亦可达 4.2 L/h。但如此剧烈地出汗，汗腺会很快出现疲劳。故有学者认为，从事中等强度体力活动时，可容许的最大出汗率应是 1 L/h，即工作日终了时，人的体重净失量不应超过本人体重的 1.5%。

（5）降水。

从大地蒸发出来的水汽进入大气层，经过凝结后又降到地面上形成的液态或固态水分简称降水。雨、雪、雹等都属于降水。降水的性质包括降水量、降水时间和降水强度等。降水量是指降落到地面的雨、雪、雹等融化后，未经蒸发或渗透流失而积累在水平面上的水层厚度，以毫米（mm）为单位。降水时间是指一次降水过程从开始到结束的持续时间，用时（h）、分（min）表示。降水强度是指单位时间内的降水量，用雨量筒测得。降水强度的等级以 24 h 内的降水总量（mm）划分为 4 个等级：小于 10 mm 时为小雨，10~25 mm 时为中雨，25~50 mm 时为大雨，50~100 mm 时为暴雨。

综合上述分析，可知影响地球气候系统变化的物理机理包括接受太阳辐射的能量、地球的转动、气团的运动、土壤和水的升温、水的蒸发及随后的凝结和降水。为了科学地提出与自然气候条件有关的建筑设计依据，明确各气候区建筑的设计要求和相应的技术措施，我国已经根据建筑的特点、要求以及各种气候因素对建筑物的影响，在全国范围内进行了建筑气候分区的工作，以指导作出合宜的建筑设计。

2）建筑气候分区及设计要求

建筑热环境设计主要涉及冬季保温、夏季隔热以及为维持室内相对舒适的热环境所需的采暖和制冷等方面。我国《民用建筑热工设计规范》GB 50176—2016 用累年最冷月（即1 月份）和最热月（即 7 月份）平均温度作为分区主要指标，累年日平均温度≤5℃和≥25℃的天数作为辅助指标，将全国划分成五个区，并提出了相应的设计要求，现简要介绍如下。

（1）严寒地区：指累年最冷月平均温度低于或等于−10℃的地区。严寒地区主要包括内蒙古和东北北部地区、新疆北部地区、西藏和青海北部地区。这些地区的建筑必须充分满足冬季保温要求，加强建筑物防寒措施，但一般不需考虑夏季防热要求。

（2）寒冷地区：指累年最冷月平均温度为 0~−10℃的地区。寒冷地区主要包括华北地区、新疆和西藏南部地区及东北南部地区。这些地区的建筑应满足冬季保温要求，部分地区需兼顾夏季防热要求。

（3）夏热冬冷地区：指累年最冷月平均温度为 0~10℃且最热月平均温度为 25~30℃的地区。夏热冬冷地区主要包括长江中下游地区（即南岭以北、黄河以南地区）。这些地区的建筑必须满足夏季防热要求，并适当兼顾冬季保温要求。

（4）夏热冬暖地区：指累年最冷月平均温度高于 10℃且最热月平均温度为 25~29℃的地区。夏热冬暖地区包括南岭以南及南方沿海地区。这些地区的建筑必须充分满足夏季防热要求，一般可不考虑冬季保温要求。

（5）温和地区：指累年最冷月平均温度为 0~13℃且最热月平均温度为 18~25℃的地区。温和地区主要包括云南、贵州西部及四川南部地区。在这些地区中，部分地区的建筑应考虑冬季保温要求，一般可不考虑夏季防热要求。

2.4.2　建筑的传热与保温

1. 稳定传热

1) 一维稳定传热的特征

(1) 通过平壁的热流密度 q 处处相等。只有平壁内无蓄热现象，才能保证温度稳定，因此就平壁内任一截面而言，流进与流出的热量必须相等。

(2) 同一材质的平壁内部各界面温度分布呈直线关系。由 $q_x = -\lambda \dfrac{\mathrm{d}\theta}{\mathrm{d}x}$（其中，$q_x$ 为沿 x 方向的热流密度，$\mathrm{d}\theta$ 为沿 x 方向的温度变化，λ 为导热系数，x 为材质厚度）可知，当 $q_x =$ 常数时，若视 λ 不随温度而变，则有 $\dfrac{\mathrm{d}\theta}{\mathrm{d}x} =$ 常数，各点温度梯度相等，即温度随距离的变化规律为直线。

2) 平壁热阻

建筑热工中的"平壁"不仅指平直的墙体，还包括地板、平屋顶及曲率半径较大的穹顶、拱顶等结构。热阻是表征围护结构本身或其中某层材料的阻抗传热能力的物理量。在同样的温差条件下，热阻越大，通过材料的热量越少，围护结构的保温性越好。要想增加热阻，可增加平壁厚度，或采用导热系数较小的材料。

(1) 单层匀质平壁的导热和热阻。

设平壁的内表面温度为 θ_i，外表面温度为 θ_e，厚度为 d，导热系数为 λ，根据热流密度与温差、材料厚度和导热系数的关系，得到通过该平壁的热流密度为

$$q = \frac{\theta_i - \theta_e}{d/\lambda} \qquad (2-49)$$

式中的 d/λ 为热量由平壁内表面传至平壁外表面过程中的阻力，称为热阻，即

$$R = \frac{d}{\lambda} \qquad (2-50)$$

式中：R 为材料层的热阻，$(\mathrm{m}^2 \cdot \mathrm{K})/\mathrm{W}$；$d$ 为材料层的厚度，m；λ 为材料层的导热系数，$\mathrm{W}/(\mathrm{m} \cdot \mathrm{K})$。

(2) 多层平壁的导热和热阻。

凡是由几种不同材料组成的平壁都叫作多层平壁，例如双面粉刷的砖砌体外墙。由 n 层材料组成平壁时，材料之间完全贴合，接合面无温度梯度存在，内壁、结合面到外壁的温度依次为 θ_i，θ_1，θ_2，$\cdots$，θ_n；厚度依次为 d_1，d_2，$\cdots$，d_n；材料导热系数依次为 λ_1，λ_2，$\cdots$，λ_n；材料热阻依次为 R_1，R_2，$\cdots$，R_n；材料中间没有内热源，通过多层平壁的热流密度相等，均为 q。根据式(2-49)可得到：

$$q = \frac{\theta_i - \theta_e}{\dfrac{d_1}{\lambda_1} + \dfrac{d_2}{\lambda_2} + \cdots + \dfrac{d_n}{\lambda_n}} = \frac{\theta_i - \theta_e}{R_1 + R_2 + \cdots + R_n} = \frac{\theta_i - \theta_n}{\sum\limits_{j=1}^{n} R_j} \qquad (2-51)$$

结论：多层平壁的总热阻等于各层热阻之和，即 $R = R_1 + R_2 + \cdots + R_n$。

(3) 组合壁的导热和热阻。

组合壁的平均热阻应按下式计算：

$$\bar{R}=\left[\frac{F_0}{\dfrac{F_1}{R_{0,1}}+\dfrac{F_2}{R_{0,2}}+\cdots+\dfrac{F_n}{R_{0,n}}}-(R_i+R_e)\right]\varphi \tag{2-52}$$

式中：$\bar{R}$ 为平均热阻；F_0 为与热流方向垂直的总传热面积；F_1，F_2，$\cdots$，F_n 为按平行于热流方向划分的各个传热面积；$R_{0,1}$，$R_{0,2}$，$\cdots$，$R_{0,n}$ 为各个传热面部位的传热阻；R_i 为内表面换热阻，取 $0.11(\mathrm{m^2 \cdot K})/\mathrm{W}$；$R_e$ 为外表面换热阻，取 $0.04(\mathrm{m^2 \cdot K})/\mathrm{W}$；$\varphi$ 为修正系数，见表 2-3。

表 2-3　修正系数 φ 值

λ_2/λ_1 或 $(\lambda_2+\lambda_3)/2\lambda_1$	φ
$0.09\sim0.10$	0.86
$0.20\sim0.39$	0.93
$0.40\sim0.69$	0.96
$0.70\sim0.99$	0.98

注：① 表中的 λ_1、λ_2、λ_3 为材料的导热系数，当围护结构由两种材料组成时，φ 应取较小值，λ_1 应取较大值，然后求两者的比值。

② 当围护结构由三种材料组成，或有两种不同厚度的空气间层时，φ 值应按 $(\lambda_2+\lambda_3)/2\lambda_1$ 确定。空气间层的 λ 值按空气间层的厚度及热阻求得。

③ 当围护结构中存在圆孔时，应先按圆孔折算成相同面积的方孔，然后按上述规定计算。

3）封闭空气间层的热阻

建筑设计中常用封闭空气层作为围护结构保温层。空气层中的传热方式有导热、对流和辐射，其中以对流换热和辐射换热为主。封闭空气层的热阻取决于间层两个界面上的边界层厚度和界面之间的辐射换热强度，且与间层厚度不呈正比例增长关系。

（1）结论：普通空气间层的传热量中辐射换热占很大比例，要提高空气间层的热阻须减少辐射换热量。

（2）减少辐射换热量的方法：将空气间层布置在围护结构的冷侧，降低间层平均温度；在间层壁面涂贴辐射系数小的反射材料（如铝箔等）。

4）平壁内部温度的计算

（1）平壁的稳定传热过程。

建筑上常见这种情况，即冬季室内表面吸热、围墙导热、室外表面放热，夏季相反。定义室内温度为 t_i（单位为℃），室外温度为 t_e（单位为℃），室内空气与内墙壁的对流换热系数为 α_i（单位为 $\mathrm{W/(m^2 \cdot K)}$），室外空气与外墙壁的对流换热系数为 α_e（单位为 $\mathrm{W/(m^2 \cdot K)}$），K_0（单位为 $\mathrm{W/(m^2 \cdot K)}$）为综合传热系数，R_0（单位为 $(\mathrm{m^2 \cdot K})/\mathrm{W}$）为综合热阻。根据传热学理论，经过推导得到（具体推导过程参见传热学有关书籍）：

$$q=\frac{t_i-t_e}{\dfrac{1}{\alpha_i}+\sum\dfrac{d}{\lambda}+\dfrac{1}{\alpha_e}}=\frac{t_i-t_e}{R_0}=K_0(t_i-t_e) \tag{2-53}$$

（2）平壁内部温度计算。

根据稳定传热条件 $q=q_i=q_\lambda=q_e$（其中，q 为热流密度，q_i 为室内至内墙壁的热流密度，q_λ 为围墙的热流密度，q_e 为外墙壁至室外空气的热流密度）可得出内表面温度 θ_i 为

$$\theta_i = t_i - \frac{R_i}{R_0}(t_i - t_e) \tag{2-54}$$

多层平壁内任一层的内表面温度 θ_m 为

$$\theta_m = t_i - \frac{R_i + \sum_{j=1}^{m-1} R_j}{R_0}(t_i - t_e) \tag{2-55}$$

式中：R_j 为墙壁第 j 层和第 $j+1$ 层之间的热阻。

外表面层的温度 θ_e 可写成：

$$\theta_e = t_e + \frac{R_e}{R_0}(t_i - t_e) \quad \text{或} \quad \theta_e = t_i - \frac{R_0 - R_e}{R_0}(t_i - t_e) \tag{2-56}$$

式中：R_e 为外墙壁和室外空气之间的热阻。

在稳定传热的条件下，当各层材料的导热系数为定值时，每一层材料内的温度分布是一条直线；多层平壁内温度的分布呈一条连续的折线，材料热阻越大，温度降落越大。

2．建筑的保温与节能

1）建筑的保温与节能设计策略

建筑的保温与节能设计是建筑设计的一个重要组成部分。我国北方大部分地区冬季气温较低，持续时间较长，参照我国建筑热工设计分区图，这些地区主要属于严寒地区、寒冷地区。所以，这些地区的房屋必须有足够的保温性能，以确保冬季室内热湿环境的舒适度，同时控制建筑物的采暖能耗值。夏热冬冷地区的冬季也较为寒冷，故这类地区的建筑同样需要适当考虑保温。

为了保证严寒与寒冷地区冬季室内热湿环境的舒适度，除注重建筑保温外，还需要有必要的采暖设备以提供热量。当建筑物本身具有良好的热工性能时，维持适宜的室内热湿环境所需要的供热量较小；反之，若建筑本身的热工性能较差，则不仅难以达到应有的室内热湿环境标准，还将使供暖耗热量大幅度增加，甚至在围护结构表面或内部产生结露、受潮等一系列问题。综上所述，在进行建筑的保温与节能设计时，为了充分利用有利因素，克服不利因素，应注意以下设计策略。

（1）充分利用太阳能。

在建筑中利用太阳能一般包括两层含义。一是从节约能源角度考虑。太阳能是一种清洁的、可再生的能源，将其引入建筑中，有利于节约常规能源，保护自然生态环境，实现可持续发展。二是从卫生角度考虑。太阳辐射中的短波成分有强烈的杀菌防腐效果，所以室内有充足的日照对人体健康是十分有利的。我国北方地区太阳能资源较为丰富，所以在建筑总平面布置和设计中，应充分利用冬季日照，建筑的主要朝向宜选择当地的最佳朝向，一般应采用南北向或接近南北向。另外，应结合相关太阳能利用技术，为在建筑设计中综合开发与利用太阳能创造必要的条件。

（2）防止冷风不利影响。

冷风对室内热湿环境的影响主要有两方面，一方面是通过门窗缝隙进入室内，形成冷风渗透；另一方面是作用在围护结构外表面，使其对流换热系数增大，加大外表面的散热量。在建筑的保温与节能设计中，应争取不使建筑外表面的大面积朝向冬季主导风向。当受条件限制而不能避开主导风向时，应尽量在迎风面上少开门窗或其他孔洞，在严寒地区

还应设置门斗，以减少冷风的不利影响。就保温而言，房屋的密闭性愈好，则热损失愈少，从而可以在节约能源的同时保持室温。但从卫生要求来看，房间必须有一定的换气量。基于上述理由，要想增强房屋保温能力，总的原则是房屋要有足够的密闭性，但是还要有适当的透气性或者拥有可开关的换气孔。当然，那种由于设计和施工失误而造成的围护结构接头、接缝不严所产生的冷风渗透，是必须要避免的。

（3）选择合理的建筑体形与平面形式。

建筑体形与平面形式的选择，对保温质量和采暖费用有很大影响。在建造野外应急住用房时，为了正确处理建筑体形与平面形式的关系，首先应该考虑的是功能要求、空间布局以及交通流线等，然而若只考虑体形上的造型艺术要求，致使外表面面积过大，曲折凹凸过多，则对建筑保温与节能是很不利的。外表面面积越大，热损失越多，而不规则的外围护结构，往往又是保温薄弱环节。因此，必须正确处理体形、平面形式与保温的关系，否则不仅增加采暖费用，而且浪费能源。对于体积相同的建筑物，在各外围护结构的传热情况均相同时，外围护结构的面积愈小，在保持相同的室内热湿环境时的耗热量愈少。

为了给设计合理的建筑体形与平面形式提供指导，特规定体形系数（S）。体形系数 S 是指建筑物与室外大气接触的外表面积 F_0（不包括地面和不采暖楼梯间隔墙与户门的面积）与其所包围的体积 V_0 之比，即 $S=F_0/V_0$。在现行的建筑节能设计相关标准中，建筑物的体形系数是控制建筑采暖能耗的一个重要参数。例如，部分建筑设计标准中规定，在严寒、寒冷地区，公共建筑的体形系数应小于或等于 0.4；在严寒地区，3 层或 3 层以下居住建筑的体形系数不应大于 0.55，4～6 层居住建筑的体形系数不应大于 0.3，7～9 层居住建筑的体形系数不应大于 0.26，10 层以上居住建筑的体形系数不应大于 0.24 等。

（4）房间具有良好的热工特性，建筑具有整体保温和蓄热能力。

房间的热特性应适合其使用性质，例如，在冬季全天候使用的房间应具有较好的热稳定性，以防止室外温度下降或间断供热时室温波动过大；房间的围护结构应具有足够的保温性能，以控制房间的热损失。

同时，建筑节能要求建筑外围护结构如外墙、屋顶、直接接触室外空气的楼板、不采暖楼梯间的隔墙、外门窗、楼地面等部位的传热系数应不大于相关标准的规定值。当某些围护结构的面积或传热系数大于相关标准的规定值时，应减少其他围护结构的面积或减小其他围护结构的传热系数，使建筑整体的采暖耗热量指标达到规定的要求值，保证建筑具有整体的保温能力。

房间的热稳定性是指在室内外周期热作用下，整个房间抵抗温度波动的能力。而房间的热稳定性又主要取决于内外围护结构的热稳定性。围护结构的热稳定性是指在周期热作用下，围护结构本身抵抗温度波动的能力。围护结构的热惰性是影响其热稳定性的主要因素。对于对热稳定性要求较高和采用持续供暖的房间，围护结构内侧材料应具有较好的蓄热性和较大的热惰性指标值，也就是应优先选择密度较大且蓄热系数较大的材料建造。而对于对热稳定性要求一般或采用间歇供暖的房间，其围护结构内侧材料应优先选用密度较小且蓄热系数较小的材料建造。

（5）建筑保温系统科学，节点构造设计合理。

在建筑物的外墙、屋顶等外围护结构部分加设保温材料时，保温材料与基层的黏结层、保温材料层、抹面层及饰面层等各层材料组成了特定的保温系统，如模塑聚苯板（EPS

板)外墙外保温系统、岩棉板外墙保温系统、现场喷涂硬泡沫聚氨酯外墙外保温系统等。各种保温系统的适用条件、施工技术、经济性价比各有不同，所以应针对建筑的功能、规模以及所在地区的气候条件确定科学的保温系统。

建筑外围护结构中有许多传热异常的部位，即传热在二维或三维温度场中进行的部位，如外墙转角、内外墙交角、楼板或屋顶与外墙的交角、女儿墙、出挑阳台、雨篷等构件。每一个成熟的保温系统，都应对这些传热异常部位的节点构造选择相应的结构，在采用某种保温系统的同时，充分利用合理的系统节点构造，以确保建筑保温与节能设计的科学性。例如，在严寒地区，对建筑节能构造设计就有如下要求：外墙、屋顶以及楼地面应优先采用国家建筑标准设计图集中适用于严寒地区的建筑节能保温系统与构造设计；外墙、屋顶应首选外保温系统，当选定某一外保温系统后不得随意更改系统的构造和组成材料；外墙与屋顶采用外保温系统时，应尽量减少混凝土出挑构件和附墙构件的使用；当外墙有混凝土出挑构件和附墙构件时，应对外墙出挑构件以及附墙部件采取隔断热桥或保温措施；应对窗口外侧四周墙面进行保温与防护处理，应对变形缝处和屋面、外墙的缝隙采用弹性保温材料加以封闭；屋面不宜采用架空、蓄水和种植屋面；外保温屋面的天沟、檐沟应铺设保温层；天沟、檐沟、檐口与屋面的交接处，有挑檐的保温屋面的保温层至少应铺设到墙内，其伸入的长度应不小于墙厚的 1/2；底面接触室外空气的架空或外挑楼板应采用外保温系统；底层地面除下设保温层并达到设计要求外，在基础的外侧(或内侧)应设保温层并向下延伸至当地冻土层的 1/2 深度以下；建筑物具有舒适、高效的供热系统。

当室外气温昼夜波动较大，特别是寒潮期间连续降温时，为使室内热湿环境能维持所需标准，除了房间(主要是建筑外围护结构)应有一定的热稳定性之外，在供热方式上也必须互相配合，即供热的间歇时间不宜太长，以防夜间室温达不到基本的热舒适标准。

为达到建筑保温与节能的平衡，应做到以下两点：一是在保证室内环境热舒适性的同时，尽可能降低建筑物的采暖能耗；二是提高能源的利用效率，在采暖建筑中配置高效率的供热系统，从而实现建筑节能这一根本目标。

2) 围护结构的保温设计

(1) 建筑保温与最小传热阻法。

建筑保温设计是对建筑热工性能的最低要求，按照我国《民用建筑热工设计规范》GB 50176—2016 要求，在保温设计时应取阴寒天气作为设计计算基准条件。在这种情况下，建筑外围护结构的传热过程可近似为稳态传热。按稳态传热的理论，传热阻即为外墙和屋顶保温性能优劣的特征指标。故外墙和屋顶的保温设计就是要确定其合理的传热阻，即最小传热阻。

最小传热阻特指在建筑热工的设计与计算中容许采用的围护结构传热阻的下限值。规定最小传热阻是为防止通过围护结构的传热量过大，防止内表面冷凝，以及防止因内表面与人体之间的辐射换热量过大而使人体受凉。最小传热阻的确定方法如下：

$$R_{0,\,min} = \frac{(t_i - t_e)n}{[\Delta t]} R_i \quad (m^2 \cdot K)/W \qquad (2-57)$$

式中：t_i 为冬季室内计算温度，℃；t_e 为冬季室外计算温度，℃；n 为温差修正系数；R_i 为内表面热转移阻，$(m^2 \cdot K)/W$；$[\Delta t]$ 为室内气温与外墙(或屋顶)内表面之间的允许温差，℃。

以上参数的确定原则和选用方法详见《民用建筑热工设计规范》GB 50176—2016。

（2）建筑节能与传热系数限值法。

建筑保温设计除需满足上述围护结构最小总热阻外，还应满足相关建筑节能设计标准中提出的传热系数限值或建筑物耗热量指标的要求。在建筑节能设计标准中，外墙的传热系数值是指外墙的平均传热系数，它既要考虑外墙主体部分的传热系数，也要考虑周边热桥部位（例如梁、柱）的传热系数。其值可按下式计算：

$$K_m = \frac{K_p F_p + K_{b1} F_{b1} + K_{b2} F_{b2} + K_{b3} F_{b3}}{F_p + F_{b1} + F_{b2} + F_{b3}} \tag{2-58}$$

式中：K_m 为外墙的平均传热系数，$W/(m^2 \cdot K)$；K_p 为外墙主体部位的传热系数，$W/(m^2 \cdot K)$；F_p 为外墙主体部位的面积，m^2；K_{b1}、K_{b2}、K_{b3} 分别为外墙周边热桥部位的传热系数，$W/(m^2 \cdot K)$；F_{b1}、F_{b2}、F_{b3} 分别为外墙周边热桥部位的面积，m^2。

3）保温材料与构造

（1）保温材料。

为了正确选择保温材料，除考虑材料的物理性能外，还应了解材料的强度、耐久性、耐火性及耐侵蚀性等是否满足要求。保温材料按其材质构造不同，可分为多孔的、板（块）状的和松散状的三种。从化学成分上看，有的是无机材料，例如膨胀矿渣、泡沫混凝土、加气混凝土、膨胀珍珠岩、膨胀蛭石、浮石及浮石混凝土、硅酸盐制品、矿棉、岩棉、玻璃棉等；有的是有机的，如软木、木丝板、甘蔗板、稻壳等。随着化学工业的发展，各种泡沫塑料已成为大有发展前途的新型保温材料，如聚苯乙烯泡沫塑料颗粒、模塑聚苯板（EPS板）、挤塑聚苯板（XPS板）、硬泡聚氨酯等。铝箔等反辐射热性能较好的材料，也是有效的新材料，且已经在一些较为特殊的建筑中（如冷库）得到应用。

一般来说，相比有机材料，无机材料的耐久性较好，耐化学侵蚀性较强，也能耐较高的温、湿度作用，不过材料的选择要结合建筑物的使用性质、构造方案、施工工艺、材料的来源以及经济指标等因素，按材料的热物理指标及有关的物理化学性质来进行具体分析。常用的建筑保温材料性能如表 2-4 所示。

表 2-4　常用的建筑保温材料性能表

类别	导热系数 /[W/(m·K)]	物理构成	特点
玻璃纤维	0.045	卷筒、絮和毡片	防火性能好，受潮后传热系数增加，价格便宜
岩棉	0.066 0.033	松散填充、硬板	
珍珠岩	0.053	松散填充	防火性能非常好
模塑聚苯板	0.036	硬板	导热系数低；可燃，须做好防火和防晒处理
挤塑聚苯板	0.028	硬板	导热系数低；防湿性能好，可用于地下；可燃，必须做好防火和防晒处理
聚氨酯	0.023	现场发泡	导热系数很低；可燃，会产生有毒气体，必须做好防火和防潮处理；不规则和粗糙的表面
反射铝箔	—	贴于空气层一侧或两侧	一般附着于其他材料或构造表面

（2）保温构造。

建筑保温可采用的构造方案是多种多样的，应本着因地制宜、因建筑制宜的原则，经过分析比较，选择一种最佳方案。一般而言，围护结构保温构造可分为保温、承重合二为一（自保温）构造，保温层、结构层复合构造以及单一轻质保温构造三种，如图 2-37 所示。

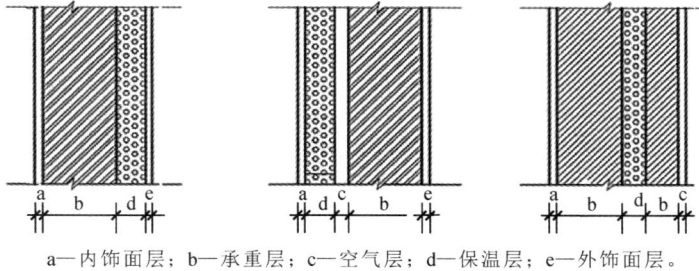

a—内饰面层；b—承重层；c—空气层；d—保温层；e—外饰面层。

图 2-37　几种复合保温层构造图

① 保温、承重合二为一构造。若承重材料或构件除具有足够的力学性能外，还有一定的热阻值，二者就能合为一体，例如混凝土空心砌块、轻质实心砌块等。这类构造结构简单、施工方便，能保证保温构造与建筑同寿命，多用于低层或多层墙体承重的建筑。但是，这类构造的传热阻通常不会很高，所以一般不适宜在保温性能要求很高的严寒和寒冷地区采用。

② 保温层、结构层复合构造。在房屋建筑中，由于承重层必须采用强度高、力学性能好的材料或构件，但这些材料的导热系数较大，在结构要求的厚度内，热阻远不能满足保温的要求，因此，必须用导热系数小的材料作保温层，铺设或粘贴在承重层上。由于保温层与承重层是分开设置的，故保温材料选择的灵活性较大，板块状、纤维状乃至松散颗粒材料均可应用。在复合构造中除可采用实体保温层外，还可以用封闭空气间层作为保温构造。通常采用单层或多层封闭空气间层与带低辐射贴面的封闭空气间层，这样既能有效地增加围护结构的传热阻，满足保温要求，也可减轻围护结构的自重，使承重结构更经济合理。在外墙复合构造中，考虑到墙体厚度的限制，一般空气间层的厚度在 5 cm 以下，而屋顶的空气间层厚度则可大些。根据保温层位置的不同，一般的复合构造方案可分为内保温（保温层设置在结构层的内侧）、外保温以及夹芯保温三种方式。从建筑热工角度上看，外保温优点较多，但内保温往往施工比较简单，中间保温则有利于用松散填充材料作保温层。

③ 单一轻质保温构造。新型轻质材料和轻型构件墙体的应用日趋广泛，如加气混凝土砌块和配筋的加气混凝土墙板等。这些轻质保温构造的热阻往往很大，可以满足围护结构的保温要求，同时还可以减轻建筑的荷载。但由于采用的保温材料质量较轻，其热稳定性较差，因此，对于对热稳定性要求较高的建筑（如间隙供暖的建筑、有夏季防热要求的建筑等），应根据需要对热阻进行附加的修正。

3. 被动式太阳能利用设计

太阳能向室内的传递可以不借助于机械力，而是通过建筑朝向和周围环境的布置、内部空间和外部形体的处理以及结构构造和建筑材料的恰当选择，就可使建筑物以完全自然的方式（经由辐射传导和自然对流），在冬季能集取、保持、贮存、分布太阳热能，解决采暖问题；在夏季又能遮蔽太阳辐射，散逸室内热量，使建筑物降温。被动式太阳能利用系统就是让建筑物本身作为一个系统来利用太阳能，一般采暖方式主要有以下几种，如图 2 - 38 所示。

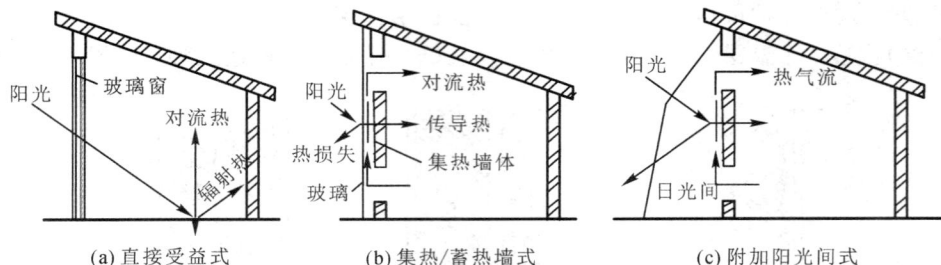

(a) 直接受益式　　　　　(b) 集热/蓄热墙式　　　　　(c) 附加阳光间式

图 2 - 38　被动式太阳能房采暖方式

1）直接受益式采暖方式

建筑物在南向开大窗口，冬季白天使大量阳光透入，夜间则用专门的保温窗帘或保温板遮挡窗口。室内地面需采用蓄热能力大的材料，如砖或混凝土等，在白天吸热并储存热量，夜间不断向室内释放，使室内维持一定温度，其他朝向的各面围护结构则尽量加强保温，以减少热量散失。

2）集热/蓄热墙式采暖方式

集热/蓄热墙由透光玻璃外罩和蓄热墙体组成，其间留有空气间层，有的在墙体的下部和上部设有进出风口。蓄热墙向室内供暖有两种方式：一种是墙体（涂有吸收率高的涂层）外表面在白天吸收太阳的辐射后通过传导将热量传至内表面，向室内散发；另一种是在玻璃与蓄热墙间的空气被蓄热墙体外表加热后，热空气通过墙体的上风口送入室内，室内冷空气则通过下风口进入空气间层，形成向室内连续送热风的对流循环，夜间则关闭上、下通风口，使其停止工作。为防止在夜间室内热量向室外散发，应在玻璃外侧设保温窗帘或保温板，其他朝向的围护结构也应加强保温。

3）附加阳光间式采暖方式

阳光间应与主体房间相邻，阳光间不但应有很大的窗口，其地面也应是蓄热体，当阳光通过玻璃照射到蓄热体上时，蓄热体储存热量以提高室内温度，而主体房间则通过与阳光间相邻的墙或窗获得热量。夜间用保温窗帘将阳光间与主体间隔开。为防止阳光间夏季过热，在窗上方应有可调节的排气孔和遮阳措施。

2.4.3　建筑的传湿与防潮

在设计建筑围护结构时不仅要考虑到它的保温节能性能，同时还要考虑到它的防潮性能。建筑的防潮与建筑的耐久性、保温性、室内环境品质等有密切联系。建筑内部的空气必然携带着一定数量的水蒸气，由于室内外温度的变化而在围护结构表面以及内部产生凝结或结露现象的情况时有发生，因而阐明建筑围护结构的潮湿状况以及防止措施是建筑热工学的组成部分之一。对于野外应急住用房来说，需主要考虑的是表面冷凝和夏季结露。

1. 防止和控制表面冷凝

1）正常湿度的采暖房间可采取的措施

这类房间产生表面冷凝的主要原因是外围护结构的保温性能太差，导致内表面温度低于室内空气的露点温度，因此，要避免内表面产生冷凝，必须提高外围护结构的传热阻，以保证其内表面温度不至于过低。如果外围护结构中存在热桥等传热异常部位，也可能使这些部位产生表面冷凝。为防止室内供热不均而引起围护结构内表面温度的波动，围护结构内表面层宜采用蓄热性较好的材料，以保证其温度的稳定性，减少出现周期性冷凝的可能。另外，在使用中应尽可能使外围护结构内表面附近的气流畅通，即家具不宜紧靠外墙布置。

2）高湿度的采暖房间可采取的措施

高湿房间一般指冬季室内空气湿度高于75%（相应的室温在18~20℃以上）的房间，这类房间的表面冷凝几乎不可避免，只能尽量防止表面显潮和滴水现象，以免结构受潮和影响房间的使用。具体处理时，应根据房间的使用性质采用不同的措施。为避免围护结构内部受潮，高湿房间围护结构的内表面应设防水层。对于那些短暂或间歇性处于高湿状态的房间，为避免冷凝水形成水滴，围护结构的内表面应采用吸湿能力强又耐潮湿的饰面层。对于那些连续地处于高湿环境的房间，围护结构的内表面应设不透水的饰面层。为防止冷凝水滴落影响房间的使用质量，应在构造上采取必要措施来导流冷凝水，并有组织地排除。

3）防止地面泛潮

我国广大南方地区，由于春季大量降水，春夏之交气温变化幅度非常大，加之空气的湿度大，当空气温度突然升高时，某些表面（特别是地面）的温度将低于露点温度，于是就会出现地面泛潮现象。要想防止地面泛潮应妥善处理以下问题：首先，地面应具有一定的热阻，以减少地面向土层传热；其次，地面表层材料应尽量不具蓄热性，当空气温度上升时，其表面温度能随之上升；最后，表层材料要有一定的吸湿作用，以吸纳表层偶尔凝结的水分。水泥砂浆、混凝土、石材以及水磨石等材料无法满足上述条件，容易泛潮，故不宜作为地面表层材料；而木地面、黏土地面、三合土地面则基本满足上述条件，一般不会泛潮，故较宜于作为地面表层材料。除地面外，墙面、顶棚等部位也会出现泛潮现象，因而一般在非用水房间不宜采用隔汽材料作内饰面。

2. 防止和控制内部冷凝

1）合理布置材料层位置

在同一气象条件下，当采用相同材料作围护结构时，由于材料层次布置的不同，防潮效果可能有显著的不同。材料层次布置应遵循"难进易出"的原则，要想避免内部冷凝就要改变材料布置顺序，宜采用材料蒸汽渗透系数由小变大或材料导热系数由大变小的布置方式。下面以图 2-39 所示的外墙为例进行说明。图中（a）方案是将导热系数小、蒸汽渗透系数大的保温材料层布置在水蒸气流入的一侧，将较为密实、导热系数大而蒸汽渗透系数小的材料布置在另一侧。内层材料的热阻大，温度降落多，相应的饱和蒸汽压降落也多，但由于该层的透气性好，水蒸气分压力的变化较为平缓，极有可能出现水蒸气分压力高于饱和蒸汽压的情形，即产生内部冷凝。图中（b）方案则将轻质保温材料布置在外侧，将密实材料层布置在内侧。水蒸气难进易出，内部不易出现冷凝。显然，从防止围护结构内部出现冷凝来看，（b）方案较为合理，应当在设计中遵循这一规律。首先应尽量减少进入材料内部的蒸汽渗透量，一旦水蒸气进入材料内部，则应采取措施使之尽快排出，必要时亦可在外侧构造中设置与室外相通的排汽孔洞。

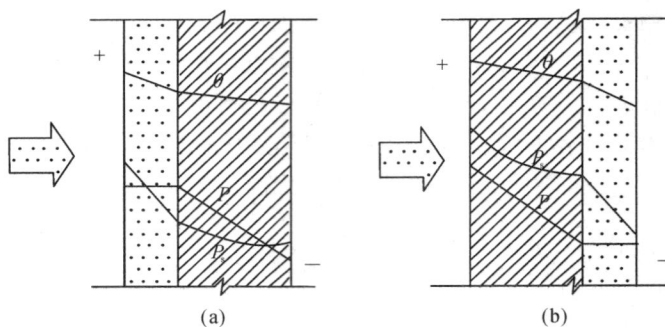

θ—墙壁温度变化曲线示意；P—水蒸气分压力变化曲线示意；P_s—饱和蒸汽压力变化曲线示意。

图 2-39　材料层次布置对内部湿状况的影响

2）设置隔汽层

设置隔汽层以防止和控制围护结构内部冷凝，是目前设计中应用最普遍的一种措施。它适用于那些无法按照"难进易出"原则合理布置材料顺序的围护结构。通过在水蒸气流入一侧设置隔汽层以阻挡水蒸气进入材料内部，可控制保温材料湿度增量在其允许的范围内。当然，如果保温材料产生了内部冷凝，但冷凝量并不大，未超过其允许湿度增量的范围，亦可不设隔汽层。冬季采暖房间的蒸汽渗透方向为室内流向室外，因此应将隔汽层设置在保温层的内侧，但对于冷库等建筑则应设置在保温层的外侧。若存在反向蒸汽渗透现象，则要根据具体情况决定隔汽层的设置位置，一般以全年占主导的蒸汽渗透方向为参考进行布置。此外，应慎重采用内、外两侧均设隔汽层的构造方案，因为一旦这种构造的材料内部含有水分，将难以蒸发出去，进而影响保温材料的质量和性能。

3）设置通风间层或泄汽沟道

设置隔汽层虽然能改善围护结构内部的湿状况，但因为隔汽层质量在施工和使用过程中难以保证，所以有时设置隔汽层并不一定是最妥善的办法。为此，在围护结构中设置通风间层或泄汽沟道（如图 2-40 所示）往往更为妥当。这项措施特别适用于高湿度房间的围护结构以及卷材防水屋面的平屋顶结构。由于保温材料外侧设有通风间层，从室内渗入的蒸汽可由通风间层不断与室外进行空气交换并将气流带出，故对围护结构中的保温层起风干作用。在一些新型的外墙外保温构造系统中，也可在外侧设置通风间层，这样一方面可避免保温材料直接暴露在室外，提高保温材料的寿命；另一方面也可对保温层起到风干作用。

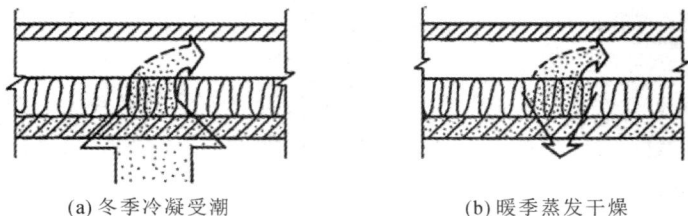

(a)冬季冷凝受潮　　　　　　　　　　(b)暖季蒸发干燥

图 2-40　有通风间层的围护结构

3. 防止夏季结露的措施

夏季结露是建筑中一种大强度的差迟凝结现象。所谓"差迟凝结"，就是指当春末室外空气温度和湿度都骤然增加时，建筑物中物体表面的温度由于热容量影响而上升缓慢，滞后若干时间而低于室外空气露点温度，以致高温高湿的室外空气流过室内低温表面时必然发生大强度的表面凝结。野外应急住用房内层结露在聚集到一定大小后会滴下，如同建筑渗漏一般，会影响房屋的使用性能。故应在设计、材料、使用管理上采取单一的或综合的措施和方法，以减弱夏季结露的强度和危害，具体措施如下。

（1）架空层防结露。架空地板对防止地板、墙面夏季结露有一定的作用。

（2）空气层防结露。利用空气层防潮技术可以有效地解决地板的夏季结露问题。

（3）材料层防结露。采用导热系数小的材料装饰房间内表面，提高表面温度，减小夏季结露的可能性。

（4）呼吸防结露。利用多孔材料对水分的吸附冷凝原理和呼吸作用，不仅可以延缓和减小夏季结露的强度，而且还可以有效地调节室内空气的湿度。

（5）密闭防结露。在雷暴将至和久雨初晴之时，室外空气温湿度骤升，此时应尽量将门窗紧闭，避免室外高温高湿空气与室内低温表面接触，避免气流将大量水分带进室内，以避免在温度较低的表面上结露。此时若开启门窗通风，往往会导致结露更盛，经久不干。

（6）通风防结露。梅雨时节，自然通风愈强，室内结露愈烈。因此，有控制地通风，不失为防止夏季结露的有效方式之一。白天应该把门窗紧闭，限制通风。而在夜间，当室外气温降低以后，应将门窗打开，此时通风有减湿、干燥、降温、防潮的作用。采用恒温双向换气机对房间同时进行送风和排风，不仅能将室内潮浊空气排出，而且送入的新鲜空气接近室温不致发生夏季结露。

2.4.4 建筑的隔热与通风

1. 室内过热的原因

室外气候因素的影响是造成夏季室内过热的主要原因。为了改善室内气候条件，应当了解室外热量是怎样进入室内的。夏季室内热量的主要来源可以归纳为以下四点。

1）围护结构向室内的传热

在太阳辐射和室外气温的共同作用下，外围护结构外表面吸热升温，将热量传入室内，并以传导、辐射和对流方式使围护结构内表面及室内空气温度上升。

2）透进的太阳辐射热

通过窗口直接进入的太阳辐射热，可使部分地面、家具等吸热升温，并以长波辐射和对流换热方式加热室内空气。此外，当太阳辐射热投射到房屋周围地面及其他物体上时，其中一部分将反射到建筑的墙面上或直接通过窗口进入室内；另一部分被地面等吸收后，会使地面温度升高，从而向外辐射热量，这些热量也可能通过窗口进入室内。

3）通风带入的热量

自然通风或机械通风过程中将热量带进室内，也会导致室内过热。

4）室内产生的余热

室内生产或生活过程中产生的余热，包括人体散热等，也会成为室内过热的原因。

建筑防热的主要任务就是要尽可能地减弱不利的室外热作用的影响，改善室内热湿环境状况，使室外热量少传入室内，并使室内热量尽快地散发出去，以免室内过热。建筑防热设计应根据相应地区的气候特点、人们的生活习惯和要求、房屋的使用情况等进行科学设计，并且尽力开发、利用自然能源，采取综合的防热措施，见图 2-41。

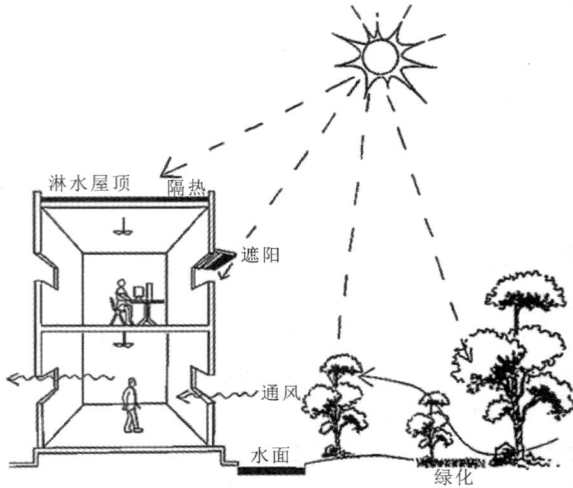

图 2-41　建筑综合防热措施

2. 建筑隔热的途径

1）减弱室外热作用

首先应正确地选择野外应急住用房的朝向和布局，尽量避免主要使用空间受东、西向日晒；其次可采取外表面浅色处理、蒸发冷却等措施减少太阳辐射的热量以及利用环境绿化和周边水体等条件降低周围环境的空气温度和辐射温度。

2）窗口遮阳

遮阳的作用在于遮挡太阳辐射从窗口透入，以减少其对人体与室内的热辐射。传统遮阳设计主要针对的是太阳直接辐射，但对于如何遮挡太阳间接辐射的问题也应予以重视。

3）围护结构的隔热与散热

对屋顶和外墙，特别是西墙，必须进行隔热处理，以降低房屋内表面温度及减少传入室内的热量，并尽量使内表面出现高温的时间与房间的使用时间错开。如能采用白天隔热好、夜间散热快的构造方案则较为理想。

4）合理地组织自然通风

自然通风是保持室内空气清新、排除余热和余湿、改善人体热舒适感的重要途径。

5）尽量减少室内余热

在野外应急住用房中，室内余热主要是人产生的生活余热与电器的散热。前者往往不可避免，而后者则可通过选择发热量小的灯具与设备，并将其布置在通风良好位置来解决，以便热量能迅速排到室外。

建筑防热设计是一个综合处理的过程，因此必须根据当地的气候特征以及造成室内过热的各种因素的影响程度，有针对性地采取建筑措施，才能有效防止室内过热。

3. 围护结构隔热设计

1）围护结构隔热设计的原则

夏季房屋在室外综合温度作用下，会通过外围护结构向室内大量传热。对于使用空调的房间来说，为了保证室内气温的稳定，减少空调设备的初次投资和运行费用，就要求外围护结构必须具有良好的隔热性能。对于一般的工业与民用建筑，房间通常是自然通风的，但是，为保证人体的热舒适要求和良好的生活、学习和工作条件，也不能忽视房屋隔热的问题，并且要考虑双向热波传热特点来进行围护结构的隔热设计。

外围护结构隔热设计原则可以概括为：

（1）外围护结构外表面受到日晒时数和太阳辐射强度的影响，以水平面为最大，东、西向其次，东南和西南又次之，南向较小，北向最小。所以，隔热的重点应在屋面，其次是西墙与东墙。

（2）降低室外综合温度，其方法有：① 结构外表面可采用浅色平滑粉刷和饰面材料，如锦砖（马赛克）、小瓷砖等，以减少对太阳辐射热的吸收，但要注意褪色和材料耐久性问题；② 在屋顶或墙面外侧设置遮阳设施，可有效地降低室外综合温度，因此产生了遮阳墙或遮阳棚的特种形式；③ 结构外表面采用对太阳短波辐射的吸收率小而对长波发射率大的材料，例如，用白灰刷白的屋面的综合温度低于铝板屋面。

（3）在外围护结构内部设置通风间层。这些间层与室外或室内相通，利用风压和热压作用带走进入空气层内的一部分热量，从而减少传入室内的热量。实践证明，通风屋顶、通风墙不仅隔热好，而且散热快。这种结构形式，尤其适合于在自然通风情况下要求白天隔热好、夜间散热快的房间。

（4）合理选择外围护结构来提高隔热能力。这主要根据地区的气候特点、房屋的使用性质和结构在房屋中的部位来考虑。在夏热冬暖的地区，主要考虑夏季隔热，要求围护结构白天隔热好，晚上散热快，所以要从结构的构造上解决隔热与散热的矛盾，例如应用通风围护结构等。在闷热地区，夏季风速小，隔热要求较高，所以衰减倍数宜大，延迟时间也要求长一些。而在夏热冬冷的地区，外围护结构除考虑隔热外，还应满足冬季保温的要求。对于有空调的房屋，因要求传热量少和室内温度振幅小，故对其外围护结构隔热能力的要求应高于自然通风房屋。

（5）屋顶和东、西墙应当进行隔热计算，要求其内表面最高温度满足建筑热工规范要求，即应低于当地室外计算的最高温度，保证满足隔热设计标准，达到室内热环境和人体热舒适可以接受的最低要求。

2）隔热设计的标准

房间在自然通风状况下，夏季围护结构的隔热计算应按室内、外在双向谐波热作用下的不稳定过程考虑。室外热作用就是以 24 h 为周期波动的综合温度；而室内热作用就是室内气温，它随室外气温的变化而变化，因而也是以 24 h 为周期波动的。由于夏季室内外热作用波动的振幅都比较大，且太阳辐射是不利因素，故不允许作稳定传热简化。

隔热设计标准所解决的就是围护结构的隔热应当控制到什么程度的问题。它与地区的气候特点、人们的生活习惯、对地区气候的适应能力以及当前的技术经济水平有密切关系。对于自然通风房屋，外围护结构的隔热设计主要是控制其内表面温度值 θ_{i}。为此，标准要求外围护结构要具有一定的衰减度和延迟时间，保证内表面温度不致过高，以免向室内和人体辐射过多热量而引起房间过热，恶化室内热环境，影响人们的生活、学习和工作。根据《民用建筑热工设计规范》GB 50176—2016 规定，房间在自然通风情况下，建筑物的屋顶和东、西外墙的内表面最高温度应满足下式要求：

$$\theta_{i,\max} \leqslant t_{e,\max} \tag{2-59}$$

式中：$\theta_{i,\max}$ 为围护结构内表面最高温度，℃；$t_{e,\max}$ 为夏季室外计算的最高温度，℃。

式(2-59)中，$\theta_{i,\max}$ 应依据规范规定的参数及计算方法，按围护结构的实际构造计算确定；$t_{e,\max}$ 则应按规范的规定取值。

目前，围护结构的隔热设计采用上述标准的原因在于，内表面温度的高低直接反映了围护结构的隔热性能；同时，内表面温度与室内平均辐射温度直接联系，即直接关系到内表面与室内人体的辐射换热，故控制内表面的最高温度，实际上就控制了围护结构对人体辐射的最大值；而且这个标准既符合当前的实际情况又便于应用。虽然由于各地的室外计算最高温度值有所不同，该标准所能达到的热舒适水平并不完全一致，但都处于人们能接受的范围内。

3）屋顶隔热设计

屋顶的隔热构造基本包括以下几类。

（1）通风隔热屋顶。

利用屋顶内部的通风带走屋顶传下的热量，以达到隔热的目的，就是这种屋顶隔热措施的简单原理。这种屋顶的构造方式较多，既可用于平屋顶，也可用于坡屋顶；既可在屋面防水层之上组织通风，也可在防水层之下组织通风。通风屋顶起源于南方沿海地区民间的双层瓦屋顶，在平屋顶房屋中，以大阶砖通风屋顶最为流行。现以架空大阶砖通风屋顶为例，说明这种屋顶的传热过程、构造要点及适用范围。图 2-42 表示通风屋顶的传热过程，当室外综合温度将热量传给间层的上层板面时，上层将所接受的热量 Q_0 向下传递，在间层中借助于空气的流动带走部分热量 Q_a，余下部分 Q_i 传入下层。可见，隔热效果如何取决于间层所能带走的热量 Q_a，这与间层的气流速度、进气口温度和间层高度有密切关系。

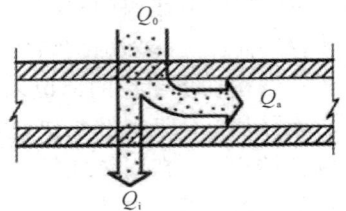

图 2-42　通风间层隔热原理

首先，间层高度关系到通风面积。实测资料表明，随着间层高度的增加，隔热效果呈上升趋势；但当高度超过 250 mm 后，隔热效果的增长已不明显，而造价和荷载却持续增加。因此，间层常由砖带或砖墩构成，同时为了方便施工，一般多采用的高度为 180 mm 或 240 mm。

其次，间层的气流速度关系到间层的通风量。尽管间层内各表面的光洁程度影响通风阻力的大小，但至关重要的仍是当地室外风速的大小。间层内的空气流动主要借助于室外风速作用在房屋上时迎风面与背风面产生的压力差，即常说的风压差。当室外风速很小或处于静风状态时，间层内的空气很难流动，当然也就不可能将上层板面传下来的热量带走。一般夜间室内气温高于室外气温，屋顶传热是由内向外，处于散热状态，但也需借助间层内气流的运动将热量带走，这样才能对屋顶起冷却作用。在沿海地区，无论白天还是夜间，都会因海陆风的作用而使通风间层内通风顺畅，隔热效果明显；而在长江中、下游地区，一般夜间的静风率很高，间层内的热量不能及时排出，极易形成"闷顶"，对室内热环境不利。

此外，构造方式对通风间层的隔热效果也会有一定的影响，如图 2-43 所示。兜风构造、坡顶构造、风帽等都有利于通风，但在建筑中也常见到一些不利于通风的做法，如间层外侧的女儿墙、表面黑色沥青防水层、通风口的朝向等等。通风屋顶内空气间层的厚度一般仅为 100～200 mm，因此不可避免地会影响原有屋顶外表面散热。如果此时将空气间层上面层的高度提高，就形成了架空屋顶，相当于在屋顶上设置一个漏空棚架或再增加一层屋顶，形成架空层，一方面起遮阳和导风的作用，另一方面提供了一个屋面活动空间。架空通风屋顶形式多样，棚架格片可置于不同角度，或可根据太阳运行轨迹自动调节。近年来，我国南方炎热地区的居住建筑和公共建筑多采用架空屋顶，有效地遮挡了水平太阳辐射，极大地改善了顶层房间的热环境。研究表明，在低纬度地区，通过遮阳技术控制屋顶的太阳辐射可削减顶层房间近 70％空调制冷负荷，防热效果十分显著。

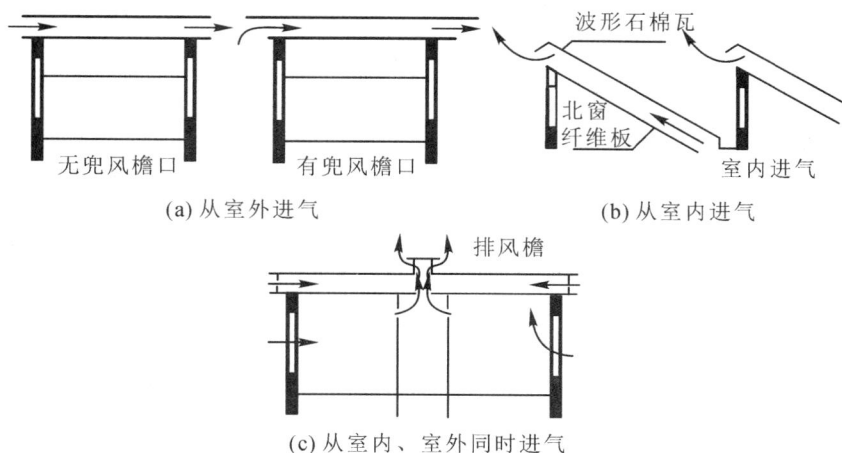

图 2-43　间层通风的组织形式

（2）阁楼屋顶。

阁楼屋顶是建筑上常用的屋顶形式之一。这种屋顶常在檐口、屋脊或山墙等处开通气孔，有助于透气、排湿和散热。因此阁楼屋顶的隔热性能常比平屋顶还好。但如果屋面单薄，顶棚无隔热措施，通风口面积又小，则顶层房间在夏季炎热时期仍有可能过热。因此，对阁楼屋顶的隔热问题仍须给予应有的注意。在提高阁楼屋顶隔热能力的措施中，加强阁楼空间通风是一种经济而有效的方法，如加大通风口面积或合理布置通风口位置等，都能进一步提高阁楼屋顶的隔热性能。通风口可做成开闭式的，夏季开启，便于通风；冬季关闭，利于保温。组织阁楼的自然通风也应充分利用风压和热压两者的作用。阁楼的通风形式如图 2-44 所示，通常有：在山墙上开口通风；从檐口下进气，由屋脊排气；在屋顶设老虎窗通风。

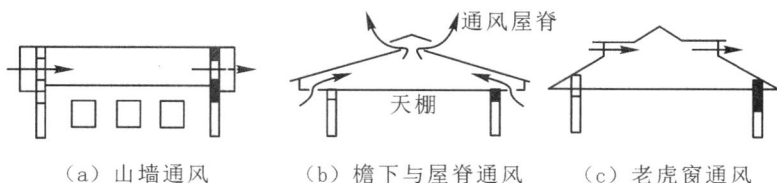

图 2-44　阁楼的通风形式

4. 房间自然通风

建筑通风一般是指将新鲜空气导入人们停留的空间，以提供呼吸所需的空气，除去过量湿气，稀释室内污染物，提供燃烧所需的空气以及调节气温等。就一般情况而言，新鲜空气越多，对人们的健康越有利。国内、外的许多实例表明，产生"病态建筑物综合征"的一个原因就是新风量不足。新风虽然不存在过量问题，但是超过一定限度，必然伴随着冷、热负荷消耗过多的问题，带来不利后果。室内空气污染是指在室内空气正常成分之外，又增加了新成分或原有成分增加，其数量、浓度和持续时间超过了室内空气自净能力，而使空气质量发生恶化，进而对人们的健康和精神状态、工作、生活等方面产生影响的现象。室内空气污染物有多种分类方法，根据其性质可分为化学污染物、物理污染物和生物污染物；根据其状态可分为颗粒物和气态污染物；根据其来源可分为主要来源于室外、同时来源于室内和室外，以及主要来源于室内。

1）通风降温

通风降温，即利用通风使室内气温及内表面温度下降以改善室内热环境，通过增加人体周围空气流速以增强人体散热并防止因皮肤潮湿引起的不舒适感，从而改善人体热舒适性。空气的流动必须要有动力，利用机械能（如鼓风机、电扇等所产生的）驱动空气，称为机械通风；利用自然因素形成空气流动，称为自然通风。自然通风是夏季被动式降温最常用的方式之一，由于夏季野外环境炎热，能源较为稀缺，空调降温无法得到保障，故对于野外应急住用房来说，自然通风更为实用，是夏季降低室温、排除湿气、提高室内热舒适度的主要手段。

根据室外气候条件的不同，通风降温又可分为舒适性通风降温（即全天候通风）和夜间通风降温两种形式。舒适性通风就是通过全天候通风（特别是白天）的方式来满足室内的热舒适要求。舒适性通风气候条件为：室外最高温度一般不超过 28～32℃，日温差小于10℃，这种方式比较适合温和、潮湿气候区或者相应的季节。尽管白天室外气温有时已超过人体感觉舒适的范围，但是高速气流可以加快人体皮肤的汗液蒸发，减少人体的热不舒适。风速与热舒适度的关系见表 2-5。

表 2-5　风速与热舒适度的关系

风速/（m/s）	相当于温度下降幅度/℃	对舒适度的影响
0.05	0	空气静止，稍微感觉不舒服
0.2	1.1	几乎感觉不到风，但比较舒服
0.4	1.9	可以感觉到风而且比较舒服
0.8	2.8	可以感觉到较大的风，但在某些多风地带，当空气较热时，还可以接受的房间上限风速
1.0	3.3	在气候炎热干燥地区自然通风的良好风速
2.0	3.9	在气候炎热潮湿地区自然通风的良好风速
4.5	5	在室外感觉起来还算是"微风"

　　为了使室内通过全天候通风达到舒适的要求，建筑围护结构本身以及室内平面布局等也应该采取相应的措施。首先，室内的气流速度应保证在 1.5~2 m/s 左右，因而需要大面积的且有良好遮阳的窗户。如果室外的风资源状况较差，则应借助于机械通风设备，保证室内气流。其次，室内热量要尽快排出，故墙体等围护结构的蓄热能力不能太好，否则就会影响热量散发。因此，应以轻型围护结构为主。而利用夜间通风降温则完全不同，这种通风把夜间的凉爽空气引入室内，把室内的热量吹走，而白天几乎不让室外的空气流入室内，从而使房间在白天获得的热量减到最少。夜晚通过通风降低室内气温和围护结构内表面温度，以保证次日白天室内的气温低于室外的气温。利用夜间通风降温的关键条件是室外气温的日较差大。相应的室外条件一般为白天室外温度在 30~36℃，夜间温度在 20℃ 以下，即室外气温日较差大于 10℃。因此，这种通风方式较适合于日较差大的干热地区。

　　2）自然通风原理

　　由于野外应急住用房的资源限制，因此自然通风至关重要。建筑物的自然通风是指由于开口处（如门、窗、过道等）存在着空气压力差而产生的空气流动。产生压力差的原因有风压作用和热压作用，以下分别进行介绍。

　　（1）风压作用下的自然通风。

　　风压作用是风作用于建筑物上产生的风压差，如图 2-45 所示。

　　当风吹向建筑物时，受到建筑物阻挡，在迎风面上的压力大于大气压，故产生正压区；当气流绕过建筑物屋顶、侧面及背面时，在这些区域的压力小于大气压，则产生负压区。综上可见，压力差的存在导致了空气的流动。

　　风压的计算公式为

$$P = \frac{1}{2} K \rho_e v^2 \qquad (2-60)$$

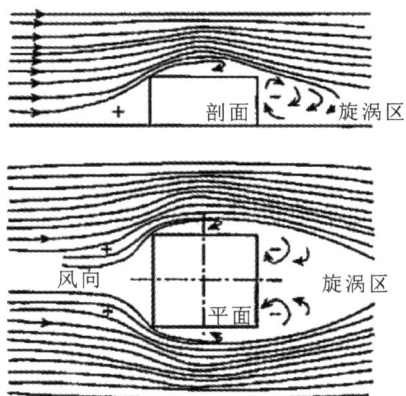

图 2-45　风在房屋上的气流状况

式中：P 为室外风压，Pa；K 为空气动力系数；ρ_e 为室外空气密度，kg/m³；v 为室外风速，m/s。

　　由式（2-60）可知，建筑表面产生的压力值与室外风速有关，风压值与速度平方呈正比。而 K 值与建筑体形、风向、风力有关，通常由风洞模拟试验测定。在建筑设计中，应当在迎风面与背风面相应位置开窗，室内外空气在此种压力差的作用下由压力高的一侧向压力低的一侧流动，正压面的开口起进风作用，负压面的开口起排气作用。当室内空间通畅时，即可形成穿越式通风，传统设计中的穿堂风就是利用此原理来保障室内通风顺畅的。

　　（2）热压作用下的自然通风。

　　当室外风速较小而室内外温差较大时，可考虑通过热压作用（即烟囱效应）产生通风。室内温度高、密度低的空气向上运动，底部形成负压区，室外温度较低、密度略大的空气则源源不断补充进来，形成自然通风（如图 2-46 所示）。热压作用的大小取决于室内外空气温差导致的空气密度差和进气口的高度差，它主要解决的是竖向通风问题。

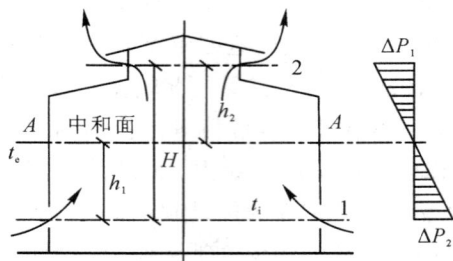

图 2-46　热压作用下的自然通风

热压的计算公式为

$$\Delta P = gH(\rho_e - \rho_i) \approx 0.043H(t_i - t_e) \tag{2-61}$$

式中：ΔP 为热压，Pa；g 为重力加速度，m/s^2；H 为进、排风口中心线间的垂直距离，m；ρ_e 为室外空气密度，kg/m^3；ρ_i 为室内空气密度，kg/m^3；t_i 为室内气温，℃；t_e 为室外气温，℃。

如式(2-61)所示，热压大小与进、排气口的高度差呈正比；此外，室内外温差越大，空气密度差也越大，也会使热压差增大。

实际建筑的环境复杂，建筑中的自然通风往往是风压与热压共同作用的结果，且各自作用的强度不同，对整体自然通风的贡献也各不相同。野外应急住用房中，若室内外温差不大，进、排气口高度相近，则难以形成有实效的热压，主要依靠风压作用下的自然通风。风压作用受到天气、环流、建筑形状、周围环境等因素的影响，具有不稳定性，有时在与热压同时作用时可能还会出现相互减弱的情况。在一般情况下两种自然通风的动力因素是并存的，而利用风压通风技术相对简单。因此，在野外应急住用房的运用阶段应充分考虑各种环境因素，并使之与设计融合，才能更有效地利用自然资源。

3) **房间开口和通风措施**

(1) **房间开口的位置和面积。**

研究房间开口的位置和面积问题，实际上就是解决室内是否能获得一定空气流速和室内流场是否均匀的问题。一般来说，进、出气口位置设在中央，气流直通，对室内气流分布较为有利，但在设计时不易做到。由于平面组合的要求，设计时往往把开口偏于一侧或设在侧墙上，但这样就使气流导向一侧，室内部分区域会产生涡流现象，风速减少，有的地方甚至无风，在竖向上也有类似现象。图 2-47 说明了开口位置与气流路线的关系，其中，图(a)、(b)为开口在中央和偏一边时的气流情况，图(c)为设置导板时的情况。

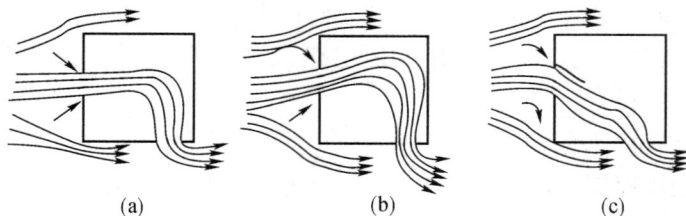

<table>
<tr><td>(a)</td><td>(b)</td><td>(c)</td></tr>
</table>

图 2-47　开口位置与气流路线的关系

在建筑剖面上，开口高低与气流路线亦有密切关系，图 2-48 说明了这一关系，图中

（a）、（b）为进气口中心在房屋中线以上的单层房屋剖面示意图，图（a）为进气口顶上无挑檐时的情况，气流向上倾斜；图（c）、（d）为进气口中心在房屋中线以下的单层房屋剖面示意图，按图（c）作法则气流贴地面通过，按图（d）作法则气流向上倾斜。

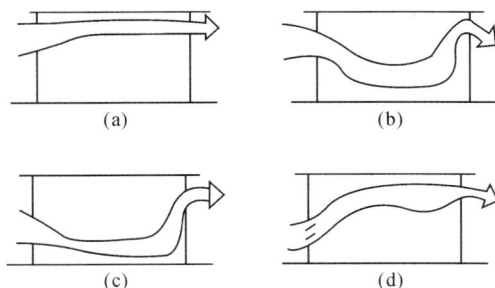

图 2-48 开口高低与气流路线关系

开口高低与气流路线密切相关，当开口部分入口位置相同而出口位置不同时，室内的气流速度亦有所变化，如图 2-49 所示（图中数字代表风速大小，不是实际测试得到的风速），出口在上部时，其出、入口及房间内部风速均相应地较出口在下部时小一些。

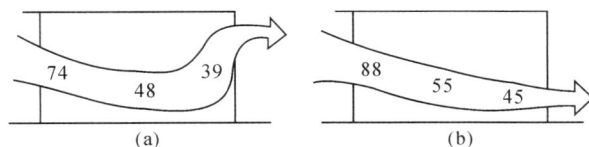

图 2-49 不同出口位置对气流速度的影响

在房间内纵墙的上、下部位做漏空隔断，或在纵墙上设置中轴旋转窗，可以调节室内气流，有利于房间较低部位通风，如图 2-50 所示。

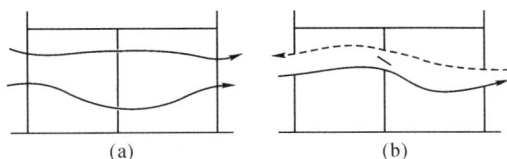

图 2-50 调节室内气流的处理方式

上述情况表明，要使室内通风满足使用要求，必须结合房间使用情况布置开口位置。

建筑物开口面积是相对外敞开部分而言的，对一个房间来说，只有门窗是开口部分。开口大，则流场较大；缩小开口面积，流速虽相对增加，但流场缩小。当流入与流出空气量相当时，若入口面积大于出口面积，则在出口处空气流速最大；相反，则在入口处流速最大。因此，若要加大室内空气流速，则应扩大出风口面积。就单个房间而言，当进、出风口面积相等时，开口面积愈大，进入室内的空气量愈多。当出风口比进风口面积大时，对室内自然通风更有利。

有关试验资料表明：当进、出风口面积相同时，室内平均风速随着进、出风口宽度的增加而有显著增加，但当窗面积足够大，例如已达室内宽度 2/3 时，如再增加窗宽好处就不明显了。窗宽超过 1.1 m 之后，对人们活动区范围内空气流通所起的作用就较小了。室内空气流场与进、出风口面积关系极大。当窗面积与地板面积之比愈大时，则室内气流场愈均匀，但当比值超过 25% 后，空气流动基本上不受进、出风口面积的影响。

必须指出，虽然扩大房间对外开口面积对自然通风有利，但亦增加了夏季进入室内的太阳辐射热，并且增加了冬季热损失。据湖北、广东等省的调查统计，对一般居住建筑的窗户面积，以窗墙面积比作为控制指标，允许范围建议在 19%~27% 之间，平均在 23% 左右为宜。当扩大面积在一定限度内时，可在进风气口设置调节百叶窗，以调节开口比，使室内增加流速或使气流分布均匀。

（2）门窗装置和通风构造。

门窗装置对室内自然通风的影响很大，窗扇开启有挡风或导风作用，装置得宜，则能增加通风效果。檐口挑出过小且窗的位置过高时，风很难进入室内（如图 2-51(a) 所示）；加大挑檐宽度能导风入室，但室内流场会靠近上方（如图 2-51(b) 所示）；如果再用内开悬窗导流，使气流向下通过，则有利于工作面通风（如图 2-51(c) 所示），它接近于窗位较低时的通风效果（如图 2-51(d) 所示）。

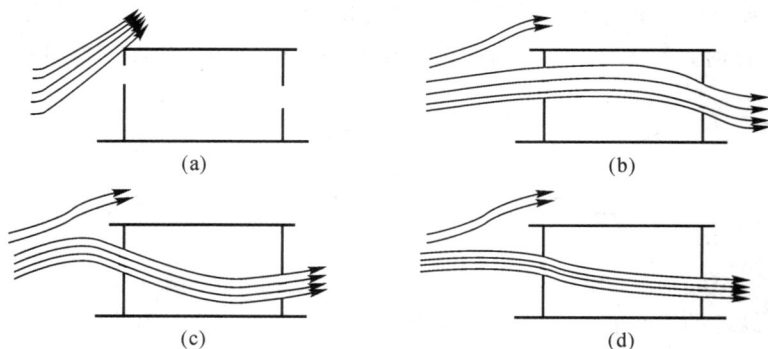

图 2-51 挑檐、悬窗的导风作用

在一般建筑设计中，窗扇常向外开启呈 90°角，如果使用这种开启方法，当风向入射角较大时，风会受到很大阻挡（如图 2-52(a) 所示）；如增大开启角度，则可有效改善室内的通风效果（如图 2-52(b) 所示）。

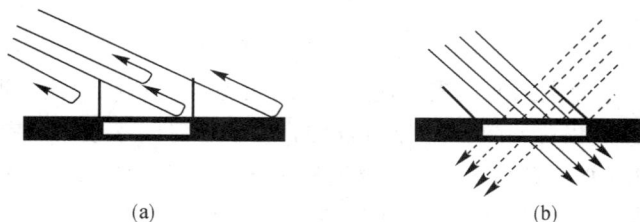

图 2-52 窗扇导风作用

中轴旋转窗扇的开启角度可以任意调节，必要时还可以拿掉，导风效果好，可以增加进气量。此外，在内隔断或外廊等处设置如落地窗、漏空窗和折门等构造措施，都是有利于通风的。

4）建筑平面布置与剖面处理的基本原则

建筑平面与剖面设计，除满足使用要求外，应尽量做到有较好的自然通风，基本原则如下：

（1）建筑布局采用交错排列或前低后高的形式。

（2）正确选择平面的组合形式，主要使用漏空隔断、屏门、推窗、格窗、悬窗等；在屋顶上设置撑开式或拉动式天窗扇、水平或垂直翻转的老虎窗等，这些都可以起导风、透风的作用。

（3）利用天窗间等增加建筑内部的开口面积，并利用这些开口引导气流，组织自然通风。

（4）开口位置的布置应使室内流场分布均匀。

（5）改进门窗及其他构造，使其有利于导风、排风和调节风量、风速等。

2.4.5　建筑的日照与遮阳

从使用角度来看，日照和遮阳对野外应急住用房的影响很大，但设计角度的工作并不多，故相关理论不作介绍，有兴趣的读者可以参阅有关资料。此处举例简单说明：如炎热的夏季可以在林间宿营，或者在建筑外加遮阳网，也可在结构设计时加大遮阳窗，尽量减少日照影响。

2.5　数值模拟计算原理及软件

2.5.1　有限元分析原理

1. 有限元法的要点和特性

有限元法（或称有限单元法）是在当今工程分析中获得最广泛应用的数值计算方法。由于它的通用性和有效性，故受到工程技术界的高度重视。伴随着计算机科学和技术的快速发展，有限元法现已成为计算机辅助设计（CAD）和计算机辅助制造（CAM）的重要组成部分。

1）有限元法的要点

在工程或物理问题的数学模型（基本变量、基本方程、求解域和边界条件等）确定以后，有限元法作为进行分析的数值计算方法，其要点可归纳如下：

（1）将一个表示结构或连续体的求解域离散为若干个子域（单元），并通过它们边界上的节点相互联结成为组合体。

（2）用每个单元内所假设的近似函数来分片地表示全求解域内待求的未知场变量，而每个单元内的近似函数由未知场函数（及其导数）在单元各个节点上的数值和与其对应的插值函数来表达（此表达式通常表示为矩阵形式）。由于在联结相邻单元的节点上场函数应具有相同的数值，因而将它们用作数值求解的基本未知量。这样一来，求解原来待求场函数的无穷多自由度问题就转换为求解场函数节点值的有限自由度问题。

（3）通过和原问题数学模型（基本方程、边界条件）等效的变分原理或加权余量法，建立求解基本未知量（场函数的节点值）的代数方程组或常微分方程组。此方程组称为有限元求解方程，并表示成规范化的矩阵形式。接着用数值方法求解此方程，从而得到问题的解答。

2）有限元法的特性

从有限元法的上述要点可以理解它所固有的以下特性：

（1）对于复杂几何构形的适应性。单元在空间上可以是一维的、二维的或三维的，而且每一种单元可以有不同的形状，例如三维单元可以是四面体、五面体或六面体；同时，各种单元之间可以采用不同的联结方式，例如两个面之间可以是场函数保持连续，可以是场函数的导数保持连续，还可以仅是场函数的法向分量保持连续。这样一来，工程实际中遇到的非常复杂的结构或构造都可能离散为由单元组合体表示的有限元模型。

（2）对于各种物理问题的可应用性。由于用单元内近似函数分片地表示全求解域的未知场函数，并未限制场函数所满足的方程形式，也未限制各个单元所对应的方程必须是相同的形式，因此尽管有限元法开始是对线弹性的应力分析问题提出的，但很快就发展到塑性问题、黏弹塑性问题、动力问题、屈曲问题等。

（3）建立于严格理论基础上的可靠性。用于建立有限元方程的变分原理或加权余量法在数学上已被证明是微分方程和边界条件的等效积分形式，只要原问题的数学模型是正确的，同时用来求解有限元方程的算法是稳定的和可靠的，那么，随着单元数目的增加（即单元尺寸的缩小），或者随着单元自由度数目的增加及插值函数阶次的提高，有限元解的近似程度将不断地被改进。如果单元是满足收敛准则的，则近似解最后收敛于原数学模型的精确解。

（4）适合计算机实现的高效性。由于有限元分析的各个步骤可以表达成规范化的矩阵形式，导致最后的求解方程可以统一为标准的矩阵代数问题，特别适合计算机的编程和执行。随着计算机软硬件技术的高速发展，以及新的数值计算方法的不断出现，大型复杂问题的有限元分析已成为工程技术领域的常规工作。

2. 利用弹性力学最小位能原理建立的有限元方程

假设最小位能原理的泛函总位能为 Π_p，则在平面问题中的矩阵表达形式为

$$\Pi_p = \int_\Omega \frac{1}{2}\boldsymbol{\varepsilon}^{\mathrm T}\boldsymbol{D}\boldsymbol{\varepsilon}t\,\mathrm dx\mathrm dy - \int_\Omega \boldsymbol{u}^{\mathrm T}\boldsymbol{f}t\,\mathrm dx\mathrm dy - \int_{S_\sigma}\boldsymbol{u}^{\mathrm T}\boldsymbol{T}t\,\mathrm dS \qquad(2-62)$$

其中，$\boldsymbol{\varepsilon}$ 是单元应变列阵；$\boldsymbol{D}$ 是弹性矩阵；t 是二维体厚度；$\boldsymbol{u}$ 是单元位移列阵；$\boldsymbol{f}$ 是作用在二维体内的体积力；$\boldsymbol{T}$ 是作用在二维体边界上的面积力；Ω 是面积域；S_σ 是力边界。

对于离散模型，系统位能是各单元位能的和，即

$$\Pi_p = \sum_e \Pi_p^e = \sum_e \left((\boldsymbol{a}^e)^{\mathrm T}\int_{\Omega^e}\frac{1}{2}\boldsymbol{B}^{\mathrm T}\boldsymbol{D}\boldsymbol{B}t\,\mathrm dx\mathrm dy\,\boldsymbol{a}^e\right) -$$
$$\sum_e \left((\boldsymbol{a}^e)^{\mathrm T}\int_{\Omega^e}\boldsymbol{N}^{\mathrm T}\boldsymbol{f}t\,\mathrm dx\mathrm dy\right) - \sum_e \left((\boldsymbol{a}^e)^{\mathrm T}\int_{S_\sigma^e}\boldsymbol{N}^{\mathrm T}\boldsymbol{T}t\,\mathrm dS\right) \qquad(2-63)$$

其中，$\boldsymbol{a}^e$ 是单元节点位移列阵；$\boldsymbol{B}$ 是应变矩阵；$\boldsymbol{N}$ 是形函数矩阵。

将结构总位能的各项矩阵表达成各个单元总位能的各对应项矩阵之和，隐含着要求单元各项矩阵的阶数（即单元的节点自由度数）和结构各项矩阵的阶数（即结构的节点自由度数）相同。为此需要引入单元节点自由度和结构节点自由度的转换矩阵 $\boldsymbol{G}$，从而将单元节点位移列阵 $\boldsymbol{a}^e$ 用结构节点位移列阵 $\boldsymbol{a}$ 表示，即

$$\boldsymbol{a}^e = \boldsymbol{G}\boldsymbol{a} \qquad(2-64)$$

其中，

$$\boldsymbol{a} = \begin{bmatrix} u_1 & v_1 & u_2 & v_2 & \cdots & u_i & v_i & \cdots & u_n & v_n \end{bmatrix}^{\mathrm T}$$

$$\boldsymbol{G}_{6\times 2n}=\begin{array}{ccccccccccccccc} 1 & 2 & \cdots & 2i-1 & 2i & \cdots & 2m-1 & 2m & \cdots & 2j-1 & 2j & \cdots & 2n \\ \left[\begin{array}{ccccccccccccc} 0 & 0 & \cdots & 1 & 0 & \cdots & 0 & 0 & \cdots & 0 & 0 & \cdots & 0 \\ 0 & 0 & \cdots & 0 & 1 & \cdots & 0 & 0 & \cdots & 0 & 0 & \cdots & 0 \\ 0 & 0 & \cdots & 0 & 0 & \cdots & 0 & 0 & \cdots & 1 & 0 & \cdots & 0 \\ 0 & 0 & \cdots & 0 & 0 & \cdots & 0 & 0 & \cdots & 0 & 1 & \cdots & 0 \\ 0 & 0 & \cdots & 0 & 0 & \cdots & 1 & 0 & \cdots & 0 & 0 & \cdots & 0 \\ 0 & 0 & \cdots & 0 & 0 & \cdots & 0 & 1 & \cdots & 0 & 0 & \cdots & 0 \end{array}\right] \end{array}$$

$$(2-65)$$

其中 n 为结构的节点数。令

$$\boldsymbol{K}^e=\int_{\varOmega^e}\boldsymbol{B}^{\mathrm{T}}\boldsymbol{D}\boldsymbol{B}t\,\mathrm{d}x\mathrm{d}y,\qquad \boldsymbol{P}^e_f=\int_{\varOmega^e}\boldsymbol{N}^{\mathrm{T}}ft\,\mathrm{d}x\mathrm{d}y,$$

$$\boldsymbol{P}^e_{\mathrm{S}}=\int_{S^e_\sigma}\boldsymbol{N}^{\mathrm{T}}\boldsymbol{T}t\,\mathrm{d}S,\qquad \boldsymbol{P}^e=\boldsymbol{P}^e_f+\boldsymbol{P}^e_{\mathrm{S}} \qquad (2-66)$$

其中，$\boldsymbol{K}^e$ 和 $\boldsymbol{P}^e$ 分别称为单元刚度矩阵和单元等效节点荷载列阵。将式(2-64)～式(2-66)一并代入式(2-63)，则离散形式的总位能可表示为

$$\varPi_{\mathrm{p}}=\boldsymbol{a}^{\mathrm{T}}\frac{1}{2}\sum_e(\boldsymbol{G}^{\mathrm{T}}\boldsymbol{K}^e\boldsymbol{G})\boldsymbol{a}-\boldsymbol{a}^{\mathrm{T}}\sum_e(\boldsymbol{G}^{\mathrm{T}}\boldsymbol{P}^e) \qquad (2-67)$$

令

$$\boldsymbol{K}=\sum_e\boldsymbol{G}^{\mathrm{T}}\boldsymbol{K}^e\boldsymbol{G},\qquad \boldsymbol{P}=\sum_e\boldsymbol{G}^{\mathrm{T}}\boldsymbol{P}^e \qquad (2-68)$$

其中，$\boldsymbol{K}$ 和 $\boldsymbol{P}$ 分别称为结构整体刚度矩阵和结构节点荷载列阵。这样，式(2-67)就可以表示为

$$\varPi_{\mathrm{p}}=\frac{1}{2}\boldsymbol{a}^{\mathrm{T}}\boldsymbol{K}\boldsymbol{a}-\boldsymbol{a}^{\mathrm{T}}\boldsymbol{P} \qquad (2-69)$$

由于离散形式的总位能 $\varPi_{\mathrm{p}}$ 的未知变量是结构的节点位移 $\boldsymbol{a}$，根据变分原理，泛函 $\varPi_{\mathrm{p}}$ 取驻值的条件是它的一次变分为零($\delta\varPi_{\mathrm{p}}=0$)，即

$$\frac{\partial\varPi_{\mathrm{p}}}{\partial\boldsymbol{a}}=0 \qquad (2-70)$$

这样就得到有限元的求解方程为

$$\boldsymbol{K}\boldsymbol{a}=\boldsymbol{P} \qquad (2-71)$$

2.5.2　结构分析常用有限元软件

从 20 世纪 70 年代初开始，一些公司开发出了通用有限元应用程序，它们以其功能强大、操作简便、计算结果可靠和效率较高的特点而逐渐成为结构工程中强有力的分析工具。

1. ANSYS 软件

美国 ANSYS 公司开发的 ANSYS 软件是 CAE 领域中最著名的有限元分析软件之一，其应用范围广泛，拥有全球最大的用户群，许多国际化大公司都以 ANSYS 软件作为其设计分析标准。

ANSYS 初期主要应用于电力工业领域，ANSYS 的第一个版本与现在广泛应用于微机上的版本有很大差别，它仅提供热分析，而且只是一个批处理程序，只能在大型机上运

行。到了 20 世纪 70 年代，ANSYS 程序中增加了许多新功能，例如非线性、子结构以及更多单元类型，使得程序具有更强的通用性。随着计算机和矢量终端的发展，ANSYS 逐步成为计算机辅助工程中广泛应用的有限元程序。在 20 世纪 70 年代后期，ANSYS 加入了交互操作方式，这大大简化了模型生成和对计算结果进行评价的过程。用户可以在进行分析之前使用交互图形来验证模型的几何形状、材料属性和边界条件，在进行求解分析之后能够立即利用图形交互来检查计算结果。今天，ANSYS 的功能更加强大和完善，操作使用也更加方便。

ANSYS 能模拟结构、热、流体、电、磁、声、压电以及多物理场间的耦合效应。多场耦合分析使计算机虚拟样机得以实现，即在产品制作之前通过仿真得到其工作性能及各种指标，从而可以部分甚至全部代替耗时、昂贵的物理样机，实现降低研发时间和研发成本的目标。ANSYS 软件可广泛应用于核工程、铁道、石油化工、航空航天、机械制造、能源、汽车交通、国防军工、电子、土木工程、造船、生物医药、轻工、地矿、水利、日用家电等一般工业及科学研究中。

ANSYS 软件为设计界提供了从通用到专用的全线 CAE 解决方案。ANSYS 的旗舰产品（即多物理场系列）为设计工程师提供了涉及多学科、交叉学科的多物理场仿真工具；ANSYS/DesignSpace 产品系列为设计工程师提供了智能化的快速设计校验及优化工具。针对某些领域，ANSYS 还提供了专用的软件包，例如板成型专用软件包、土木工程专用软件包、疲劳及耐久性专用软件包等。

1）ANSYS 软件的主要特点

ANSYS 软件的主要特点如下：

（1）唯一能实现多场及多场耦合分析的软件；

（2）唯一实现了前后处理、求解及多场分析统一数据库的一体化大型有限元分析软件；

（3）唯一具有多物理场优化功能的有限元分析软件；

（4）唯一具有中文界面的大型通用有限元软件；

（5）具有强大的非线性分析功能；

（6）多种求解器分别适用于不同的问题及不同的硬件配置；

（7）支持异种、异构平台的网格浮动，在异种、异构平台上用户界面统一、数据文件全部兼容；

（8）强大的并行计算功能支持分布式并行及共享内存式并行；

（9）具有多种自动网格划分技术；

（10）具有良好的用户开发环境。

2）ANSYS 软件的主要组成

ANSYS 软件主要包括三个部分，即前处理模块、分析求解模块、后处理模块，分别对应于有限元模型的建立及网格划分、确定求解方法并计算求解、根据求解结果提取数据以得到最终计算结果。

（1）前处理模块。

前处理模块是一个十分强大的实体建模及网格划分工具，通过该模块，用户可以选择坐标系统和单元类型、定义实常数和材料特性，然后建立实体模型并对其进行网格划分，这也是大型通用有限元软件在建立有限元模型时的一般步骤。ANSYS 软件中的建模方法有三种，即模型导入法、实体建模法和直接生成法。模型建立界面如图 2-53 所示。

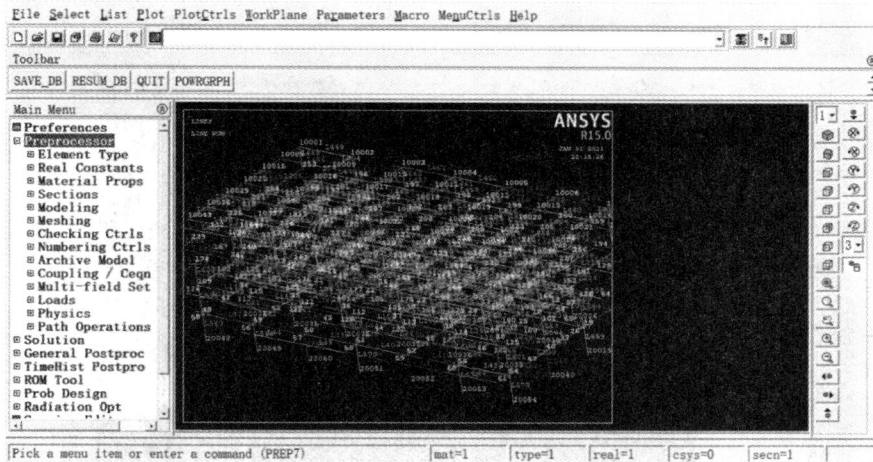

图 2-53　ANSYS 前处理模块中的模型建立界面

　　网格划分有四种方法，即延伸网格划分、映像网格划分、自由网格划分和自适应网格
划分。延伸网格划分可以将一个二维网格延伸或旋转成一个三维网格；映像网格划分允许
用户将实体模型分为几个相对简单的部分，然后分别对其选择单元类型和网格属性；自由
网格划分是 ANSYS 软件中较为强大的一种网格划分方法，可以对较为复杂的模型进行直
接划分，避免由于用户对各个部分进行划分后还要进行重组而带来的网格不协调；自适应
网格划分是在生成了具有边界条件的实体模型以后，用户通过指定程序自动生成有限元网
格，进而由程序来分析、估计网格的离散误差，然后重新定义网格，再次进行分析计算、估
计网格的离散误差，直至误差低于用户定义的值或程序运行已达到用户自定义的求解次
数。模型网格划分界面如图 2-54 所示。

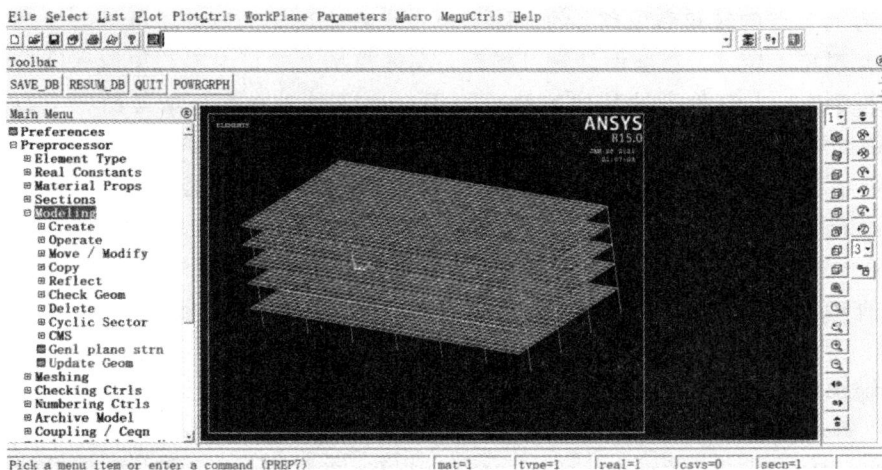

图 2-54　ANSYS 前处理模块中的网格划分界面

　　（2）分析求解模块。

　　分析求解模块首先要定义分析类型、分析选项、荷载数据和荷载步选项，然后进行有
限元求解。模型分析求解界面如图 2-55 所示。

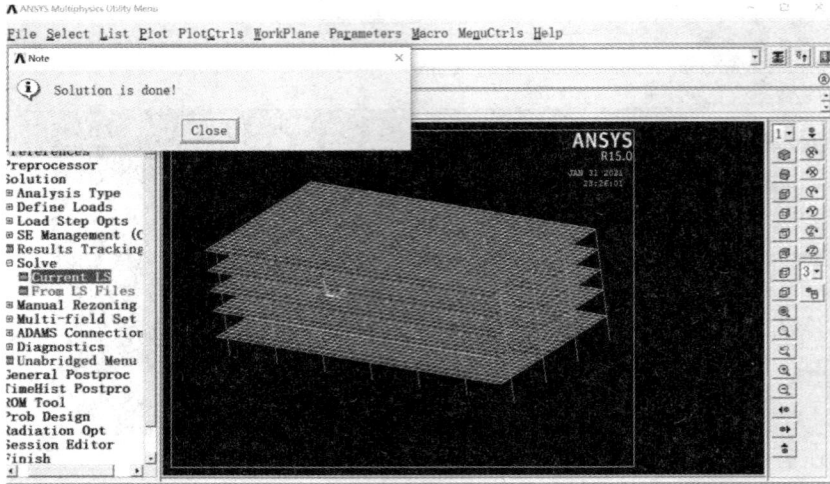

图 2-55　ANSYS 模型分析求解界面

　　定义分析类型就是指定求解该问题所用的控制方程。一般可用的分析范畴包括结构、热、电磁场、电场、静电、流体以及耦合场分析等。每个分析范畴一般包括几种特定的分析类型，如结构分析中的静态和动态分析等。用户可以通过特定的分析选项来进一步定义分析类型。

　　指定荷载数据和约束即定义模型的边界条件，荷载数据包括约束的自由度、点荷载、面荷载、体荷载以及惯性荷载。特定的荷载将随分析类型而变化。每一个荷载设置称为荷载步，而一个分析可包含一个或多个荷载步。给定荷载步的荷载值可由前一荷载步的荷载值渐变而来，也可跃变成新值。荷载步选项可用于设置输出控制、收敛性控制及每一荷载步的通用荷载控制。

　　指定的约束可用于限定选定的自由度，例如，在进行结构分析时，可以恰当地约束沿某一固定边上节点的转角和位移。约束除了可在求解阶段定义外，还可于前处理阶段在实体或有限元模型上定义。在求解计算开始时，实体模型上的自由度约束由程序自动地转换到有限元模型上。求解阶段的其他特性可使用户改变材料特性和单元的特定数据，如厚度、重新激活和不激活单元（生与死的选项）、指定主自由度（MDOF）以及定义间隙条件等。完成对适当的求解准则的定义之后，就可以进行求解计算。这是 ANSYS 计算的内核部分，它不需要用户干涉，通常需要最多的计算机时间和最少的用户时间。

　　ANSYS 软件可自动地对节点和单元重新排序，以获得最高的计算效率。ANSYS 软件提供两个直接求解器，即波前求解器和稀疏矩阵求解器，它们可以计算出线性联立方程组的精确解。ANSYS 软件还提供了五个迭代求解算法，即雅可比共轭梯度法（JCG）、外存雅可比共轭梯度法（JCGOUT）、非完全乔列斯基共轭梯度法（ICCG）、预备条件共轭梯度法（PCG）、外存预制条件共轭梯度法（PCGOUT）。它们适用于求解大而复杂的问题，对于求解声、热、电磁场问题以及具有对称、稀疏、正定矩阵的其他大型问题，迭代求解算法更为有效。

　　此外，ANSYS 软件为模态分析提供了六个特征值求解算法，即子空间（Subspace）迭代法、分块（BlockLanczos）法、动态能量（PowerDynamics）法、凝聚（Reduced）法、非对称法（Unsymmetric）、阻尼法（Damped）。ANSYS 软件还为流体力学问题提供了专门的算法，例如三对角矩阵法(TDMA)、共轭残差法(CRM)、预条件共轭残差法(PCRM)、预条件广义残差法(PGMR)。

而对于野外应急住用房来说,用到的主要是结构和流体求解模块。

① 结构静力分析。结构静力分析主要用来求解外荷载引起的位移、应力和力等问题。静力分析适合求解惯性和阻尼对结构影响不显著的问题。ANSYS 软件不仅可以进行线性分析,还可以进行非线性分析。

② 结构动力分析。结构动力分析主要用来求解随时间变化的荷载对结构或部件的影响的问题。与静力分析不同,动力分析要考虑随时间变化的荷载对结构阻尼和惯性的影响。其在 ANSYS 软件中包括非线性瞬态动力学分析,模态分析,随机振动响应分析,谐波响应分析,隐式、显示及显示—隐式—显示耦合求解。

③ 非线性静力分析。结构的非线性导致结构或构件的响应随外荷载的变化不呈比例。非线性分析包括几何非线性(例如大变形、大应变、应力强化、旋转软化等)分析、材料非线性(例如塑性、黏弹性、黏塑性、超弹性、多线性弹性、蠕变、肿胀等)分析、接触非线性(例如面面/点面/点点接触、柔体/柔体刚体接触、热接触等)分析、单元非线性(例如死/活单元、钢筋混凝土单元、非线性阻尼/弹簧元、预紧力单元等)分析、智能化的非线性求解控制专家系统。

④ 热分析。ANSYS 软件可处理热传递的三种基本类型,即传导、对流和辐射,且 ANSYS 软件可对热传递的三种类型进行稳态和瞬态、线性和非线性分析,还可以模拟材料固化和熔解过程的相变分析问题,模拟热与结构应力之间的热-结构耦合问题。

⑤ 流体动力学分析。ANSYS 软件可进行的流体动力学分析的类型可以分为瞬态和稳态,可以得到每个节点的压力和每个单元的流率的分析结果。

(3) 后处理模块。

后处理模块通过用户友好的界面对求解模块的分析结果进行显示,并可以进行图形和数据列表输出。这些结果包括温度、应力、应变、速度及热流等。后处理模块中的结果显示界面如图 2-56 所示。

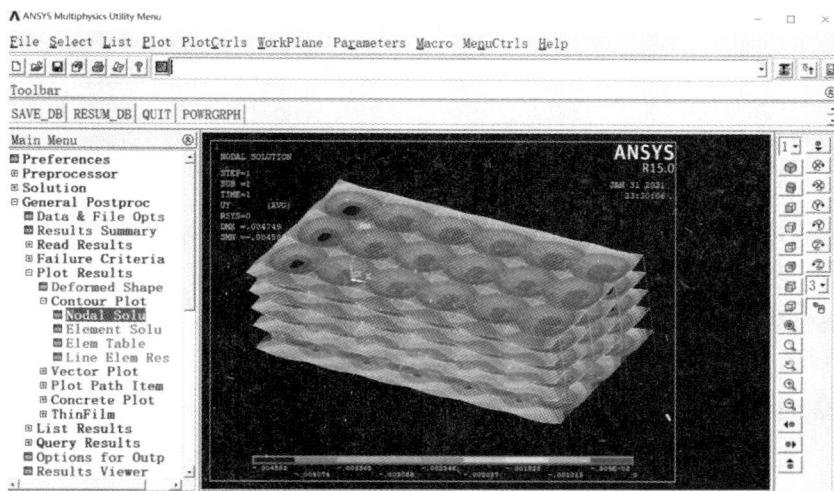

图 2-56　ANSYS 后处理模块中的结果显示界面

ANSYS 软件的后处理模块中包含两个后处理器：① 通用后处理器，只能显示模型在某一时刻的计算结果；② 时间历程后处理器，可以显示模型在不同时间的计算结果，但是只能用来处理瞬态和动力分析的结果。

2. ABAQUS 软件

ABAQUS 软件是一款基于有限元方法的功能强大的工程模拟软件，可以为相对简单的线性分析问题或极富挑战的非线性模拟问题提供计算解决方案。ABAQUS 软件具有非常丰富的单元库，可以模拟任意实际形状；具有非常强大的材料库，可以模拟大多数典型工程材料的性能，包括金属、橡胶、聚合物、复合材料、钢筋混凝土、可压缩的弹性泡沫以及地质材料（例如土壤和岩石）等。

作为一款通用的有限元软件，ABAQUS 软件不仅能够解决结构分析问题，而且能够模拟和研究包括热传导、质量扩散、电子元器件的热控制（热-电耦合分析）、声学、土壤力学（渗流-应力耦合分析）和压电分析等领域中的问题。对于大多数模拟，包括高度非线性的问题，用户仅需要提供如结构的几何形状、材料性能、边界条件和载荷工况这些工程数据。在非线性分析中，ABAQUS 软件能自动选择合适的荷载增量和收敛准则，ABAQUS 软件不仅能够自动选择这些参数值，而且在分析过程中也能不断地调整这些参数，以确保获得精确的解答。

同时，ABAQUS 软件具有一套内容丰富和完整的文档。包括：

（1）ABAQUS 软件分析用户手册。该手册包含了 ABAQUS 软件所有的功能，以及对单元、材料模型、分析过程、输入格式等内容的完整描述。

（2）ABAQUS/CAE 软件用户手册。该手册包含三个便于理解的详细教程，详细说明了如何运用 ABAQUS/CAE 生成模型、如何进行分析和对结果进行评估和可视化。

（3）ABAQUS 软件在线文档使用手册。该手册可以在线指导怎样阅读和搜索 ABAQUS 在线文档。

（4）ABAQUS 软件实例手册。该手册包含了 75 个详细实例，典型例子有：弹塑弯管撞击刚性墙产生的大运动；薄壁管的非弹性屈曲破坏；弹性黏塑性薄环承受爆炸荷载；基础加固；带孔洞复合材料壳的屈曲；金属薄板的大变形拉伸等。

（5）ABAQUS 软件基准校核手册（在线版本）。该手册包含了用于评估 ABAQUS 软件性能的基准问题和标准分析，可将其结果和精确解与其他已经发表的结果进行比较。

（6）ABAQUS 软件验证手册（在线版本）。该手册包括了对 ABAQUS 软件每一种特定功能的分析过程、输出选项、多点约束等。

（7）ABAQUS 软件理论手册（在线版本）。该手册包括了对 ABAQUS 软件理论方面详尽而严谨的讨论，其内容是为具有工程背景的用户而写的。

（8）ABAQUS 软件关键词参考手册。该手册提供了 ABAQUS 软件中全部输入选项的完整描述，包括每个选项中可能使用的参数说明。

3. SAP2000 软件

SAP2000 是由美国 CSI 公司开发研制的通用结构设计与分析软件。与 ANSYS 和 ABAQUS 这类大型集成通用有限元软件不同，SAP2000 软件是只针对结构设计和分析的通用软件。SAP2000 软件的分析计算功能十分强大，囊括了几乎所有工程领域内的最新结构分析功能，从静力、动力计算到线性、非线性分析，从 $P-\Delta$ 效应到施工顺序加载，从结构阻尼到基础隔振，都能进行分析。SAP2000 软件集成计算界面如图 2-57 所示。

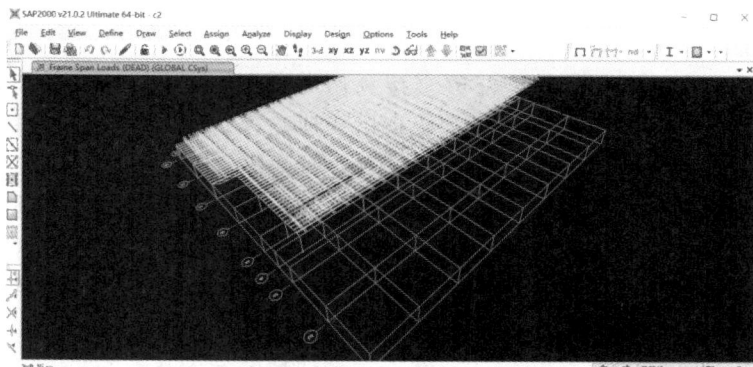

图 2-57　SAP2000 软件集成计算界面

SAP2000 软件的工作环境高度集成化，采用独特的图形操作界面，利用面向对象的操作方法来建模，其编辑方式与 AutoCAD 类似，可以方便地建立各种复杂模型，能够大大提高用户的建模效率。用户可以在同一个界面完成建模、分析和设计工作，可以通过不同的视图窗口显示结构的模型信息、分析结果和设计结果，可以在视图窗口中进行操作。例如，用户可以在模型信息中查看或修改模型信息，在分析结果视窗中选择显示构件的内力结果并详细输出，在设计结果中进行构件的交互式设计。操作界面是完全的三维环境，在多视图环境下可以进行平面、立面、三维建模以及实时的动态显示，配合功能强大的视图管理功能，可以说 SAP2000 软件是真正意义上的空间有限元分析软件。

在设计能力方面，SAP2000 软件是一个一体化的设计软件系统，能够完成各种结构体系的设计，例如钢框架设计、混凝土框架设计、壳体设计等，并能够全面输出结构体系分析、整体结果和构件的详细信息。在设计方式方面，SAP2000 软件采用传统设计与交互式图形相结合的方式，可以运用多种国际结构设计规范，使其设计功能更加方便和有效。

SAP2000 作为土木工程界通用的有限元软件，分析精度高，尤其是动力分析的精度高，受到业界认可。SAP2000 软件的分析类型包括线性静力分析、非线性静力分析、线性动力分析、非线性动力分析、移动荷载分析、多步静力分析、屈曲分析、频域分析等。SAP2000 软件提供了点、线、面单元以及模拟建筑结构的各种构件，还提供自动剖分和自动边束缚功能，在保证计算精度的条件下大大节省了工程师的工作量。

SAP2000 软件把结构的质量和自重这两个概念进行了清晰的区分并建立了相互间可以多重定义的动能，这样就方便了用户按《建筑抗震设计规范》要求，对重力荷载代表值进行输入。

1）SAP2000 软件的建模过程

SAP2000 软件的建模过程就是绘制对象的过程。将代表实际构件的对象组合在一起，可形成视图中显示的模型，并将其称为"对象模型"。例如，对一根 8 m 长的梁，在建模时需要绘制一根 8 m 长的线条，并且为它指定线荷载或者弯矩等；如果模拟的是一根两跨共 8 m 的连续梁，则需要将 8 m 的线条打断为两根 4 m 的线条。也就是说模型对象应尽量与实际模型构件一致，即用户建模时要尽量按照实际情况输入。

很多时候，建模是个非常费时费力的过程。SAP2000 提供了一系列结构类型的快速建模模板，对于较为规则的模型，可以从模板建模开始，然后再根据数据的需要进行修改，这为一些典型的结构模型的建立提供了简便快捷的手段。SAP2000 实现了和 AutoCAD 的交互设计功能，一些很复杂的模型能够直接利用 AutoCAD 软件绘制模型，并直接利用 AutoCAD 图形直接导入，生成线单元，实现了快速建模；SAP2000 还能够把模型输入输出的信息导出生成为 DXF 后缀的文件，可在 AutoCAD 中打开处理。当面对一个非常复杂的工程时，往往需要多位工程师同时建立模型。而 SAP2000 中提供了分块建模的功能，多位工程师可以分别建立模型的各个部分，然后再组装到一起，这样就大大缩短了设计周期。并且 SAP2000 还可以把模型的数据同 Access 数据库、Excel 表格等数据处理软件进行交互。SAP2000 模型也可以导出生成多种数据文件格式，这些数据文件可以和其他绘图软件共享。对于模型计算分析设计的结果，也有简便快捷的导出查看方式。

SAP2000 软件计算时，会自动将对象模型转换为以单元为基础的有限元，这时的模型称为分析模型。对象模型中的点对象、线对象、面对象、实体对象将转换为分析模型中的节点单元、梁（柱）单元、壳单元、实体单元。梁（柱）单元、壳单元、实体单元若要求解精确，需要细化网格，增加节点和细分单元，并生成与其他单元的连接关系，而对象模型中的连接单元转换为分析模型是不剖分的。作用于对象模型上的荷载将转换到分析模型中相关单元和节点上，即分析模型中的连接单元与对象模型的连接单元是一一对应的。

2）SAP2000 软件的计算分析过程

SAP2000 软件在计算模态分析时，除了提供精确的特征向量分析法外，还提供了与荷载相关的 Ritz 向量分析法（又称为 LDR 向量分析法）。LDR 向量能用于线性和非线性结构的动力分析，与精确特征向量法相比，新修正的 Ritz 法能够用更少的计算工作量产生更精确的结果。模态分析输出的质量参数与系数可以用来判断结构的每一个模态是属于某一方向的平动振型还是扭转振型，可以判断其是否满足规范对第一扭转周期与第一平动周期的比值限值的要求。

SAP2000 软件不但为我们提供了线性时程分析和非线性时程分析功能，而且已经可以让我们使用线性时程分析结果直接对结构进行设计。线性时程分析的本质是通过对结构基本动力微分方程的求解，来得到结构在动力荷载作用下基本响应的大小。时程分析方法是将动力作用以时间函数的形式引入微分方程，并通过相应的积分方式得到结构每一个时刻的响应以及响应的变化情况的方法。随着结构设计领域的不断发展，结构分析早已超出了线弹性的范围，可以面对更多非线性问题。

SAP2000 软件时程分析的积分方式分为模态积分和直接积分两种。模态积分方式是以结构的模态分析结果为基础，通过对结构不同模态的积分进行求解来得到结构总的响应值，又被称为 FNA（快速非线性分析）方法。如果在程序中选择使用模态积分求解方式，则需要先选择积分求解所基于的模态分析工况。一般情况下，如果结构需要考虑高阶振型的影响，就应该在该模态分析工况中考虑更多的振型数目。直接积分法又被称为逐步求解法，它是最常规的动力分析求解法，其本质是在一系列时间间隔范围内求解平衡方程。在 SAP2000 中直接积分法的选择是通过对其他参数区域时间积分参数进行定义来完成的，SAP2000 提供了 Newmark 法、Wilson 法、排列法、Hiber-HugesTaytor 法和 Chung and Hulbert 法等隐式方法可供选择,大部分是无条件稳定的。

当结构遭遇地震作用时,结构主体构件主要通过弹性变形耗散大量能量,次要构件的永久变形也能耗散一定的能量,从理论上讲,这部分能量是难以估计的。在结构动力分析中,这部分耗散的能量是通过阻尼来实现的。对于数值计算本身,为了获得稳定解,多数增量求解法也需要加入一定的人工阻尼或者数值阻尼。SAP2000 软件在时程分析中允许工程师使用多种方法定义结构在数值分析中的阻尼参数,其中包括了模态阻尼、质量和刚度比例阻尼的定义方法,在分析过程中也可以直接考虑连接单元的阻尼属性。

(1) 模态阻尼比。

一般情况下,结构阻尼是通过模态阻尼比来进行定义的,用 ξ_n 表示 n 阶振型的阻尼比,它是该阶模态阻尼与临界阻尼的比值。一般情况下,在时程分析中,振型阻尼比的数值应该在 0~1 之间,混凝土结构的模态阻尼比一般选为 0.05,振动的两个相邻极大值之间的衰减比为 0.73,而且每个周期的应变耗能为 46.7%。钢结构的模态阻尼比一般选为 0.02,振动的两个相邻极大值之间的衰减比为 0.88,而且每个周期的应变耗能为 22.7%。阻尼比的大小设置对于结构设计具有至关重要的影响。在过去的结构动力分析中,一般情况下各振型都采用相同的阻尼比,但是实测数据表明,结构的高振型阻尼比一般大于低振型阻尼比。在使用 SAP2000 软件时,可以为所有振型制定一个统一的阻尼比,也可以为不同的振型制定不同的阻尼比,或者根据周期和频率指定对应的阻尼比并在默认状态下进行插值,此时各振型的阻尼比之间是不相关的。

(2) 质量和刚度比例阻尼。

在 SAP2000 软件中还经常用到另一种阻尼定义——质量和刚度比例阻尼,它也常用于结构的非线性增量分析中。这一阻尼类型也被称为 Rayleigh 阻尼,它假设阻尼矩阵与质量矩阵和刚度矩阵呈正比。从物理意义上讲,质量比例阻尼的假设意味着有外部支承的阻尼器,而使用刚度比例阻尼则对结构的高阶振型具有阻尼增加的效应。虽然 Rayleigh 阻尼没有经过物理论证,而且对大多数结构来说它的使用是难以解释的,但是使用这一阻尼方式可以用较大的时间积分步长获得稳定的数值结果,因此它在 SAP2000 软件中仍然被使用。

(3) 其他单元的阻尼考虑。

现在,结构中经常使用阻尼器、隔振器等非线性连接单元,这些单元与一般的结构构件不同,其目的是主动耗散结构的应变能或削弱能量传输,从力学模型来看,这类连接单元本身就具有较大的阻尼值。当模型中包含这类连接单元时,SAP2000 软件将在动力分析过程中考虑这些阻尼的影响,并把连接单元属性中指定的线性有效阻尼系数或者非线性阻尼自动转换为振型阻尼,需要注意,这一过程中将忽略振型间的交叉阻尼。这些振型阻尼值在每个振型中一般是不同的,它们取决于每一振型在连接单元中引发的变形。

在 SAP2000 软件中,当需要使用时程分析法对结构地震作用进行计算时,首先需要选取地震波。关于地震波的选取,《建筑抗震设计规范》有明确的说明:“采用时程分析法时,应按建筑场地类别和设计地震分组选用实际强震记录和人工模拟的加速度时程曲线。”因此在时程地震波的选取时首先是基于建筑结构的场地类别和地震分组,另外还要选择三种不同的波进行计算。SAP2000 软件联机的技术资料为工程师提供了国际上常用的地震时程曲线和国内按照场地类型不同归纳出的一部分常用的地震时程曲线。SAP2000 软件的时程曲线是文本格式的，可以进行文本编辑修改。

3）SAP2000 软件的结果输出

SAP2000 软件的分析结果支持三种输出方式，即屏幕输出、表格输出和文档输出。输出结果包括整体模型和局部构件的数据，各种荷载工况下的变形形状、振型形状、构件内力/应力图、构件能量/虚功图等。通过时程分析可以得到时程轨迹和反应谱曲线，可以通过动画显示输出分析结果，使工程师更方便直观地把握结构性能。

当使用图形和文本输出时程分析的结果时，与其他分析工况基本相同。但时程分析可以输出每个时间步的结果，也可以输出包络的结果。当选择包络的结果时，程序会输出在所有时间点位置结构效应的包络值；而选择输出每个时间步的结果时，程序将输出时程分析的每个时间点的值。

由于 SAP2000 软件具有全面、灵活的数据输出方式，因此用户可以直观地查看分析、设计结果，也可以根据需要对输出数据进行编辑排版，输出适用于不同结构类型的分析结果。

2.5.3　日照分析常用软件

根据区域位置不同，可以采用的日照分析软件也有所不同。工程师一般会采用以下几种主流软件。

1. 天正日照分析软件 TSun

天正日照分析软件 TSun 是国内应用基础最广泛的专业日照分析软件。它的分析方法、所得数据、报表等均得到了国家建筑行业相关法律法规的权威认可，并且得到了积极的推广和应用，该软件较为全面地解决了全国各地不同建筑气候区域内的日照分析问题，计算科学准确，使用简单方便。软件操作主界面如图 2-58 所示。

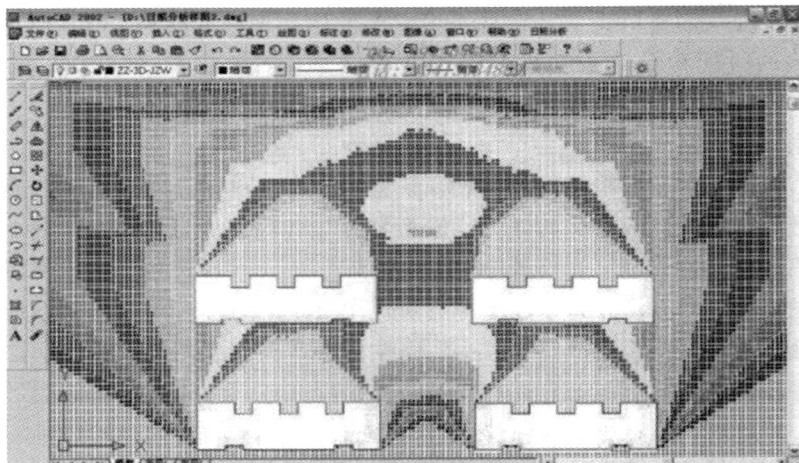

图 2-58　天正日照分析软件 TSun 操作页面图

TSun 主要包括两大模块：日照建模模块和日照分析模块。日照建模模块具有丰富强大的日照建模功能，可满足建立任意建筑模型（如任意复杂屋顶、转角窗、阳台、各类装饰构件等）的需要。TSun 可以对同类软件或纯 AutoCAD 建立的模型在作相应转换后直接进行日照分析，也可以利用导入的建筑施工图生成日照分析模型。TSun 主要包括如下功能：

（1）创建日照模型。日照模型采用易于修改的平板对象创建，并可导入天正建筑 TArch 中的设计平面图，TSun 还提供了屋顶、异形曲面（坡屋顶）、阳台、日照窗等构件，可对异形遮挡物进行建模，使日照模型更加精确。

（2）进行动态日照仿真，并对其进行分析。动态日照仿真应用三维渲染技术，为用户提供可视化的日照仿真，它可以直观地指导建筑规划布局，并可以作为最具有说服力的验证日照计算的方法。编组分析功能是把日照模型按照建设单位或建设阶段划分为若干编组，进而直接获得各个建设项目对客体建筑的日照影响，为日照事故的责任判定提供量化依据；可生成供规划主管部门审批的窗报批表，窗报批表实现了与遮挡分析表联动，可以解决大规模建筑群的日照分析难题。

（3）自动生成建筑的三维形体。方案优化采用相关的"可控制人工智能优化分析"算法，在满足给定窗户的最少日照标准要求前提下，可以自动计算给定地块上的最大建筑三维空间形体方案，用于指导方案设计；它计算速度快，自动生成的建筑三维空间形体经过优化，实用性强。最大容积率估算能同时支持累计和连续日照统计方法，并提供能同时控制建筑高度及最大容积率限值等约束条件下的优化算法。

（4）其他功能。软件提供日照标准定制，通过日照标准描述日照计算规则，软件的定制全面考虑了影响日照时间的各种基础参数，用户可根据当地日照规范建立本地日照标准，用于当地工程项目的日照分析。此外，TSun 还支持米制和毫米制两种工程图常用基本单位。在分析手段上，TSun 既提供常规定量分析功能，如线上日照、区域分析、等照时线、窗日照表等，还提供商级分析工具，如建筑方案优化和日照仿真等。对于前期方案特别是外窗的位置还未确定的方案，可以使用线上日照、区域分析和等照时线等方法对其进行先期分析。方案优化功能主要基于拟建建筑对周边建筑形成遮挡的分析，以根据限定条件形成最经济合理的建筑方案。日照仿真采用计算机渲染技术模拟日照真实状态，既可以用于浏览，也可以用于检查日照窗的日照时间，甚至可以应用到发生日照遮挡纠纷后的模拟演示。

2. 飞时达日照分析软件 FastSun

飞时达日照分析软件 FastSun 是完全依照国家有关法规、规范，面向客户需求开发而成的，提供了日照建模、单点分析、多点分析、窗户分析、阴影分析、等时线分析、三维分析以及生成日照分析报告等多种功能，可以全面地解决全国各地任何时段的日照分析问题，它为规划设计、规划管理、建筑设计以及房地产开发等领域进行日照分析提供了科学的分析依据。FastSun 软件已通过国家质量监督检验中心实测检验和建设部科技成果评估鉴定。由于 FastSun 软件计算科学准确，使用简单方便，目前在全国各地已被 100 多家单位采用。

飞时达日照分析软件 FastSun 的日照分析标准可以灵活定制和修改，日照分析参数随图保存。打开已分析的图形时分析参数会自动还原到分析界面上，便于多方案进行分析比对。切换不同文档时，分析参数会自动联动，不用重新调整分析参数。日照分析参数可标注到图上，也可从图中已标注参数上提取。同时，FastSun 分析软件的计算结果准确可靠，日照计算方法严格遵循日照阴影原理，并采用了与日照相关的最新的天文计算公式。鉴定结果证实软件提供的日照计算结果与现场实测和模型试验结果相符，软件计算与实际观测的单个时间段的误差可控制在±3分钟内。

　　飞时达日照分析软件 FastSun 的专业报表可以自动生成,生成的日照计算数据表均可导出为 Word/Excel/Txt 等常用数据格式,并生成日照分析报告书。同时 FastSun 软件也可以进行三维场地的日照分析。日照建模如果只考虑建筑本身,而不考虑场地的三维特性,则在进行三维观察或分析时就不直观、不全面。尤其是在对小区等大范围区域进行日照分析时,往往会因为地形高程不同而无法一次指定一个合适的受影面高度来进行分析。而 FastSun 软件率先在国内提供了三维地形建模模块,在日照分析中考虑了地形的影响。FastSun 软件操作简单方便,在 CAD 平台上运行,使建筑建模非常方便。软件功能由日照设置、建筑建模、日照分析和辅助工具四大模块组成。软件的主操作面板中相应地由四个页面组成,功能页面按应用的先后顺序组织,以引导用户操作。软件主界面由菜单条、工具条、主操作面板和挂接于 CAD 菜单下的下拉菜单组成。软件操作界面如图 2-59 所示。

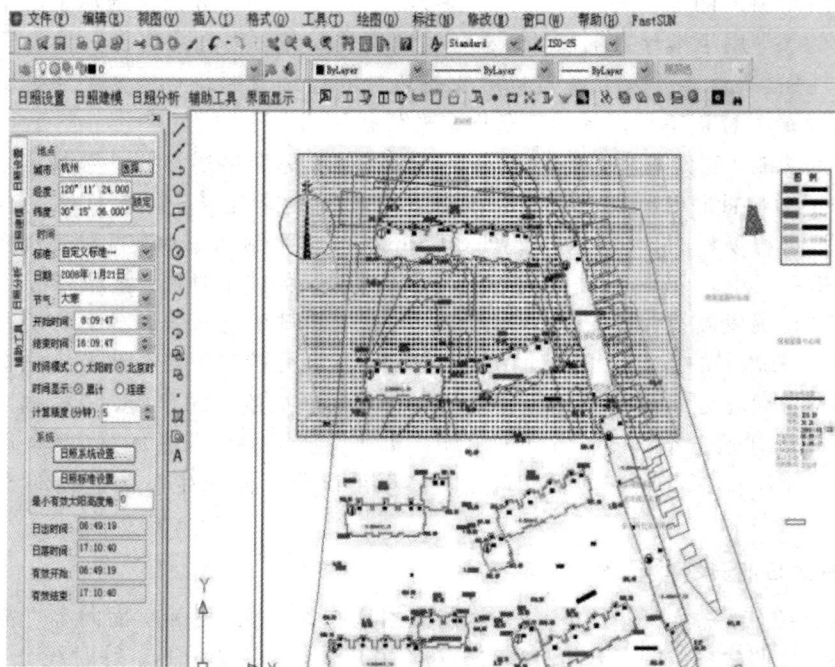

图 2-59　飞时达日照分析软件 FastSun 操作页面

第 3 章　野外应急住用房设计原则及设计实例

野外应急住用房需要满足居住空间、结构安全性和环境适应性等方面的基本要求，因此在设计过程中需要从空间尺寸、风雪荷载下的力学性能、防雨性能和室内热环境等方面进行设计。本章首先介绍了野外应急住用房的总体设计原则及步骤，然后列举了几种有代表性的野外应急住用房的设计计算过程，从不同结构角度阐述了野外应急住用房的设计方法。

3.1　总体设计原则及步骤

3.1.1　总体设计原则

野外应急住用房的首要作用是为人们提供临时居住的空间环境，因此在设计上需要满足人们的基本生活需求。在总体设计原则上，首先必须满足使用对象对住房空间尺寸和空间功能的需求，不违反人体工学原理；其次必须满足使用环境的需求，即在外界冷热气候和大雨环境中能够保证内部人员正常工作或生活；第三是必须满足使用地域环境的要求，由于野外应急住用房整体质量和刚度小，故不考虑地震荷载的影响，但其应能够承受一定的风荷载(风速不小于 20.7 m/s)和雪荷载(厚度不小于 80 mm)作用，以保证结构的可靠性和安全性。

3.1.2　结构安全设计原则

根据野外住用房结构的不同类型，可结合材料力学、结构力学的相关知识选择不同的计算方法。例如，简单支杆式帐篷可采用手算的方式，复杂的结构可采用结构计算软件进行分析。结构安全设计分为几何模型建立、材料属性赋予、力学模型构建、荷载及约束附加、结构内力计算等步骤。后面章节的设计实例中将有详细的计算过程。

3.1.3　室内热环境设计原则

野外应急住用房由于要求方便运输、拆装，质量要尽量轻，因此要尽可能选用保温隔热性能好且质量轻的材料，以提升室内热环境质量。活动房屋一般选择聚氨酯泡沫、岩棉、多孔材料等进行保温隔热。野营帐篷热环境舒适性较难实现，主要参考以下原则进行设计。

1. 篷顶隔热设计原则

根据第 2 章的理论分析，双层通风篷顶隔热效果好，主要靠的是其间层内的空气流通将部分从外顶传下的热量带到外部空间。间层通风量愈大，带走的热量愈多，则透过内顶传入室内的热量愈小。所以，通风间层的设计及构造处理是解决通风篷顶隔热问题的关键。

1）通风间层高度的确定

在一定的压力作用下，间层通风量的大小与通风口的面积有关。由于间层开口宽度是已设定好的，因此，影响间层通风量的主要因素是开口高度。对轻型通风屋盖的试验研究表明，增加通风间层的高度，对改善间层内的通风是有利的，但增到一定高度后，其效果将趋于稳定。例如，当广州地区房屋的间层高度由 12 cm 增至 26 cm 时，房屋内表面温度的降低都不到 1℃。研究结果认为，轻型通风屋盖的间层高度取 14～20 cm 为宜。

2）篷顶通风口的构造方式

在通风间层开口面积已定的情况下，根据自然通风原理，充分利用风压和热压综合作用，增大间层内风速，是提高篷顶隔热能力的有效途径。据此，可以从篷顶通风口的构造方式入手，采取设置兜风檐口和排风口的措施来提高篷顶隔热能力。

（1）设置兜风檐口，加强通风效果。

所谓兜风檐口，通常是指将通风间层的上层（外顶）在檐口处适当向外挑出一段。国外的双层顶帐篷中最常见的就是半落地式兜风檐口，其特点是外顶延伸部分宽，兼有间层兜风和遮阳双重功能，对篷顶坡度大、墙低矮的小型帐篷较为适用。

在炎热的夏天，通风篷顶借助兜风檐口，可对间层起到加强风压的作用，可将迎风面檐口伸出部分下面温度较低的气流顺利引入间层，使间层内的气流速度增大，从而提高通风篷顶的隔热效果。

（2）增设排风口，提高散热能力。

在双坡式通风篷顶上设置排风口，最重要的是合理布置排风口的位置，可以采取以下两种布置方式。

第一种方式是在外顶正脊的两侧坡面上对称开设排风口。这种布置方式有利于缩短间层气流的路程，使排气顺畅，能显著增大通风篷顶的排气量。但这样布置对外顶排水和防水有所不利，开启通风与飘雨、溅雨之间的矛盾不易解决。

第二种方式是在前、后山墙的遮篷式通风窗盖顶处对称开设排风口。这种布置方式既可加强间层的排风能力，又有助于增强室内通风，有一举两得之效。其主要问题是细部构造的处理较为复杂。

3）内顶隔热材料的开发和应用

如前所述，双层通风篷顶的隔热性能在很大程度上取决于间层的通风效果。根据建筑热工理论，其隔热能力也与所用材料表面的辐射特性密切相关，材料的反射率越高，则阻隔辐射传热的能力越强。根据有关帐篷的试验结果分析，在构造、环境等条件相同时，当内顶材料表面的热反射率提高约 20％时，内顶下方的定向平均辐射强度可降低 22％以上。因此，要想进一步提高篷顶的隔热能力，最好是针对内顶的使用要求，采用适宜的、反射率高的材料。

用涂铝布制作内顶时，以反射层面朝向间层为宜。从热工角度讲，这是有利于夏季隔热的。夏季，间层内的热流是由上向下的，利用内顶上表面的高反射特性，可减少其与外顶下表面的辐射换热量，从而降低内顶下表面温度和传入室内的热量，特别是在太阳辐射强烈、气温很高、风速极小的环境下，其隔热效果更好。此外，涂铝层背向室内，可避免对室内照明产生眩光。

2. 篷内通风设计原则

在炎热的夏季，由于篷内气温高、相对湿度大，常使人产生严重的闷热感。因此，帐篷防热必须考虑自然通风条件。利用通风不仅能降低室温、排除湿气，同时，也可以加强人体的对流和蒸发散热，改善人员生活条件。尤其是在湿热地区，自然通风更为重要。

1) 穿堂风的组织及开口设计原则

夏季篷内要取得良好的自然通风，最好是组织穿堂风。篷内所需的穿堂风必须满足两个要求：一是气流路线应流经全部生活区；二是应提供必要风速，以增加人体散热及减轻由出汗引起的不适。因此，设计时应结合帐篷使用特点，正确布置窗口位置。

穿堂风是在风压作用下形成的，要保证篷内有穿堂风，帐篷就必须既有进风口，又有出风口，进风口应位于正压区内，出风口应位于负压区内。但由于帐篷是移动式住房，使用地区范围很广，因此其压力区是设计时不可确定的因素。这就要求设计时要设法使开口的布置具有较大的灵活性和适应性，使帐篷在任何地方使用时都能不受地方风向条件的限制而取得穿堂风。

帐篷四面临空，可利用窗户和门洞作为进、出风口，通常有三种布置方式：一是将开口设在两端或两侧墙面上；二是将开口设在一端和两侧墙面上；三是在四面墙上全设置开口。通过对三种开口位置与气流路线关系的分析和比较发现，前两种开口方式都存在一定的局限性，在有些情况下不能保证篷内有穿堂风。唯有第三种布置开口的方式，在任何风向条件下都有良好的适应性，既有开口位于正压区内，又有开口位于负压区内，无需从通风角度选择朝向。

确定了合理的开口位置后，还应确定合理的窗口高度。窗口高度对于控制篷内生活空间的竖向气流分布是十分重要的。设计时，窗口高度应根据篷内人员活动对通风要求而定。作为居住帐篷，人员活动方式主要为两种：一是坐着；二是躺着。据此，窗口高度应为670 mm；窗台距离室内地面的高度应为480 mm，稍高于床铺的高度；窗顶距离地面的高度应为1150 mm，相当于人坐立时肩、头部所在的高度。这样，在有穿堂风的情况下，可使主要气流直接吹过床面至坐高的空间范围，从而能保证人无论是躺着睡觉，还是坐着休息时，都有气流通过人体，使人感到舒适。

2) 降温通风的组织及开口设计原则

夏季篷内的自然通风主要有两个功能：一个是为改善热舒适提供所需的室内气流环境，此类通风可称为热舒适通风，例如前已述及的穿堂风就属于此种通风；另一个是加强帐篷的散热能力，降低篷内温度，此类通风称为帐篷的降温通风。

在炎热的夏季，帐篷内气温一般高于室外气温，尤其是篷顶脊下气温可比室外气温高10℃以上。同时篷内中央的竖向温差也很大。以往的实测表明，较轻的热空气常聚积于内顶的三角部位，形成"热三角区"。双层通风顶试验帐篷（内顶无通风口）在较热时段内，其内顶脊下离地面220 cm高处比生活区35 cm高处的气温平均值高约8℃。即使室外有风从门窗吹进室内，如果帐篷上部没有通风口，仍不能将热空气排出，致使"热三角区"始终存在。这个"热三角区"对内顶表面附近的热状况影响很大，因此，必须想法将其消除，以降低篷内顶的表面温度和附近的气温，从而减少热空气对室内的热作用。

一种消除"热三角区"的有效措施是在前、后山墙上开口通风。其特点是两端通风口的位置相互正对，使内顶的"热三角区"与室外直接相通，即可充分利用风压和热压的作用进行通风，尤其是对利用风压通风更有利。但同时必须兼顾开口的遮阳、防雨等防护问题。

3. 窗口遮阳设计原则

前已述及，为了加强室内通风，需要显著加大帐篷的窗口面积。由此，遮阳问题显得更加突出。在夏季，为了防止篷内过热，必须控制和减少直射阳光透过窗口照射篷内。当室温较高时，若人体再受到直射阳光的照晒，会感到炎热难受；篷内地面、床铺等物体受到直射阳光照晒后，会加剧室温升高。因此，对帐篷窗口采取遮阳措施，防止直射阳光过量进入篷内，对提高帐篷防热效果具有重要作用。

1）遮阳形式的选择

国内外对帐篷中的遮阳问题研究很少。从现有的资料分析来看，可卷式窗盖或可卷式窗帘可视为目前帐篷中最常用的遮阳构件。此外，一种框式窗盖在国外的帐篷遮阳构件中也有所见。其实，它是一种特殊窗盖形式在遮阳上的应用，类似于建筑中的综合式遮阳。

参考国内外现有帐篷遮阳形式，现将可选的几种遮阳基本形式进行比较，见表 3 - 1。

表 3 - 1　几种遮阳基本形式的比较

遮阳形式	评 价 因 素			
	遮阳适用性	多功能兼容性	构造复杂性	使用维护难易性
卷式内窗帘	适用于临时性遮阳，效果较好，但需根据窗口朝向和时辰作转换和调整	遮阳时，不能通风、采光；卷起后可通风、采光，但不能遮阳	本身构造简单，但属于内遮阳，不能代替窗盖功能，故增加了窗户构件	临时操作简捷，但要按遮阳或通风采光的需要频繁转换窗口，使用不便
卷式外窗盖	适用于临时性遮阳，效果好，但要随开口朝向和时辰经常转换和调整	遮阳或防雨时，不能通风、采光；卷起后可通风、采光，但不能遮阳、防雨	构造简单	临时操作简捷，但要按遮阳或防雨以及通风采光的需要频繁转换开口，使用不便
斜拉式窗盖	遮挡高度角大，对中等强度的阳光很有效，对高度角很小和斜射阳光遮挡作用较差，适用于大、中型窗口遮阳	遮阳或防雨时能满足采光、通风要求，导风作用好	构造较简单，可适当配置固定或悬挂件	要求固定后使用，操作维护简便
框式窗盖	遮挡高度角大，对中等强度的正射、斜射阳光均有良好效果。但对高度角较小的阳光遮挡作用差，较适用于中、小型窗口遮阳	遮阳或防雨时，能通风、采光，有导风作用，但当风向投射角较大时挡风	构造复杂，设有侧挡，还需加配固定件	要求固定后使用，操作维护简便

　　表中的四种基本遮阳形式中，第一种属于内遮阳，其余三种均属于外遮阳；前两种为活动式遮阳，后两种为半固定式遮阳。遮阳形式的选择，应综合考虑遮阳、防雨、通风、采光等功能和操作方便的要求。从分析比较结果来看，选用斜拉式窗盖遮阳较为适宜。

　　斜拉式窗盖遮阳的优越性主要在于：一是对上午至下午高度角大、中等强度的阳光遮挡效果好，能在帐篷开口朝向不确定的情况下适应夏季太阳辐射强度大、照射时段较长的特点；二是适用于大面积开口遮阳，并具有遮阳和防雨与通风和采光同时兼容且性能匹配的突出特点，这是可卷式遮阳无法比拟的，也是框式遮阳所不及的；三是它属于半固定式遮阳，在使用过程中无需频繁操作，使用维护比较简便。

　　2）窗盖遮阳尺寸的确定

　　斜拉式窗盖遮阳形式兼有类似建筑中的水平式遮阳和挡板式遮阳两种形式的特性，所以，确定其遮阳尺寸，应包括窗盖挑出长度、窗盖下缘至窗顶的高度和两翼挑出长度等尺寸。

　　由于帐篷使用的地理位置、朝向等条件是不确定的，无法确定太阳高度角、方位角等计算参数，因此用理论计算法对帐篷窗口的遮阳尺寸进行设计并没有实际意义。考虑到这种形式的遮阳尺寸的主要决定因素是窗盖的安装位置、构造方式等，因此，在研究中应本着有利于遮阳的原则，正确处理遮阳与通风、采光等功能的关系，通过对窗盖构造的合理设计，确定适宜的遮阳尺寸。

3.1.4　防雨可靠性设计原则

　　在野外应急住用房中，活动房的防雨性能可较好地实现，因为其金属板材本来就是防水的，只需做好板材和骨架的密封连接和排水即可。但野营帐篷由于采用织物作为围护结构，因此在防雨性能上需要特殊考虑，主要参考以下方法进行设计。

1. 防水篷布的选择

　　防水篷布的性能是决定帐篷防雨效能的首要因素。对于帐篷的防雨设计，应优先选用防水性能好的篷布，其静水压值在 4.5 kPa 以上。由于篷布是制作帐篷的外围护材料，直接曝露于室外环境下，要承受自然气候的很多因素影响，因此除防水性外，还应满足质量轻、强力好、透气和透湿性好、耐老化和尺寸稳定等要求。

　　目前国内现有篷布可分为两种类型：一种是涂层整理防水篷布，这类篷布的防水性很好，但大多不透气、不透湿或透气透湿性很差，如民用救灾帐篷等主要用这种篷布；另一种是防水剂整理篷布，其特点是既可透气、透湿，又能防水。但在野外使用时间较长时，这两种篷布都不同程度地存在老化、褪色、防水性能下降等问题。近年来，国内已成功研制出了高耐候性防水涂层篷布，这种篷布采用无机涂料作为染色颜料，具有非常好的自然环境适应性。这两类篷布的性能参数均在附录 2（帐篷通用围护结构的主要材料及性能）中进行了列举。

2. 篷布拼幅原则

　　篷布拼幅是指用适合的缝制工艺将同一种篷体材料的长边（直丝边）按一定的规则拼接以达到所需部件面积的加工方法。

　　帐篷各部件在按材料的幅宽进行拼幅时，可按部件展开的长度方向拼幅，也可按宽度方向拼幅；但需要考虑部件受力、淌水方向、后期防水处理、各部件间的连接和材料消耗等因素。拼幅示意图如图 3-1 所示。

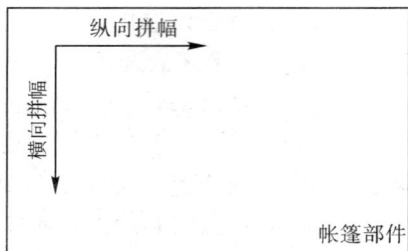

图 3-1　横拼与纵拼示意图

需要注意,在同一部件中拼幅不能横纵向(即布料经纬向)混拼,断拼处也应同方向拼接。拼幅方向示意图如图 3-2 所示。

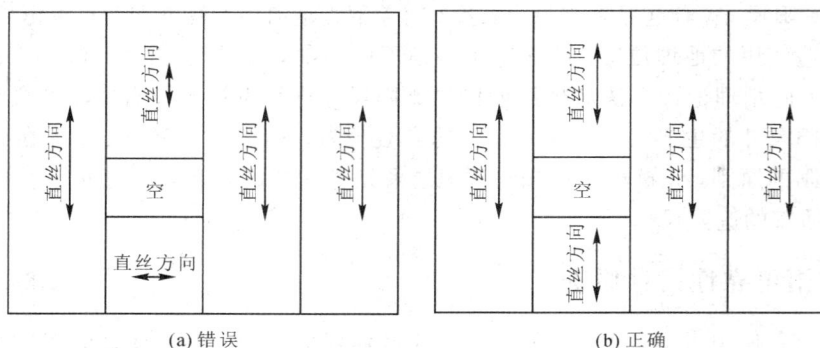

(a)错误　　　　　　　　　　(b)正确

图 3-2　拼幅方向示意图

3. 篷布接缝构造措施

不同尺寸的篷布需要缝制在一起,才能形成完整的围护结构。根据帐篷部位的不同,篷布的缝制构造方法主要有以下四种。

1) 包压缝制

包压缝制是一种以一层布包住另一层布并缝住的缝制方法,如图 3-3 所示。包压缝制是帐篷部件拼幅常规使用的一种缝制方法。

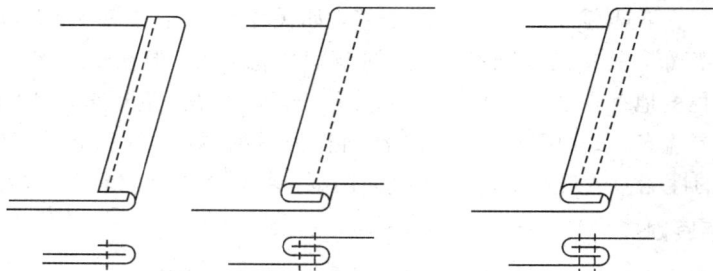

图 3-3　包压缝制示意图

根据缝制设备的不同,缝制步骤和缝制后的可见线迹也有区别:使用单针机缝制时需做两步缝制,有外包压缝和内包压缝之分,正面只可见一条缝线;使用双针机缝制时需用到配套的折边工具,一次缝制,正反面均可见两条缝线。

2）扣压缝制

扣压缝制是一种将上层的布料毛边翻折，扣在下层布料上的缝制方法，如图 3 - 4 所示。在帐篷缝制中常用于将小料缝制在大料上，如绱加强筋、垫布等。

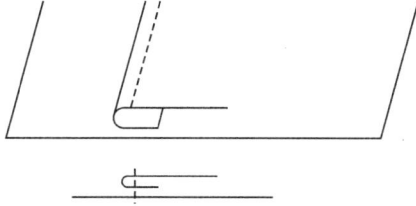

图 3 - 4　扣压缝制示意图

3）卷边缝制

卷边缝制是把布料边做两次翻折卷光后再缝制的方法，如图 3 - 5 所示。

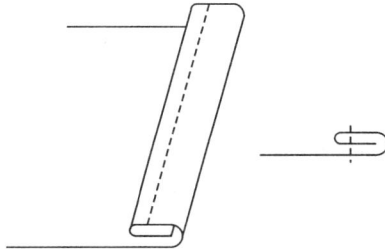

图 3 - 5　卷边缝制示意图

卷边可分为宽卷边和窄卷边两种。宽卷边一般用来缝制风管口等需要收紧的部位；窄卷边一般用于处理部件的毛边，如处理拖水布边缘等。

4）叠缝缝制

叠缝也称搭缝，是一种将两块布料平叠连接后再居中缝制的方法，如图 3 - 6 所示。这种方式通常在两种材料边缘均为光边时使用。在帐篷加工中常用于将辅料缝制固定在正身上。在帐篷拼幅时，如材料是光边，也常使用叠缝缝制的方法，叠缝的宽度一般为 30 mm，缝纫线迹为 3 道。

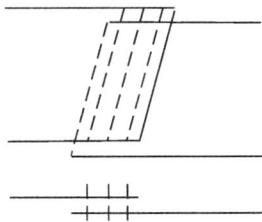

图 3 - 6　叠缝缝制示意图

4. 篷布接缝防水措施

帐篷篷体防水的目的是防止篷外雨水等进入篷内，防水处理方法可分为两种：堵塞式防水和引导式防水。

1）堵塞式防水

堵塞式防水是指用胶液等材料堵塞、填补针眼和材料结合边等部位以阻挡水进入篷体内的方法。目前堵塞式防水常用的方法有正面刷胶和反面热合胶条两种。选用防水工艺时要考虑选用的胶液和胶条材料的物理化学性能与布料的结合、加工性能。

2）引导式防水

引导式防水是指通过布件多层结构将面层渗漏的雨水顺流出篷体外的方法。

3.1.5　主要材料选用原则

经过多年的探索和实践，能够满足野外应急住用房使用功能的原材料及其基本性能也逐步确定。野外应急住用房的选用材料从功能上主要分为三类，即支撑结构材料、围护结构材料和附属材料。在设计中，应根据不同使用要求选择不同性能的材料。本书附录 1 列举了帐篷支撑结构的主要材料及性能，附录 2 列举了帐篷通用围护结构的主要材料及性能，附录 3 列举了帐篷特殊用途篷布的主要材料及性能，附录 4 列举了帐篷的其他辅料及性能，附录 5 列举了拆装式集装箱房的主要材料及性能。

野外应急住用房与传统建筑结构在应用材料上的最大区别在于软质篷布的应用。因为在常规的帐篷设计应用时，需要考虑篷布的重量、断裂强力、撕破强力、静水压、红外发射率等主要指标。篷布重量指单位面积篷布的重量，是衡量篷布轻重的主要指标。断裂强力指织物在规定条件下进行拉伸试验时，有效宽度为 50 mm 的试样被拉断时的最大力，是衡量篷布强度的主要指标。撕破强力指在规定条件下，使标准梯形试样从初始切口扩散所需的平均最大撕破力，是衡量篷布抗撕裂能力的主要指标。静水压指在标准大气条件下，试样一面承受持续上升的水压，直至其有三处渗水为止，此时的压力为织物静水压，静水压是测定织物抗渗水的主要指标。红外发射率是采用傅里叶变换红外光谱仪发射率测试系统测试记录样品的辐射强度，并计算与黑体辐射强度的比值得到的样品红外发射率，是衡量篷布对热辐射的传导和反射能力的主要指标，是常用来反映帐篷的涂铝层内篷布性能的主要指标。

3.1.6　基本设计步骤

野外应急住用房的基本设计步骤如下：

（1）根据使用要求，确定住用房的平面布置和使用面积，由于没有相应的国家标准，可以结合 GJB 4306—2002《野营住房空间与环境参数限值》的相关要求来确定野外应急住用房的空间尺寸。

（2）根据住用房的使用要求，结合空间尺寸，选择合理的结构形式，使结构满足在荷载作用下的可靠性，以及使用和储存运输等要求。

（3）对结构进行承载力安全性设计。根据住用房的使用环境及所承受的风载和雪载值，按照建筑结构的力学方法对结构进行安全性评价。

（4）对结构的室内热环境及构造方式进行设计。对住用房的具体使用环境进行分析，进行保温隔热方案设计以及相关材料的选择，进行室内通风组织及构造设计，进行窗口遮阳组织及构造设计。

（5）对结构的防雨性能及构造方式进行设计。首先根据住用房空间的结构特点进行防水材料的选择，然后进行接缝处防水构造的设计，再进行门窗洞口的防雨构造设计。

下面列举了几种有代表性的野外应急住用房的结构设计计算过程以及帐篷的冬季保温设计方法，并从不同角度阐述野外应急住用房的设计方法。

3.2　支杆式帐篷

支杆式帐篷的结构形式是一种特殊的结构形式。尽管这种结构沿用已久，但是迄今为止，其在结构抗风设计方面仍处于以经验和定性分析为主的研究阶段，还没有形成系统的设计理论和完善的计算方法。因此，为了避免在结构设计上的盲目性，本节从整体结构和构件抗风承载能力试验入手，通过对试验数据的分析和借鉴已有的实践经验，对帐篷的支柱、篷体、拉绳与地桩等构件及其结构体系抗风承载特性以及构造方式、措施等进行一系列研究和探讨。下面以双坡支杆式单帐篷为例进行说明，如图 3-7 所示。

图 3-7　双坡支杆式单帐篷

3.2.1　空间尺寸确定

1. 长度与宽度

帐篷的长度、宽度是根据帐篷额定的居住人数及其活动使用要求而定的。根据 GJB 4306 规定，帐篷的人均住用面积最低标准为 2.0 m²/人，因此一顶要求容纳 10 人的帐篷的使用面积至少为 20.0 m²。使用面积包括床铺占用面积和起居通行活动面积两大部分。当篷内一侧横放 6 张床位，另一侧分前、后各纵放 2 张床位时，有

帐篷长度＝6×床位宽度＋2×床墙间隙宽度

帐篷宽度＝床位长度＋通道宽度＋2×床位宽度＋2×床墙间隙宽度

GJB 4306 规定：帐篷中床位尺寸≥1900 mm×650 mm，通道宽度≥700 mm。为避免热区帐篷内睡觉时人与人之间过于拥挤，按通铺形式布置的床位尺寸宜取 1900 mm×750 mm。通道按可满足两人并肩行走的宽度设计，根据资料可得，其宽度至少为 1040 mm，取 1100 mm 为宜；床墙间隙宽度取 50 mm。经计算，帐篷长度为 4600 mm，宽度为 4600 mm，帐篷使用面积为 21.16 m²。

2. 高度

帐篷高度取决于室内净高的要求，而且与篷顶构造尺寸有关。

（1）侧墙高度。对于双坡顶帐篷，侧墙高度应根据室内最低净高的实际要求而定。当考虑侧墙内壁附近应能满足人员在床铺上坐立的需求时，侧墙高度应等于床高加上坐高。按GJB 4306 规定，床高≤420 mm。据资料可知，坐高约 1000 mm。由此，侧墙高度定为 1400 mm。

（2）檐口高度。檐高等于侧墙高度加上通风间层高度。通风间层高度主要从篷顶隔热效能和经济性等方面考虑，以 150 mm 为宜。因此，檐高定为 1550 mm。

（3）篷顶高度。顶高与篷顶坡度密切相关。根据篷顶排水和防水要求，确定篷顶坡度为 34°，即斜率高底比约为 67.4%，则顶高＝檐高＋0.5×宽度×tan 坡度≈3100 mm。同时，顶高还应保证顶棚（内顶）下的高度能够满足人员活动的要求，经计算，室内各部分面积上的净高均大于 GJB 4306 规定的最低限值。

最终确定帐篷空间尺寸如下：长度为 4600 mm，宽度为 4600 mm，侧墙高度为 1400 mm，脊顶高度为 3100 mm，使用面积为 21 m²。

3.2.2　结构形式确定

从国内外帐篷结构技术的应用和发展来看，帐篷设计中可供选择的结构形式大致有四种，即支杆式、框架式、气肋式和网架式。这四种结构形式的特征及优劣比较见表 3-2。

表 3-2　四种结构形式的特征及优劣比较

结构形式	结构特征	主要优点	主要缺点
支杆式	由立柱和风绳支撑篷体；结构简单，构件品种数量少	室内净高可用性好；隔热通风构造简单易行；架设撤收简便；易于维护保养；包装件重量轻、体积小；造价低，使用维修费用少	篷内中央有支柱，对住用空间造成阻碍；抗风适应性较差
框架式	由梁、柱、檩条等组装成的骨架支撑篷体；结构较复杂，构件品种数量多	室内空间无阻碍，净高可用性好；隔热通风构造易行；抗风适应性强；维护保养方便	安装和拆卸不便；构件接头多，包装形状不规整，重量和体积大，不利于装运；造价较高
气肋式	由充气管等构件支撑篷体；结构较复杂，需配备充气装置	室内空间无阻碍；隔热通风构造基本可行；拱形体对抗风较有利；便于折叠和包装	室内两侧净高可用率低；充气架设速度慢；气肋维护保养难；造价和维修费用高
网架式	由杆件、毂盘等组装成的折叠式网架结构支撑篷体；结构复杂，构件品种数量很多	室内空间无阻碍，净高可用性较好；隔热通风构造可行；篷顶与网架可连为一体，架设撤收快捷	不便于平面灵活布置，跨度较大时，结构稳定性问题难以解决；构件易损坏，维修保养困难；自重大；造价昂贵，维修费用高

通过对四种不同结构形式方案进行比较和评价可知，对于 20 m² 左右的帐篷，选用支

杆式结构的性价比最好。

对于支杆式帐篷，篷墙的外部体形只有一种选择，即直墙形式。而可能选用的篷顶外形通常有三种，即四坡脊顶、四坡尖顶和双坡脊顶。

鉴于四坡脊顶支杆式帐篷必须在篷内中央设置至少两根中柱，存在严重阻碍居住空间和架设不便等主要缺陷，故此方案不宜采用。

为了考察和评估四坡尖顶和双坡脊顶两种篷顶外形性能的优劣程度，通过试制两种篷顶形式不同而外形尺寸相同、构造措施相仿的试验帐篷样品，并进行了现场对比试验和技术经济分析，结果表明，双坡脊顶（下文简称双坡）明显优于四坡尖顶（见表 3 - 3）。

因此，帐篷体形宜选取双坡顶、直墙的设计方案。

表 3 - 3 两种不同体形试验帐篷的性能比较及评价

评价准则	试验结果的比较		评　价	
	四坡尖顶	双坡脊顶	四坡尖顶	双坡脊顶
空间适用性是否好	室内顶部空间狭小，可用率低	室内顶部空间宽敞，可用率高	否	是
防热性是否好	实测室内上半球辐射温度平均值为 44.6℃，平均气温为 37.1℃，竖向平均温度梯度为 1.56℃/m	室内上半球辐射温度平均值比四坡尖顶下降 1℃，平均气温升高 0.5℃，竖向平均温度梯度下降 0.34℃/m	否	是
是否利于抗风	四墙等高，顶呈棱锥形，对抵抗风载有利	前后墙较高，对抗风不利	是	否
地形适应性是否强	在凹凸不平或较松软的地面上架设时，篷顶不易展平	在相同地面条件下架设时，未出现篷顶展不平的情况	否	是
是否便于防水处理	篷顶接缝长度约为 46 m，不利于防水处理	篷顶接缝长度约为 28 m，有利于防水处理	否	是
成本是否低	单位使用面积成本约为 147.20 元/m²	单位使用面积成本约为 150.60元/m²	是	否

支柱是支杆式帐篷最关键的承载部件。支柱的承载能力对帐篷整体结构的稳定性以及篷体、拉绳等部件的承载性能都有很大的影响。因此，帐篷支柱的抗风构造设计至关重要，甚至可以说是帐篷结构设计研究的核心问题。

（1）支柱管材的选择。

在帐篷支承构件中，常用的主要材料以钢管、铝合金管居多。在截面尺寸相当的情况下，钢管的强度与铝合金管差不多，而刚度却比铝合金管大得多，而且钢管价格便宜，还不到铝合金管的十分之一，所以可选用钢管。另外，截面为圆形钢管的支柱具有各向同性，比方形支柱便于装配、连接，不必考虑其轴向方位；圆形杆件相对来说包装也方便，有利于装运。因此，帐篷支柱宜选用圆形钢管。根据经验以及国家有关规范，本设计中选取钢号为 Q235 的圆形直缝电焊钢管作为柱管材料，支柱套管选用相同钢号的结构用无缝钢管。

（2）支柱配置及柱距的确定。

支杆式帐篷的支柱配置及柱距尺寸的选择，应根据帐篷的体形、空间尺寸、平面布置和经济效果以及架设和撤收的要求等多方面因素来确定。

对于双坡顶支杆式帐篷，按照其特定的体形和空间尺寸，必须配置两种不同形式的支柱。一种是沿顶脊布置的支柱，称为脊柱，又常叫中柱；另一种是沿两侧布置的支柱，称为侧柱。根据以往经验和方案试验表明，长度和宽度为 4~5 m 的双坡顶帐篷宜配置中柱 3 根、侧柱 6 根（两侧各 3 根），且按纵向、横向两个方向呈对称布置为宜。由此，根据帐篷已确定的平面尺寸计算，柱距尺寸应为 2300 mm。若缩小柱距尺寸，则需增加支柱数量，这样既不符合室内可居住性以及空间和立面处理的要求，同时又要增配拉绳和地桩，既不经济，又不便于架设和撤收。若扩大柱距尺寸，则不可能适应帐篷的规格尺寸和体形对支承的基本要求。

（3）支柱截面尺寸的确定。

当帐篷支柱配置和柱距尺寸确定之后，支柱截面尺寸的选择就成为支柱承载能力设计的关键。当帐篷承受风荷载时，支柱作为受弯构件，其截面尺寸应满足在规定的风力条件下正常使用极限状态的抗弯强度和变形的要求。在选择支柱截面时，同时也要考虑减重和经济性等方面的因素。

为了恰当选择支柱截面尺寸，应先后进行帐篷结构抗风承载力试验和支柱抗弯承载力试验。在结构试验和支柱抗弯试验时，主要测量支柱试件在规定的模拟或设计风载和持续时间内应变、位移及永久变形等参数。

3.2.3　支柱结构分析

对于双坡支杆式单帐篷，其支柱需与篷布、拉绳共同作用才能承受外部荷载。在设计支柱截面时，最精确的方法是将支柱、篷布、拉绳作为一个整体来进行计算，但由于篷布有关材料的指标无法确定，此方法目前还不可行。因为支柱在结构整体试验和支柱单独试验中的最大反应基本一致，所以可将支柱单独取出进行计算。因本设计中的帐篷仅在南方地区使用，所以仅考虑风荷载作用。

支杆式帐篷门设置在山墙上，因此称山墙为正面，与其垂直的立面为侧面。根据试验结果，山墙面中间支柱（简称中柱）受力最大，且在垂直该面风力作用下达到最大值；侧面中间支柱（简称侧柱）在承载该面垂直风速作用下受力最大。问题转化为如何设计侧柱和中柱，下面分别进行计算。

1. 风荷载计算

1）侧柱

侧柱在横向风载（垂直侧面风载）作用下受力最大，因此按此荷载设计侧柱截面。根据规范，风压值为

$$w_k = \beta_z \mu_s \mu_z w_0$$

式中：w_k 为风荷载标准值，N/mm^2；β_z 为高度 z 处的风振系数；μ_s 为风荷载体型系数；μ_z 为风压高度变化系数；w_0 为基本风压，N/mm^2。

风速按设计风速 8 级风取值，风速为 $v = 20.7$ m/s。

基本风压按风速计算，可得

$$w_0 = \frac{v^2}{1600} = 2.68 \times 10^{-4} N/mm^2$$

根据规范可得：风振系数 $\beta_z=1.0$，侧柱所在面风荷载体型系数 $\mu_s=0.8$，风压高度变化系数 $\mu_z=1.0$，侧柱间距 $S_1=2300$ mm。

根据荷载等效原理，即侧柱周围 2300 mm×1500 mm 矩形面积所受面荷载转化为加在侧柱上的线荷载，因此侧柱在横向风载下最大均布线荷载为

$$q_1=\frac{w_k\times2300\times1550}{1550}=1.0\times0.8\times1.0\times2.68\times10^{-4}\times2300=0.49 \text{ N/mm}$$

侧柱计算长度为 $L_1=1550$ mm，因此侧柱在风载作用下最大弯矩为

$$M_1=\frac{q_1L_1^2}{8}=147153 \text{ N·mm}$$

2）中柱

中柱在纵向风载（垂直于山墙风载）作用下受力最大，因此按此荷载设计中柱截面。

风速和基本风压的取值与侧柱计算时相同，根据规范查得风振系数 $\beta_z=1.0$，中柱所在面风荷载体型系数 $\mu_s=0.9$，风压高度变化系数 $\mu_z=1.0$。中柱计算长度为 $L_2=3100$ mm，中柱与侧柱间距为 $S_2=2300$ mm。

根据荷载等效原理，将中柱两侧两个梯形面积所受面荷载转化为线荷载，中柱所受荷载的面积 A 为

$$A=\left(\frac{1550+3100}{2}+3100\right)\times1150=6238750 \text{ mm}^2$$

中柱在纵向风载下最大均布线荷载为

$$q_2=\frac{\beta_z\mu_s\mu_zw_0A}{L_2}=1.0\times0.9\times1.0\times2.68\times10^{-4}\times\frac{6238750}{3100}=0.49 \text{ N/mm}$$

因此中柱在风载作用下最大弯矩为

$$M_2=\frac{q_2L_2^2}{8}=588613 \text{ N·mm}$$

2. 强度计算

由于圆管加工简单、成本较低，因此支柱一般选择圆管。圆管强度计算如下：

$$I=\frac{\pi(D^4-d^4)}{64}$$

$$\sigma=\frac{M\times y}{I}$$

式中：I 为截面惯性矩，mm^4；π 为圆周率；D 和 d 分别为圆管的外径和内径，mm；σ 为应力，MPa 或 N/mm^2；y 为形心距，mm；M 为弯矩，N·mm。

1）侧柱

根据上面计算，最大弯矩为 $M_1=147153$ N·mm，由于弯矩不大，根据经验分别选用 $\Phi25$ mm×1.2 mm、$\Phi25$ mm×1.5 mm、$\Phi25$ mm×2.0 mm 截面钢管进行计算，形心距 y 取外径，此处应力最大。计算应力值分别为 288 MPa、240 MPa、191 MPa。

2）中柱

设计弯矩为 $M_2=588613$ N·mm，根据经验需采用直径为 40 mm 左右的钢管，分别选用 $\Phi38$ mm×1.5 mm、$\Phi38$ mm×1.8 mm、$\Phi40$ mm×1.5 mm、$\Phi40$ mm×2.0 mm、$\Phi40$ mm×2.2 mm、$\Phi40$ mm×2.5 mm 截面钢管进行计算，结果分别为 390 MPa、333 MPa、350 MPa、272 MPa、251 MPa、226 MPa。

根据计算结果，如果选用 Q235 普通钢管，则侧柱尺寸应为 $\Phi25$ mm×2.0 mm，中柱尺寸应为 $\Phi40$ mm×2.5 mm，就可满足风荷载要求。如果选用更高强度的材料，则直径可适当减小。实例中的帐篷四角立柱受力较小，为减少杆件尺寸规格，选用和侧柱规格相同的圆管。

3.2.4　室内热环境及构造措施设计

1. 篷顶隔热设计及构造措施

为了从隔热的角度确定合适的通风篷顶间层高度，本设计参考轻型屋盖通风间层高度的取值范围，设计试制了间层高度分别为 15 cm 和 22 cm、材料和构造措施完全相同的两顶双坡式通风顶试验帐篷，在同样的气候条件下对它们的室内辐射强度、内表面温度等进行了现场对比观测。试验结果表明，两者的隔热能力基本相当。因此，结合有利于减重、节约等方面的考虑，确定通风间层高度取 15 cm 较为适宜。

基于兼顾夏季隔热和冬季保温的考虑，采取兜风檐口与防护盖合二为一的做法，即在两侧檐口下分别设置一种长方形的启闭构件。为叙述方便，在此称该启闭构件为兜风檐口。这样的兜风檐口构造简单，一物多用。夏季开启，以加强通风；冬季关闭，以利于保温。此外，应在双坡式通风篷顶上设置排风口，在前、后山墙遮篷式通风窗盖顶处对称开设排风口。此布置方式既可加强间层的排风能力，又有助于增强室内通风，有一举两得之效。

目前国内现有的反射性材料主要有涂铝布和镀铝布。镀铝布的反射性能好，热反射率一般可高达 90% 以上，但它存在镀铝层极薄且在织物表面上的附着牢度和光泽耐久性差等质量问题，这些问题迄今为止仍无法得到很好的解决。涂铝布有很好的黏结性、挠曲性和耐磨性，且加工成本明显低于镀铝布，但其热反射率偏低，在 80% 左右。对用于野外住用房的隔热材料，其反射性和耐久性是同等重要的指标，因此选用涂铝布较为普遍。

2. 篷内通风设计及构造措施

首先，要选取合理的窗口形状。国内外野营帐篷中常用窗户的形状主要为正方形和窄口矩形，而宽口矩形窗极少见。通过分析比较，本设计确定采用大宽口的矩形窗。在窗口面积一定的条件下，窗户开口加宽后，可增加开口墙宽比，对室外风向变化的适应性强，有利于改善通风效果。

其次，要确定适宜的开口墙宽比。当篷内有穿堂风时，扩大开口宽度，不仅对加大室内生活区的流场分布起到重要作用，而且对提高生活区气流速度也会产生显著效果。但是，从遮阳、防雨、防蚊及有关构造的处理方面考虑，开口宽度也不宜开得过大。根据帐篷的平面布置及外形尺寸，经过多因素综合权衡和相关构造系统设计，窗口宽度定为 1600 mm，门洞宽度定为 620 mm。为了扩大开口面积，各墙上均设置 2 个低位开口，前墙上设有 1 个门和 1 个窗，开口墙宽比约为 1:2；后墙和左、右侧墙各设有 2 个窗，开口墙宽比约为 2:3。

最后，要考虑帐篷内的降温通风，即在门窗开口位置和尺寸已定的情况下，如何选择内顶部位适宜的通风方式。为此，本设计采用在前、后山墙上开口通风的方式，同时通过门窗处理，借助风压、热压作用相结合的方式组织通风。

通风窗的开口位置和尺寸是影响内顶三角部位通风降温效果的关键因素。因此，必须根据自然通风原理，结合帐篷有关构造设计，研究选择通风窗开口的适宜位置和尺寸，以提高其通风效能。

由于热压通风取决于室内外温差与墙面不同高度上的开口间的垂直距离的乘积，因此只有当其中的一个因数有足够大的量时,热压通风才具有实际意义。在本设计中,气流通道的有效高度(上、下开口的垂直距离)很小,还不到 2 m,故必须有相当大的室内外温差,才能使由热压引起的通风具有实际用途。在夏季,帐篷内温度虽然高于室外气温,但仍不足以形成有效的热力。从居住帐篷降温的角度来看,利用风压改善室内气候条件的效果更为显著。因此,通风窗开口的设计,宜考虑以风压通风为主。

在山墙上的通风窗开口,最好是利用倾斜的檐口,使其形状呈三角形,以便与内顶下面的"热三角区"相对应。考虑到山墙中部需设立中柱,宜在中柱两边设置两个对称的直角三角形开口。开口位置的处理既要有利于减少局部阻力,保证进、排气顺畅,又要综合考虑构造、加工等因素。两开口垂直边的间距在尽可能减少对气流的阻力的前提下,为适应中柱支承山墙和安装纱窗的构造要求,其宽度宜定为 100 mm。开口斜边与檐口的距离宜小不宜大,因为较大时内顶下面的气流可能会在檐墙与内顶之间形成涡流,引起顶底气流方向紊乱,从而增加阻力,削弱气流速度。综合考虑兼顾山墙与内顶等方面的构造、加工的基本要求,开口斜边与檐口的距离取 70 mm 为宜。

通风窗的开口尺寸,从提高通风能力的角度来讲,不宜过小,但如过大,则会对遮阳、防雨、防蚊和抗变形等构造处理有所不利。由于直角三角形的开口大小由其高度(垂直边)决定,为比较不同开口尺寸的适用性和适应性,本设计先后试制了通风窗开口高度分别为 900 mm、770 mm 的两种试验帐篷。经试验试用发现,高度为 770 mm 的开口总体上效果较好,对通风降温和遮阳及防口部变形等处理都具有良好的兼容性和适应性;高度为 900 mm 的开口尺寸过大,易变形,窗格带较多,且其遮篷式窗盖尺寸明显加大,因而增大了进、排气的局部阻力,并导致用料增加等问题。

帐篷总长为 4600 mm,两端杆件和篷布接缝等结构各占约 100 mm,净长约 4400 mm,中间由立柱分为两部分,每部分为 2200 mm,窗户长度可以取 2200 mm 的一半以上。所以,本设计最终选定通风窗开口尺寸为 770 mm×1100 mm。

3.2.5 防雨性能及构造措施设计

防水篷布的性能是决定帐篷防雨效能的首要因素。对于热区帐篷的防雨设计,应优先选用防水性能好的篷布。由于篷布是制作帐篷的外围护材料,直接曝露于室外环境下,承受自然气候的影响因素很多,除防水性能外,还应满足强力、透气和透湿性、耐老化性和尺寸稳定性等要求。帐篷布还必须适应帐篷在特定的勤务条件下的使用要求,应具有良好的伪装性和保色性,且要耐磨性好、质量轻等。此外,帐篷布在支杆式帐篷用材量中所占比例最大,所以其价格要低,以利于降低帐篷成本。这就要求选择防水篷布时,应全面考虑其各方面的性能。根据支杆式帐篷的特点,本设计选择军用 600D 防水涂层帐篷布作为围护结构材料。自然环境试验表明,此帐篷布在户外长期使用时,防水耐久性能好。

篷顶接缝的防水处理不当,是引起篷顶渗漏的主要根源。所以,篷顶接缝的防水处理方法既是帐篷防雨构造设计研究的重点,也是难点。篷顶接缝防水的关键在于设法堵塞住顶面接缝的线迹针眼,避免在万一排水不畅或有兜水的情况下雨水透过针眼产生渗漏现象。可采用防水胶条热合法,即将 45 mm 宽热熔性防水胶条经热风缝口密封机热压,复合在篷顶布件接缝的反面。该法适用于形状简单规整、布面平展的布件接缝热合处理。这种方法的静水压值高,且其防水耐久性也好,经加速老化后,其静水压保留率仍在 50% 以上。

帐篷门窗的防雨密闭性在很大程度上取决于启闭构件的关闭方式，且与开口交接尺寸也有关。帐篷门的启闭构件是门盖。门盖的关闭方式通常有拉链式、搭扣式、扣绊式等。扣绊式是帐篷门最早采用的一种传统的关闭方式。这种方式仅适用于对气候防护要求不高的帐篷，其防雨密闭性的优劣由扣件装配密度（间距）和闭合搭接宽度决定。采用扣绊式帐篷门要考虑门内外双面启闭操作的要求，且存在构造复杂、使用不便等问题。搭扣式帐篷门的密闭性较扣绊式优，在国内帐篷门中常有采用。它的缺点是不便于在门里侧进行启闭操作，也不能满足闭合后的密闭性要求。拉链式帐篷门的密闭性好，构造简单，可双面操作，启闭十分便利，是目前国内外帐篷门较普遍采用的方式。通过上述分析和试验研究，最后确定帐篷门选用拉链闭合方式。

帐篷的窗户和通风窗的关闭方式主要有扣绊式、搭扣式两种。相比扣绊式，采用搭扣式具有密闭性好、操作简便等明显的优点。为了保证帐篷窗户的密闭性，国际有关标准规定窗盖闭合后的搭接宽度应不小于 100 mm。结合窗口遮阳和雨天通风时遮雨的考虑，本设计确定窗盖两边的搭接宽度为 200 mm。通风窗盖的两斜边是与外顶缝合而成的，关闭时，只有其底部要与开口下墙搭接。从防雨性能与开启后减少挡风等因素综合考虑，窗盖和通风窗盖下边的搭接尺寸不必过宽，分别取 50 mm 和 100 mm 为宜。

后面其他类型帐篷的室内热环境及防雨性能设计方法和构造与支杆式帐篷相同，因此后文不再赘述。

3.3　内框架式帐篷

框架式结构因其自稳定性好，结构受篷布的限制条件少，使其具有篷内空间设计自由度大、篷内无立柱、使用方便等诸多优点，在国内外帐篷中得到广泛应用。按照承力框架与篷布的相对位置不同，框架式帐篷可以分为内框架式帐篷（框架在篷布内部）和外框架式帐篷（框架在篷布外部）。目前内框架式帐篷占绝大多数，例如框架式 10 人寒区帐篷、框架式 14 人寒区帐篷、72 m² 餐厅帐篷、96 m² 办公帐篷及 30 m² 框架结构帐篷等，国内的民用救灾帐篷一般也为内框架结构。

3.3.1　结构及尺寸设计

下面以 30 m² 框架结构帐篷（如图 3-8 所示）为例，介绍内框架式帐篷的设计方法。

图 3-8　30 m² 框架结构帐篷

　　帐篷应满足在热区和寒区的使用要求，因此需要能在两种不同环境荷载条件下正常使用。根据使用条件，结构应能承受 8 级风荷载和 100 mm 雪荷载。

1. 使用面积需求

根据帐篷的使用要求，要适合 10 人住宿。帐篷平面布置需求如图 3-9 所示。

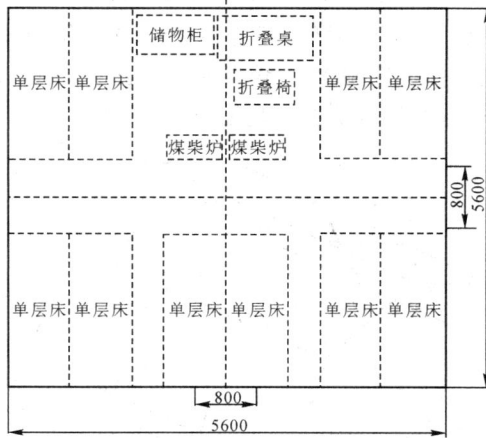

图 3-9　帐篷平面布置图

2. 尺寸要求

（1）帐篷使用空间（距离地面 420 mm 位置）的宽度不小于 5000 mm；

（2）帐篷使用空间的长度不小于 5600 mm；

（3）帐篷使用空间的檐高不小于 1800 mm，内、外篷间层的距离不小于 150 mm；

（4）帐篷的落水角度大于 20°，篷架包装长度不大于 2200 mm。

3. 立面设计要求

立面设计应满足空间尺寸的要求，如图 3-10 所示。

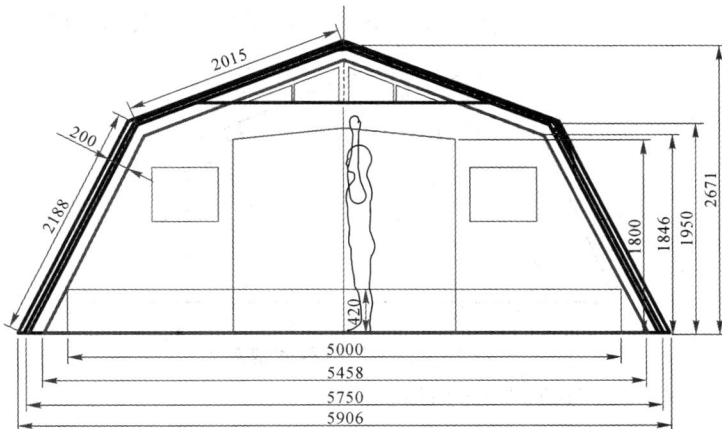

图 3-10　帐篷立面图

3.3.2　内框架结构分析

1. 设计数据

本设计中，帐篷的骨架跨度为 5465 mm，长为 6000 mm，檐高为 1966 mm，顶高为 2700 mm；平面内骨架截面为 25 mm×50 mm×3.5 mm 的矩形玻璃钢管，檩条截面为 Φ32 mm×3.5 mm 的圆形玻璃钢管（玻璃钢管的弹性模量为 30000 N/mm²，允许应力为 215 MPa）；篷采用 600D 迷彩涤纶防水牛津布。帐篷的骨架形式见图 3-11，需要计算在 8 级风荷载和 100 mm 雪荷载作用下骨架的承载力是否满足要求。

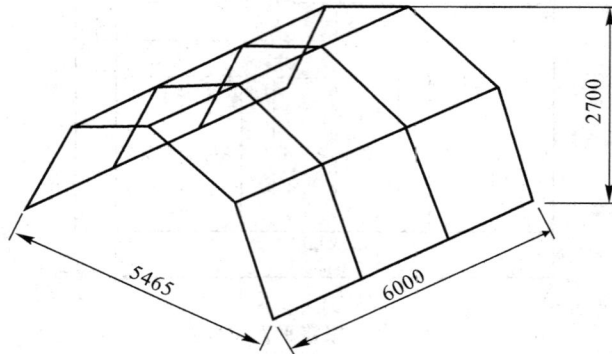

图 3-11　帐篷的骨架形式

2. 荷载计算

荷载概况如下：

（1）篷布自重为 0.333 kg/m²。

（2）雪荷载：按 100 mm 厚计算，雪容重为 155 kg/m³；基本雪压值为 $s_0=0.155$ kN/m²。

（3）风荷载：根据规范得到的风压值为 $w_k=\beta_z\mu_s\mu_z w_0$；风速按设计风速为 8 级来取值，$v=20.7$ m/s；基本风压根据风速计算可得，$w_0=v^2/1600=0.27$ kN/m²；查规范可得风压高度变化系数 $\mu_z=1.0$，风振系数 $\beta_z=1.0$，风荷载体型系数 μ_s 的示意图如图 3-12 所示。

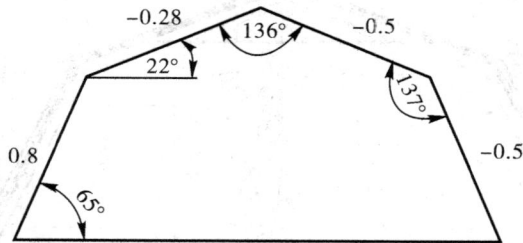

图 3-12　横向风荷载体型系数

下面分别计算风、雪、篷布产生的荷载值。

1）横向风荷载（90°方向）

横向风荷载是沿帐篷跨度方向的荷载，每榀框架上的荷载示意及篷布所属面积如图 3-13 所示。

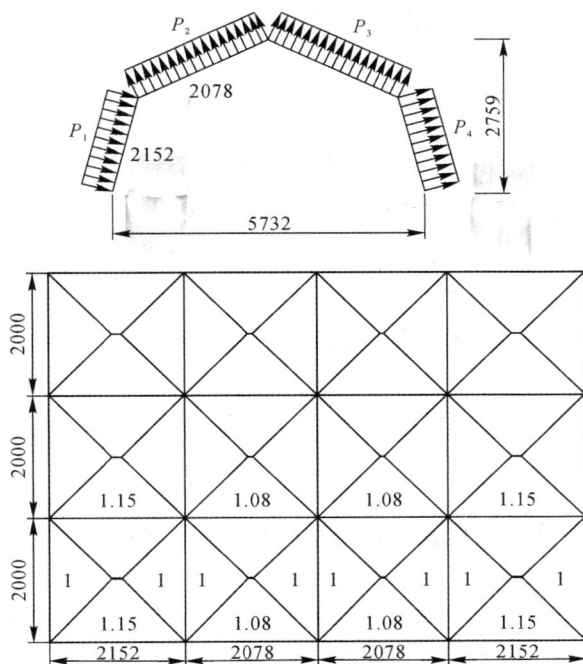

图 3-13 横向风荷载计算图

（1）边跨框架的荷载计算。

根据荷载等效的原则，边跨框架所承受的荷载为风压值与边跨框架所属篷布面积之积，即

$$P_1 = 1.15 \text{ m}^2 \times 0.8 \times 0.27 \text{ kN/m}^2 \div 2.152 \text{ m} = 0.115 \text{ kN/m}$$

$$P_2 = 1.08 \text{ m}^2 \times (-0.28) \times 0.27 \text{ kN/m}^2 \div 2.078 \text{ m} = -0.039 \text{ kN/m}$$

$$P_3 = 1.08 \text{ m}^2 \times (-0.5) \times 0.27 \text{ kN/m}^2 \div 2.078 \text{ m} = -0.070 \text{ kN/m}$$

$$P_4 = 1.15 \text{ m}^2 \times (-0.5) \times 0.27 \text{ kN/m}^2 \div 2.152 \text{ m} = -0.072 \text{ kN/m}$$

（2）中跨框架的荷载计算。

根据荷载等效的原则，中跨框架所承受的荷载为风压值与中跨框架所属篷布面积之积，即

$$P_1 = 1.15 \text{ m}^2 \times 2 \times 0.8 \times 0.27 \text{ kN/m}^2 \div 2.152 \text{ m} = 0.230 \text{ kN/m}$$

$$P_2 = 1.08 \text{ m}^2 \times 2 \times (-0.28) \times 0.27 \text{ kN/m}^2 \div 2.078 \text{ m} = -0.079 \text{ kN/m}$$

$$P_3 = 1.08 \text{ m}^2 \times 2 \times (-0.5) \times 0.27 \text{ kN/m}^2 \div 2.078 \text{ m} = -0.140 \text{ kN/m}$$

$$P_4 = 1.15 \text{ m}^2 \times 2 \times (-0.5) \times 0.27 \text{ kN/m}^2 \div 2.152 \text{ m} = -0.144 \text{ kN/m}$$

（3）左檩条的荷载计算。

根据荷载等效的原则，左檩条所承受的荷载为以下两部分之和：侧墙风压值与左檩条所属篷布面积之积；篷顶风压值与左檩条所属篷布面积之积。由此可得

$$P_x = 1 \text{ m}^2 \times (-0.28) \times 0.27 \text{ kN/m}^2 \times \sin 22° \div 2 \text{ m} + 1 \text{ m}^2 \times$$

$$0.8 \times 0.27 \text{ kN/m}^2 \times \sin 65° \div 2 \text{ m}$$

$$= 0.084 \text{ kN/m}$$

$$P_y = 1 \ m^2 \times 0.28 \times 0.27 \ kN/m^2 \times \cos22° \div 2 \ m + 1 \ m^2 \times (-0.8) \times$$
$$0.27 \ kN/m^2 \times \cos65° \div 2 \ m$$
$$= -0.011 \ kN/m$$

（4）中檩条的荷载计算。

根据荷载等效的原则，中檩条所承受的荷载为以下两部分之和：侧墙风压值与中檩条所属篷布面积之积；篷顶风压值与中檩条所属篷布面积之积。由此可得

$$P_x = 1 \ m^2 \times (-0.28) \times 0.27 \ kN/m^2 \times \sin22° \div 2 \ m + 1 \ m^2 \times$$
$$0.5 \times 0.27 \ kN/m^2 \times \sin22° \div 2 \ m$$
$$= 0.011 \ kN/m$$
$$P_y = 1 \ m^2 \times 0.28 \times 0.27 \ kN/m^2 \times \cos22° \div 2 \ m + 1 \ m^2 \times$$
$$0.5 \times 0.27 \ N/m^2 \times \cos22° \div 2 \ m$$
$$= 0.098 \ kN/m$$

（5）右檩条的荷载计算。

根据荷载等效的原则，右檩条所承受的荷载为以下两部分之和：侧墙风压值与右檩条所属篷布面积之积；篷顶风压值与右檩条所属篷布面积之积。由此可得

$$P_x = 1 \ m^2 \times 0.5 \times 0.27 \ kN/m^2 \times \sin22° \div 2 \ m + 1 \ m^2 \times 0.5 \times$$
$$0.27 \ kN/m^2 \times \sin65° \div 2 \ m$$
$$= 0.086 \ kN/m$$
$$P_y = 1 \ m^2 \times 0.5 \times 0.27 \ kN/m^2 \times \cos22° \div 2 \ m + 1 \ m^2 \times 0.5 \times$$
$$0.27 \ kN/m^2 \times \cos65° \div 2 \ m$$
$$= 0.091 \ kN/m$$

2）雪荷载

根据规范，雪荷载仅在帐篷篷顶上产生竖直向下的荷载，篷顶上的荷载示意及篷布所属面积如图 3-14 所示。

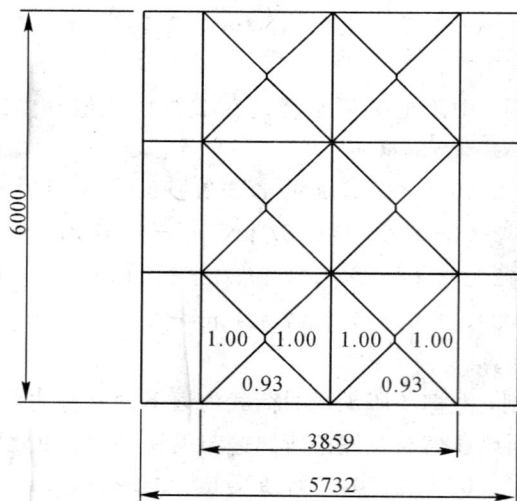

图 3-14　雪荷载计算示意图

根据荷载等效的原则，框架所承受的线荷载为雪压值与框架所属篷布面积之积。

（1）边跨斜梁荷载（三角形均布荷载）：
$$P=0.93 \text{ m}^2 \times 0.155 \text{ kN/m}^2 \div 1.9295 \text{ m}=0.075 \text{ kN/m}$$

（2）中跨斜梁荷载（三角形均布荷载）：
$$P=0.93 \text{ m}^2 \times 2 \times 0.155 \text{ kN/m}^2 \div 1.9295 \text{ m}=0.149 \text{ kN/m}$$

（3）边檩条荷载（梯形均布荷载）：
$$P=1 \text{ m}^2 \times 0.155 \text{ kN/m}^2 \div 2 \text{ m}=0.078 \text{ kN/m}$$

（4）中檩条荷载（梯形均布荷载）：
$$P=1 \text{ m}^2 \times 2 \times 0.155 \text{ kN/m}^2 \div 2 \text{ m}=0.155 \text{ kN/m}$$

3）外篷布荷载

外篷布荷载是篷布自重产生的竖直向下的荷载，篷顶上的荷载示意及篷布所属面积如图 3-15 所示，山墙篷布计算简图如图 3-16 所示。外篷布荷载的计算原理和雪荷载计算相同。

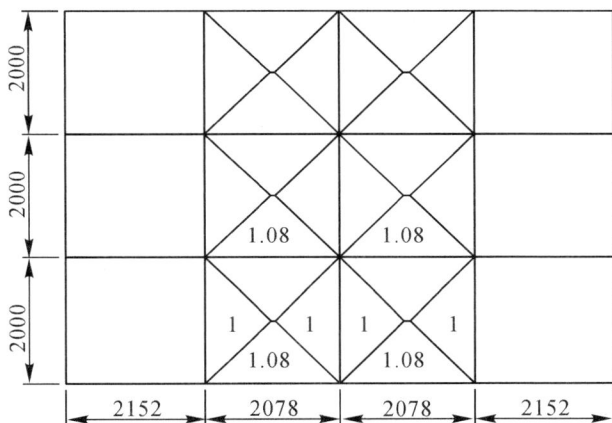

图 3-15 外篷布自重计算简图

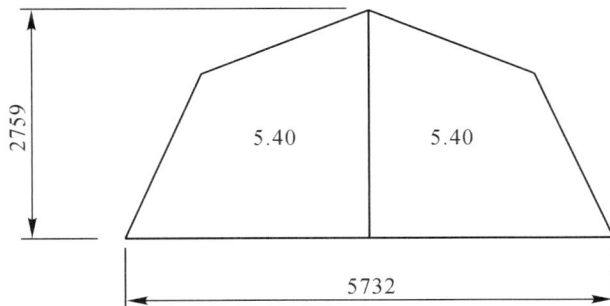

图 3-16 山墙自重计算简图

（1）边跨斜梁荷载（三角形均布荷载）：
$$P=(1.08 \text{ m}^2+5.40 \text{ m}^2) \times 0.0034 \text{ kN/m}^2 \div 2.078 \text{ m}=0.011 \text{ kN/m}$$

　　(2) 中跨斜梁荷载(三角形均布荷载):

$$P = 1.08 \text{ m}^2 \times 2 \times 0.0034 \text{ kN/m}^2 \div 2.078 \text{ m} = 0.0035 \text{ kN/m}$$

　　(3) 中檩条荷载:

$$P = 1 \text{ m}^2 \times 2 \times 0.0034 \text{ kN/m}^2 \div 2 \text{ m} = 0.0034 \text{ kN/m}$$

　　(4) 左檩条荷载:

$$P = (1 \text{ m}^2 + 2 \text{ m} \times 2.152 \text{ m}) \times 0.0034 \text{ kN/m}^2 \div 2 \text{ m} = 0.009 \text{ kN/m}$$

　　(5) 右檩条荷载:

$$P = (1 \text{ m}^2 + 2 \text{ m} \times 2.152 \text{ m}) \times 0.0034 \text{ kN/m}^2 \div 2 \text{ m} = 0.009 \text{ kN/m}$$

3. 骨架有限元软件 ANSYS 的计算结果

在有限元软件 ANSYS 中,建模时选用索单元模拟抗风绳,选用梁单元模拟各种杆件,平面框架内各节点之间的连接方式为刚接,梁与框架之间的连接方式为铰接,骨架与地面之间的连接方式为铰接。软件模拟计算结果如表3-4所示。

表 3 - 4　截面计算结果

截面形式	截面规格	截面积/mm²	截面惯性矩/mm⁴	90°风载					雪载				0°风载		
				最大应力/MPa	最大水平位移/mm	最大风绳拉力/kg	最大柱底水平拉力/kg	最大柱底竖向拉力/kg	最大应力/MPa	最大压应力/MPa	最大位移/mm	允许压应力/MPa	最大应力/MPa	最大位移/mm	最大风绳拉力/kg
玻璃钢杆截面(斜梁/檩条)	25×50×3.5/32×3.5	476	141 156	88.2	254.4	89.4	35.2	42.1	43.3	29.3	67.8	137.2	63.8	150.2	68.3

　　1) 程序数据输入

　　(1) 单元类型:梁单元(beam189),索单元(link10)。

　　(2) 材料性质:玻璃钢管的弹性模量 $E = 30\ 000 \text{ N/mm}^2$,泊松比 $\mu = 0.3$;拉绳的弹性模量 $E = 413 \text{ N/mm}^2$;拉绳的直径 $\Phi = 10 \text{ mm}$,面积 $A = 78.5 \text{ mm}^2$。

　　2) 荷载计算

　　由于帐篷属于临时性建筑,故考虑采用荷载标准值对结构进行承载力计算,分别考虑8级风荷载和100 mm雪荷载两种可变荷载,风荷载和雪荷载一般不同时出现。

　　组合一:篷布自重+100 mm雪荷载。

　　组合二:篷布自重+8级横向风荷载(90°方向)。

　　(1) 篷布自重+100 mm雪荷载。

　　篷布自重+100 mm雪荷载条件下杆件应力分布云图如图3-17所示,骨架最大受力处为中檩条，最大应力为 43.3 MPa，其中立柱为受压杆件，其最大压力为 29.3 MPa。截面为 25 mm×50 mm×3.5 mm，计算长度为 $l_0=0.7×l=0.7×2152\ mm=1506\ mm$；截面积 $A=476\ mm^2$，截面惯性矩 $I=141\ 156\ mm^4$，截面惯性半径 $i=17.2\ mm$，长细比 $λ=l_0/i=1506/17.2=87.6$。根据钢结构规范得轴心受压稳定系数 $φ=0.638$；最大允许应力为 $σ_{max}=φ×f=0.638×215=137.2\ MPa$（其中，$f$ 为许用应力）。

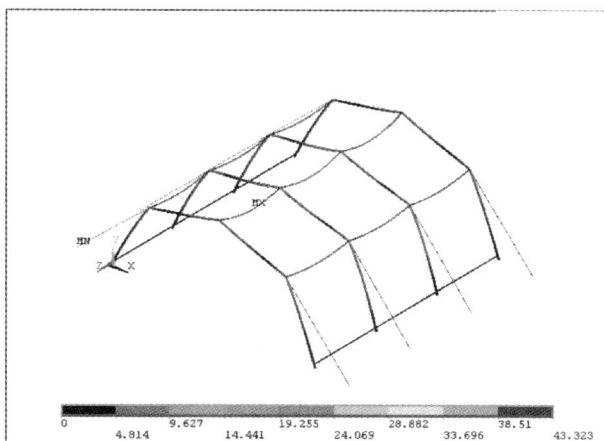

图 3 - 17　篷布自重＋100 mm 雪荷载条件下杆件应力分布云图

篷布自重＋100 mm 雪荷载条件下骨架整体结构位移云图如图 3 - 18 所示，中檩条处有最大位移 67.8 mm，其中最大竖向位移为 67.8 mm。

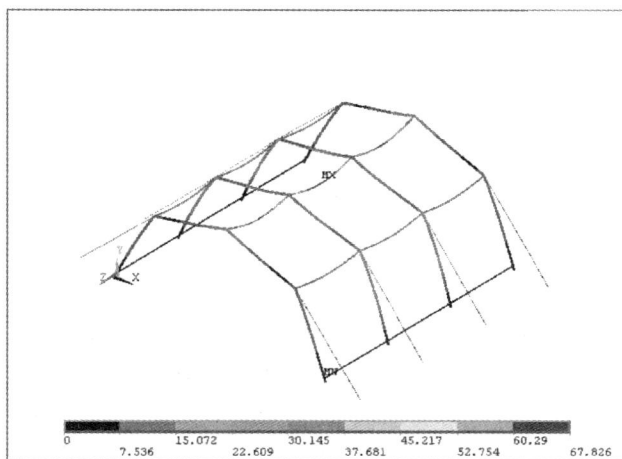

图 3 - 18　篷布自重＋100 mm 雪荷载条件下骨架整体结构位移云图

（2）篷布自重＋8 级横向风荷载（90°方向）。

篷布自重＋8 级横向风荷载（90°方向）条件下杆件应力分布云图如图 3 - 19 所示，骨架最大应力处为迎风侧中立柱檐口，最大应力为 88.2 MPa，其中迎风侧拉绳最大拉力为 89.4 kg。

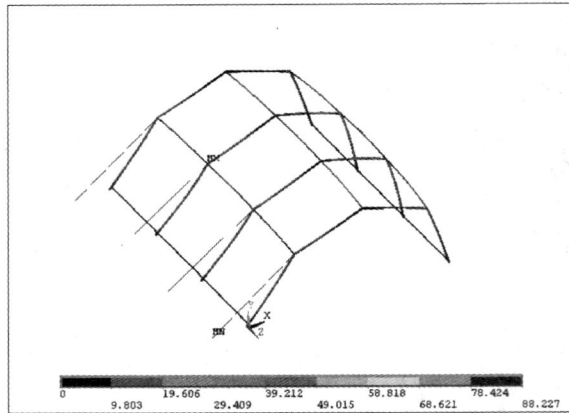

图 3-19　篷布自重＋8 级横向风荷载（90°方向）条件下杆件应力分布云图

篷布自重＋8 级横向风荷载（90°方向）条件下骨架整体结构位移云图如图 3-20 所示，中跨迎风侧檩条跨中处有最大位移 254.4 mm，其中最大水平位移为 229.0 mm。

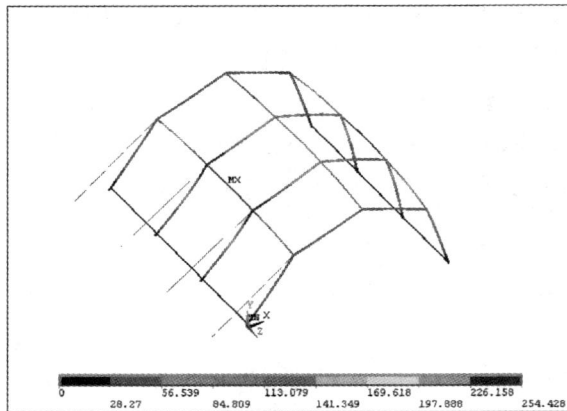

图 3-20　篷布自重＋8 级横向风荷载（90°方向）条件下骨架整体结构位移云图

4. 结论

经过以上计算和分析可知，当框架斜梁截面为 25 mm×50 mm×3.5 mm 矩形玻璃钢管、檩条截面为 Φ32 mm×3.5 mm 圆形玻璃钢管时，在 90°风荷载作用时最大应力为 88.2 MPa，小于允许应力 215 MPa；在雪荷载作用时，檩条最大应力为 43.3 MPa，立柱最大压应力为 29.3 MPa，分别小于允许应力 215 MPa 和 137.2 MPa。因此，帐篷骨架安全可靠，可按此方案进行设计。

3.4　外框架式帐篷

外框架式帐篷与内框架式帐篷的区别是其篷布在承力框架的内侧，在搭设时先将帐篷框架支撑，然后将篷布悬挂在框架内部。这种结构的特点是篷布可以设计为一个整体，没有分散部件，适合对篷体密闭性要求较高的情况，如正压或者负压防护帐篷。下面以一个典型的外框架式帐篷为例（如图 3－21 所示），介绍这类帐篷的结构分析方法。这类帐篷的框架可采用铝合金型材，结构形式与 30 m² 内框架结构类似。这类帐篷主要用于野外应急救援，如震后救援时开设手术室。

图 3－21　外框架式帐篷

3.4.1　结构及尺寸设计

根据对应急救援需求的分析，手术帐篷的尺寸一般应能同时满足进行 2 台手术的需要，根据相关设备尺寸，帐篷内平面布置图如图 3－22 所示。考虑到帐篷侧墙倾斜角度约为 70°，因此帐篷的内篷尺寸应确定为长 6000 mm，宽 4000 mm，檐高 1850 mm，顶高 2650 mm。考虑帐篷的隔热保温要求，应采用双层篷布构造，空气间层设为 150 mm。整个帐篷的外框架和内篷尺寸如图 3－23 所示。

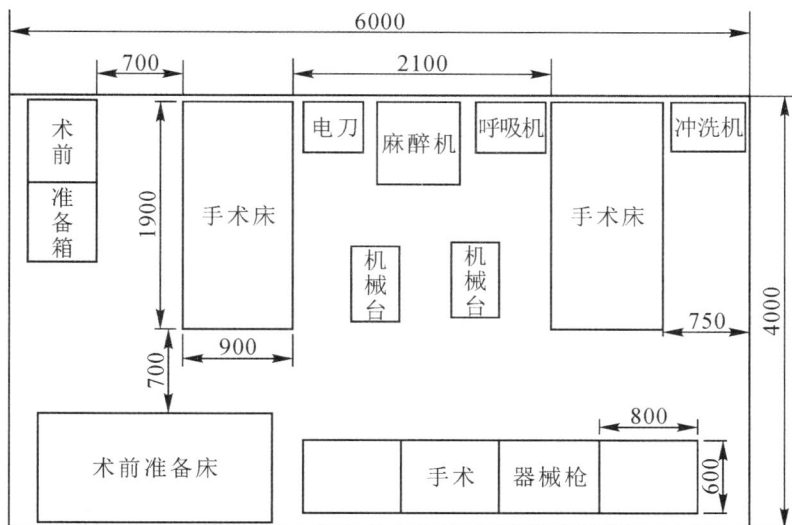

图 3－22　帐篷内平面布置

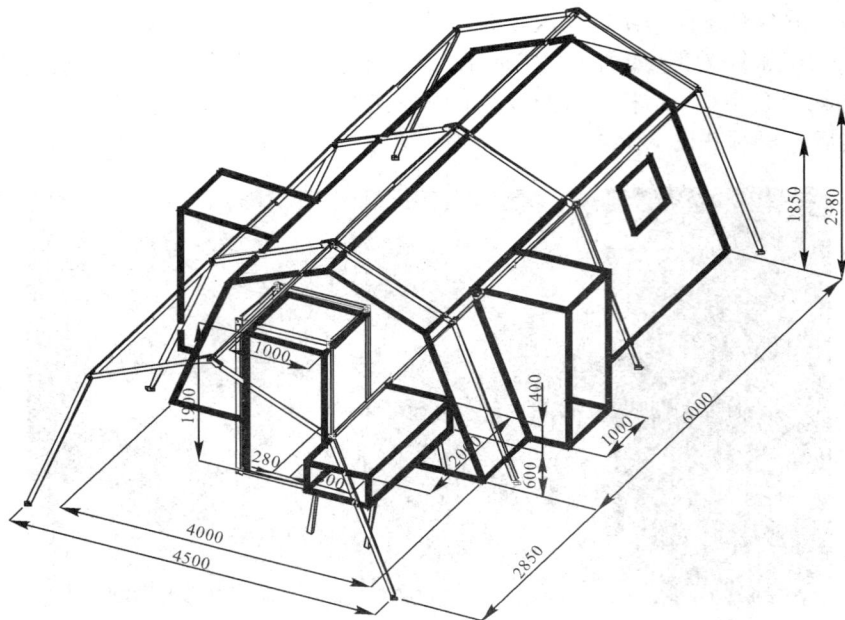

图 3-23 帐篷的外框架及内篷尺寸图

3.4.2 外框架结构分析

1. 设计数据

本设计中,帐篷的骨架形式如图 3-24 所示,由 60 mm×30 mm×2.5 mm 铝合金方管(抗拉强度设计值 $\sigma=206$ MPa,弹性模量 $E=70\,000$ MPa)组成。下面计算在 80 mm 厚雪荷载及 8 级风荷载作用下,骨架的承载力是否满足要求。

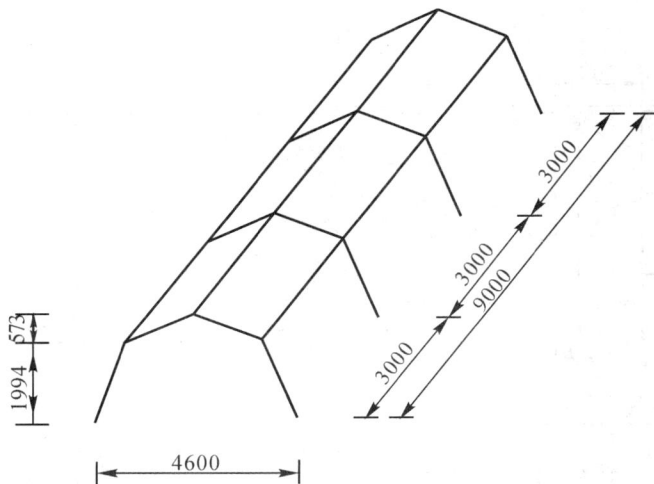

图 3-24 帐篷的骨架形式

2. 荷载计算

荷载概况如下：

(1) 篷布自重为 6.37×10^{-3} kN/m²。

(2) 雪荷载：按 80 mm 厚计算，雪容重为 150 kg/m²；雪压值为 $S_0 = 0.125$ kN/m²。

(3) 风荷载：根据规范得到的风压值为 $w_k = \beta_z \mu_s \mu_z w_0$；风速按设计风速为 8 级风来取值，$v = 20.7$ m/s；基本风压根据风速计算可得，$w_0 = v^2 / 1600 = 0.27$ kN/m²；查规范可得风压高度变化系数 $\mu_z = 1.0$，风振系数 $\beta_z = 1.0$，风荷载体型系数 μ_s 的示意图如图 3-25 所示。

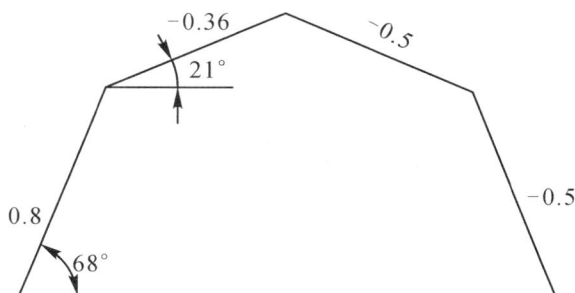

图 3-25　风荷载体型系数

下面分别计算风、雪、篷布产生的荷载值。荷载计算按照荷载等效原理计算，方法大致同 3.3 节内框架结构的荷载计算，区别仅在于需要把线荷载转化为集中荷载。

1) 横向风荷载（90°方向）

横向风荷载的计算示意图如图 3-26 所示。

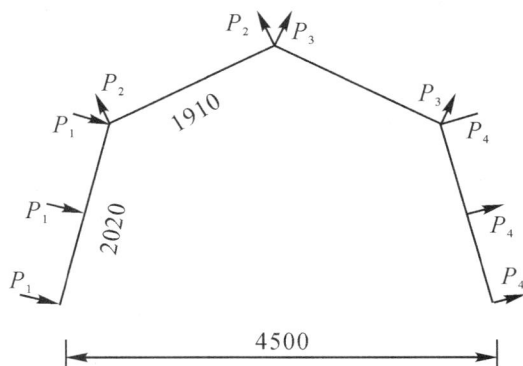

图 3-26　横向风荷载计算示意图

(1) 边跨框架荷载：

$$P_1 = 2.02 \text{ m} \times 1.5 \text{ m} \times 0.8 \times 0.27 \text{ kN/m}^2 \div 3 = 0.218 \text{ kN}$$

$$P_2 = 1.91 \text{ m} \times 1.5 \text{ m} \times (-0.2) \times 0.27 \text{ kN/m}^2 \div 2 = -0.077 \text{ kN}$$

$$P_3 = 1.91 \text{ m} \times 1.5 \text{ m} \times (-0.5) \times 0.27 \text{ kN/m}^2 \div 2 = -0.193 \text{ kN}$$

$$P_4 = 2.02 \text{ m} \times 1.5 \text{ m} \times (-0.5) \times 0.27 \text{ kN/m}^2 \div 3 = -0.136 \text{ kN}$$

（2）中跨框架荷载：

$$P_1 = 2.02 \text{ m} \times 3.0 \text{ m} \times 0.8 \times 0.27 \text{ kN/m}^2 \div 3 = 0.436 \text{ kN}$$

$$P_2 = 1.91 \text{ m} \times 3.0 \text{ m} \times (-0.2) \times 0.27 \text{ kN/m}^2 \div 2 = -0.155 \text{ kN}$$

$$P_3 = 1.91 \text{ m} \times 3.0 \text{ m} \times (-0.5) \times 0.27 \text{ kN/m}^2 \div 2 = -0.387 \text{ kN}$$

$$P_4 = 2.02 \text{ m} \times 3.0 \text{ m} \times (-0.5) \times 0.27 \text{ kN/m}^2 \div 3 = -0.273 \text{ kN}$$

2）雪荷载

雪荷载的计算示意图如图 3 - 27 所示，外篷篷顶投影面积的宽为 3.121 m。

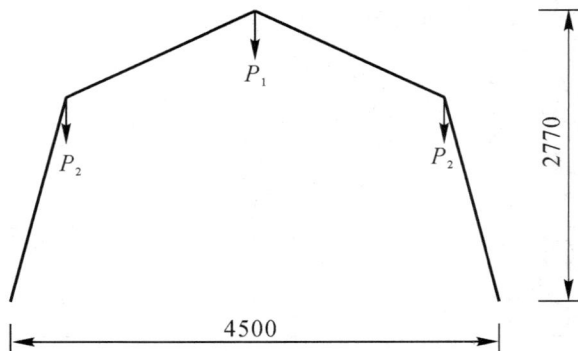

图 3 - 27　雪荷载计算示意图

（1）边跨框架荷载：

$$P_1 = 3.121 \text{ m} \div 2 \times 1.5 \text{ m} \times 0.125 \text{ kN/m}^2 = 0.293 \text{ kN}$$

$$P_2 = 3.121 \text{ m} \div 4 \times 1.5 \text{ m} \times 0.125 \text{ kN/m}^2 = 0.146 \text{ kN}$$

（2）中跨框架荷载：

$$P_1 = 3.121 \text{ m} \div 2 \times 3 \text{ m} \times 0.125 \text{ kN/m}^2 = 0.585 \text{ kN}$$

$$P_2 = 3.121 \text{ m} \div 4 \times 3 \text{ m} \times 0.125 \text{ kN/m}^2 = 0.293 \text{ kN}$$

3）篷布荷载

篷布荷载的计算示意图如图 3 - 28 所示。

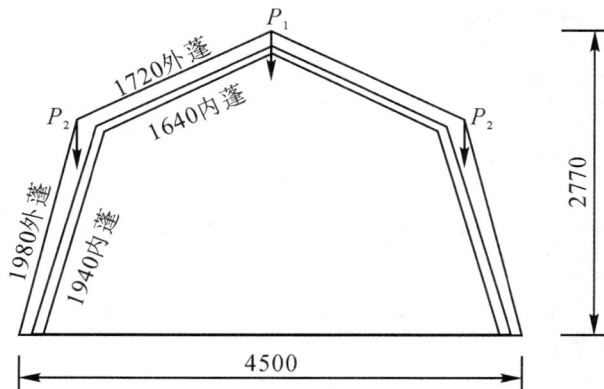

图 3 - 28　篷布荷载计算示意图

（1）第一跨框架荷载：

$P_1 = (1.72\ m \times 1.5\ m \times 2 + 3.121\ m \times 0.721\ m \div 2) \times 3.33 \times 10^{-3}\ kN/m^2 +$
$(3.0\ m \times 1.85\ m + 3.0\ m \times 1.0\ m + 1.85\ m \times 1.0\ m) \times 3.04 \times$
$10^{-3}\ kN/m^2$
$= 0.053\ kN$

$P_2 = (1.98\ m \times 1.5\ m + 3.51\ m^2) \times 3.33 \times 10^{-3}\ kN/m^2 = 0.022\ kN$

（2）第二跨框架荷载：

$P_1 = 1.72\ m \times 3.0\ m \times 2 \times 3.33 \times 10^{-3}\ kN/m^2 +$
$(3.0\ m \times 1.85\ m + 3.0\ m \times 1.0\ m + 1.64\ m \times 1.5\ m \times 2 + 2.97\ m \times 0.67\ m \div 2) \times$
$3.04 \times 10^{-3}\ kN/m^2$
$= 0.078\ kN$

$P_2 = (1.98\ m \times 3.0\ m + 2.0\ m \times 1.0\ m + 2.0\ m \times 1.89\ m + 1.0\ m \times 1.89\ m) \times 3.33 \times$
$10^{-3}\ kN/m^2 + (1.94\ m \times 1.5\ m + 1.0\ m \times 1.0\ m + 1.85\ m \times 1.0\ m \times 2 + 3.27\ m^2) \times$
$3.04 \times 10^{-3}\ kN/m^2$
$= 0.078\ kN$

（3）第三跨框架荷载：

$P_1 = 1.72\ m \times 3.0\ m \times 2 \times 3.33 \times 10^{-3}\ kN/m^2 + 1.64\ m \times 3.0\ m \times 2 \times 3.04 \times$
$10^{-3}\ kN/m^2$
$= 0.064\ kN$

$P_2 = (1.98\ m \times 3.0\ m + 2.0\ m \times 1.0\ m + 2.0\ m \times 1.89\ m + 1.0\ m \times 1.89\ m) \times$
$3.33 \times 10^{-3}\ kN/m^2 + (1.94\ m \times 3.0\ m + 1\ m \times 1\ m + 1.85\ m \times 1\ m \times 2) \times$
$3.04 \times 10^{-3}\ kN/m^2$
$= 0.077\ kN$

（4）第四跨框架荷载：

$P_1 = (1.72\ m \times 1.5\ m \times 2 + 3.121\ m \times 0.721\ m \div 2) \times 3.33 \times 10^{-3}\ kN/m^2 +$
$(1.64\ m \times 1.5\ m \times 2 + 2.97\ m \times 0.665\ m \div 2) \times 3.04 \times 10^{-3}\ kN/m^2$
$= 0.039\ kN$

$P_2 = (1.98\ m \times 1.5\ m + 3.51\ m^2) \times 3.33 \times 10^{-3}\ kN/m^2 +$
$(1.94\ m \times 1.5\ m + 3.27\ m^2) \times 3.04 \times 10^{-3}\ kN/m^2$
$= 0.040\ kN$

3. 骨架有限元软件 ANSYS 的计算结果

在有限元软件 ANSYS 中，建模时选用索单元模拟抗风绳，选用梁单元模拟各种杆件，平面框架内各节点之间的连接方式为刚接，梁与框架之间的连接方式为铰接，骨架与地面之间的连接方式为铰接。

1）程序数据输入

（1）单元类型：梁单元（beam189），索单元（link10）。

（2）材料性质：铝管的弹性模量 $E = 70\,000\ N/mm^2$，拉绳的弹性模量 $E = 413\ N/mm^2$；

泊松比 $\mu=0.3$；拉绳的直径 $\phi=8$ mm，面积 $A=50.26$ mm²。

2）荷载计算

由于帐篷属于临时性建筑，故考虑采用荷载标准值对结构进行承载力计算，分别考虑 8 级风荷载和 80 mm 雪荷载两种可变荷载。

组合一：篷布自重＋80 mm 雪荷载。

组合二：篷布自重＋8 级横向风荷载（90°方向）。

（1）篷布自重＋80 mm 雪荷载。

篷布自重＋80 mm 雪荷载条件下杆件应力分布云图如图 3-29 所示，骨架最大受力处为中框架梁，最大应力为 28.4 MPa。

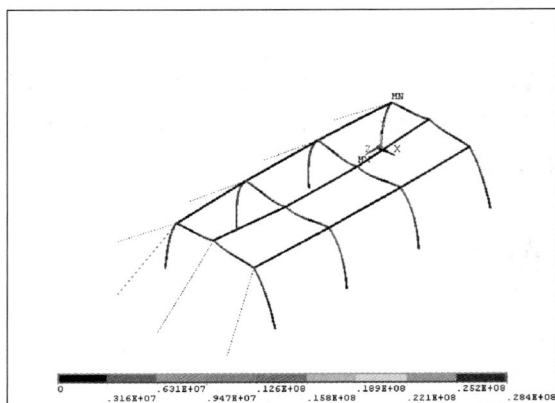

图 3-29　篷布自重＋80 mm 雪荷载条件下杆件应力分布云图

篷布自重＋80 mm 雪荷载条件下骨架整体结构位移云图如图 3-30 所示，中框架斜梁中间处有最大位移 6.7 mm，其中最大竖向位移为 6.2 mm。

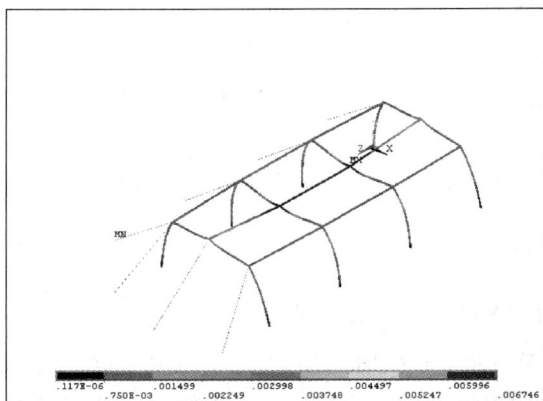

图 3-30　篷布自重＋80 mm 雪荷载条件下骨架整体结构位移云图

（2）篷布自重＋8 级横向风荷载（90°方向）。

篷布自重＋8 级横向风荷载（90°方向）杆件应力分布云图如图 3-31 所示，骨架最大受力处为框架梁与柱交接处，最大应力为 115 MPa。

篷布自重＋8 级横向风荷载(90°方向)骨架整体结构位移云图如图 3-32 所示,中跨迎风侧梁与柱交接处有最大位移 97 mm,其中最大水平位移为 81 mm。

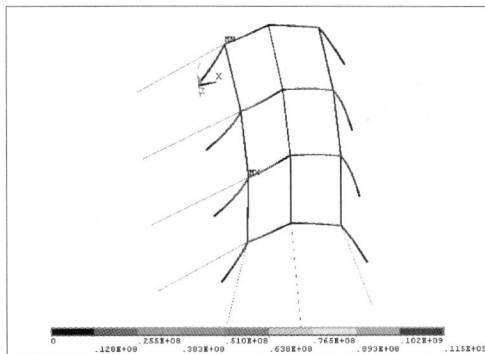

图 3-31　篷布自重＋8 级横向风荷载(90°方向)
条件下杆件应力分布云图

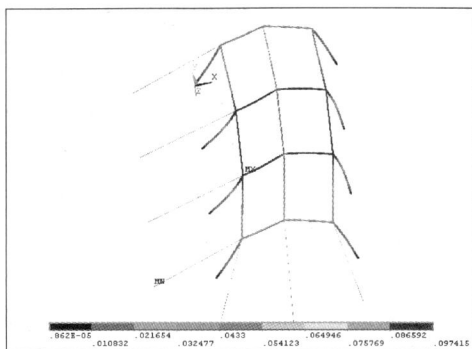

图 3-32　篷布自重＋8 级横向风荷载(90°方向)
条件下骨架整体结构位移云图

4. 结论

经过以上分析可知,骨架在各种外力作用下的最大位移在骨架的容许范围内,杆件的最大应力也在容许应力范围内。因此,帐篷骨架安全可靠,可以按此方案进行设计。

3.5　网架式帐篷

折叠网架式帐篷作为一种新型的帐篷形式,在野外应急住用房领域占有重要地位。这种帐篷的特点是骨架结构采用剪铰单元,通过毂盘连接成为一个整体,篷布与骨架预先连接好,帐篷骨架和篷布一体化,使用时 6 人可以在 5 分钟内将其快速展开,使用非常方便。

3.5.1　结构及尺寸设计

下面以矩七拱网架式帐篷为例(如图 3-33 所示),介绍网架式帐篷的设计方法。

图 3-33　矩七拱网架式帐篷

该网架结构的主体部分为 5 榀相同的拱形子网架并接而成的半椭圆柱面,椭圆柱面宽度为 6590 mm,母线长度为 6458 mm。主体两侧各有一个 1/4 圆形子网架,该子网架高度为 2650 mm，宽度为 2650 mm，与主体边部子网架顶部单元矩形侧面相连。网架结构的平面图、剖面图及立面图分别如图 3-34、图 3-35、图 3-36 所示。

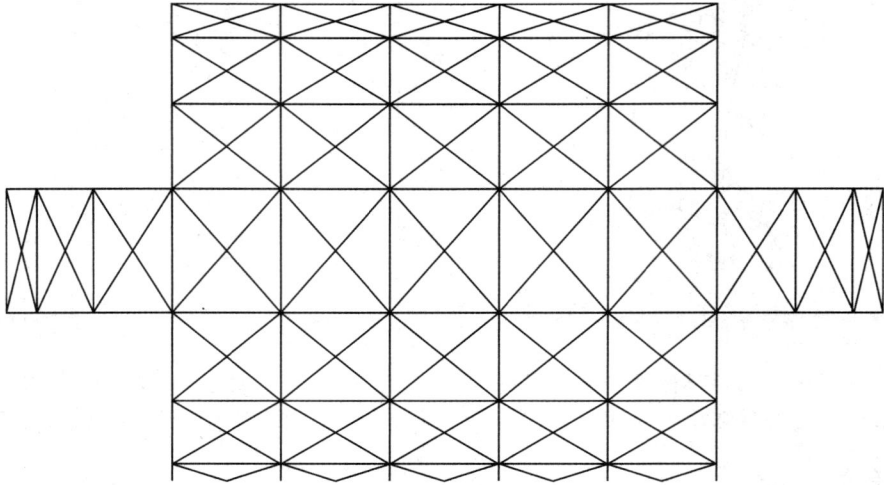

图 3-34　网架结构的平面图

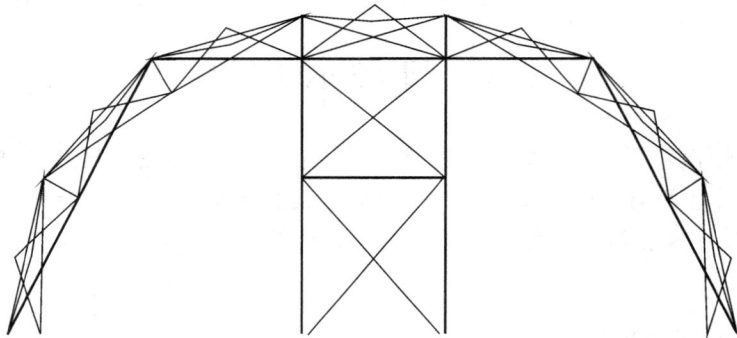

图 3-35　网架结构的剖面图

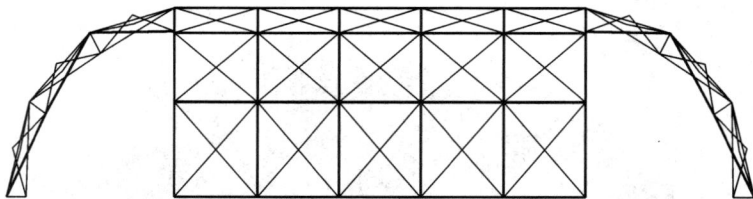

图 3-36　网架结构的立面图

　　为了使所设计的结构能够顺利地展开和折叠，需要对矩七拱网架结构进行几何分析。考虑到侧边（山墙位置）子网架的构形与主体子网架边部相同，应先计算主体子网架边部单元，然后计算主体子网架顶部单元。

　　已知结构的主体由 5 榀相同的拱形子网架并接而成，取其中一个拱形子网架进行分析，如图 3-37 所示，随后即可根据折叠条件进行杆件的几何尺寸计算。

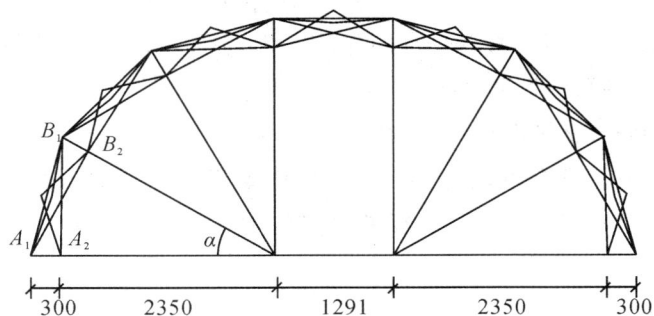

图 3-37 几何分析图

帐篷应能够满足在热区和寒区使用要求，因此应能在两种不同环境荷载条件下正常使用，根据使用条件，结构应能承受 8 级风荷载和 100 mm 雪荷载。

3.5.2 网架结构分析

因网架结构较为复杂，故采用有限元软件分析较为方便准确。下面选用 ANSYS 软件进行网架结构的建模与计算。

1. 几何建模

在雪荷载作用时，根据结构与荷载的对称性，选取中部一榀拱形网架建立有限元模型，这样建模可以节省计算时间且计算结果容易收敛，建立的几何模型如图 3-38 所示。

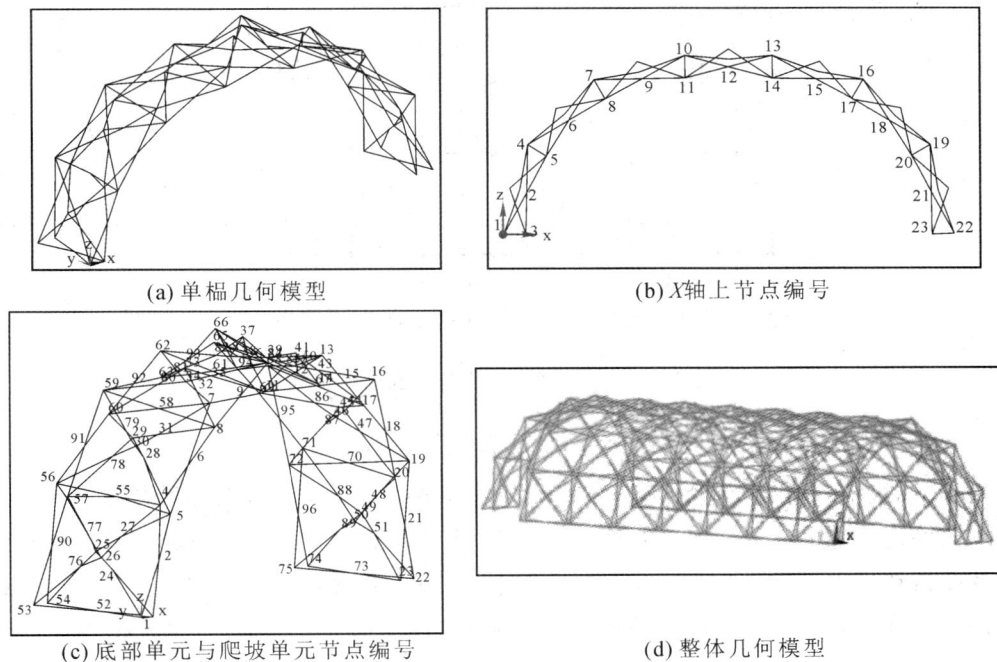

(a) 单榀几何模型

(b) X 轴上节点编号

(c) 底部单元与爬坡单元节点编号

(d) 整体几何模型

图 3-38 网架几何模型与节点编号

在风荷载作用时，因荷载不对称，需建立整体网架模型。建立模型时，按照网架结构的实际空间位置确定节点的坐标和杆件的连接方式，坐标原点位于几何模型的左前角，X 轴指向跨度方向，Y 轴指向长度方向，Z 轴为竖向。

2. 单元与材料特性参数选取

由于网架杆件中部设有枢轴连接，因此杆件单元选择梁单元（beam189）进行分析。每一对剪杆采用两个梁单元来模拟。杆件材料的弹性模量为 3.0×10^4 N/mm^2，泊松比为 0.3。

3. 自重荷载计算

矩七拱折叠网架结构的自重荷载主要来自结构覆盖的内外两层篷布，内层篷布的面密度为 180 g/m^2，外层篷布的面密度为 210 g/m^2。在试验加载过程中，需要把内、外篷布的荷载均匀地分配于各个毂盘节点处。外层篷布自重计算区域划分如图 3-39 所示。

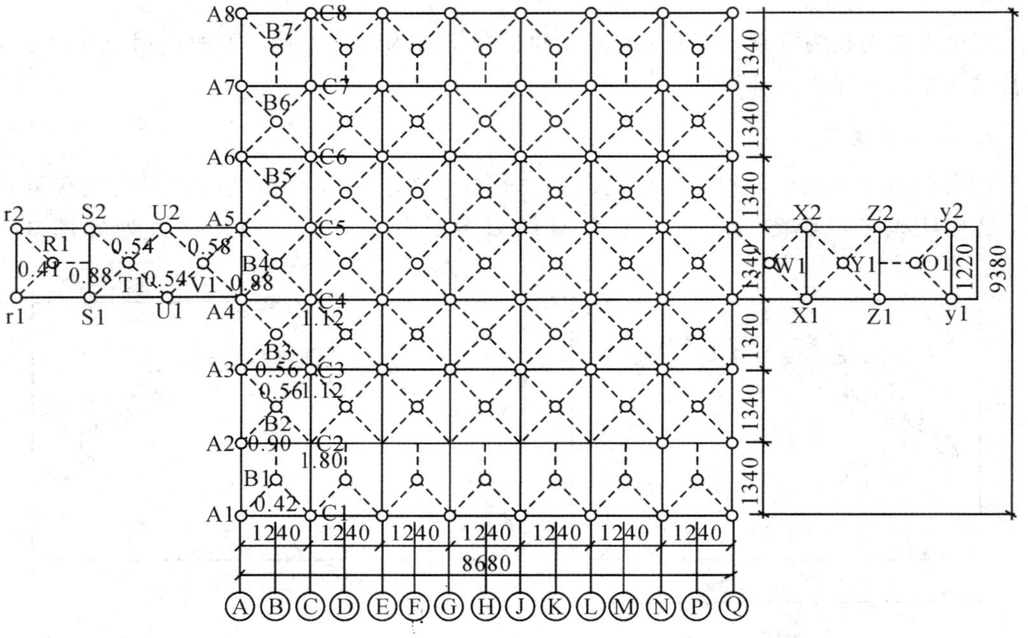

图 3-39　外层篷布自重计算区域划分图

4. 雪荷载计算

根据《建筑结构荷载规范》（GB 50009—2012），拱形屋面的积雪分布系数在沿拱形屋面边缘某点的切线与水平线之间的夹角大于 60° 时不予考虑，由此可以确定结构在水平投影面上的受荷载面积。考虑结构实际的受力情况，雪荷载直接作用于外层篷布上，通过毂盘节点向各个杆件传递，对受荷区域进行面积划分，如图 3-40 所示。雪荷载的计算公式如下：

$$S_k = \mu_r S$$

式中：μ_r 为屋面的积雪分布系数，根据荷载规范，取 $\mu_r=0.4$；S 为雪压，其计算公式为

$$S=h\rho g$$

式中：h 为积雪深度，m；ρ 为积雪密度，t/m³，在以下的计算中均采用东北及新疆北部地区的平均密度 0.15 t/m³ 进行计算；g 为重力加速度，取为 9.8 m/s²。

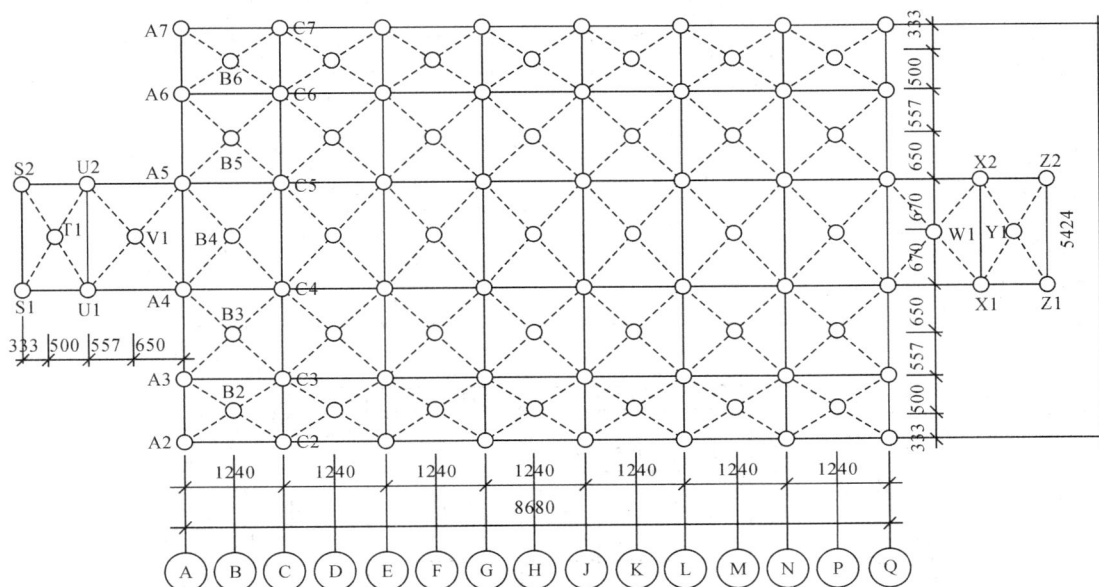

图 3-40　雪荷载计算区域划分图

5. 风荷载计算

1）基本风压 w_0

根据荷载规范，基本风压计算公式如下：

$$w_0=\frac{1}{2}\rho v_0^2\approx\frac{v_0^2}{1600}$$

式中：v_0 为基本风速；ρ 为空气密度。

按上述公式进行基本风压计算，计算结果如表 3-5 所示。

表 3-5　基本风压计算表

风级	6 级风	7 级风	8 级风	9 级风
风速 v_0/(m/s)	13.8	17.1	20.7	24.4
基本风压 w_0/(kN/m²)	0.12	0.18	0.27	0.37

2）风荷载体型系数 μ_s

风荷载体型系数参照《建筑结构荷载规范》(GB 50009—2012)并结合数值风洞模拟结果得出。90°方向吹风时结构的体型系数如图 3-41 所示。

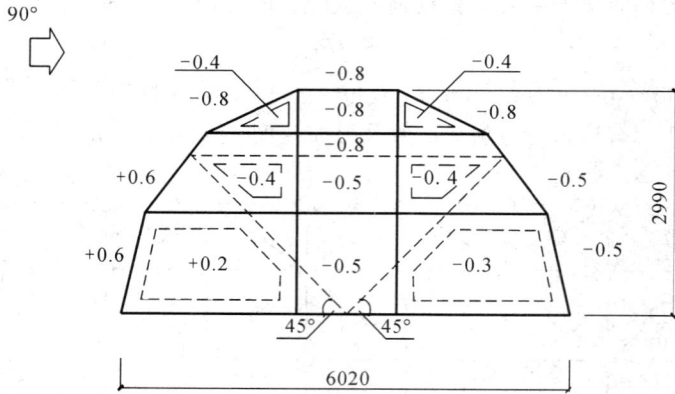

(a) 90°风向角下各区域体型系数(侧视图)

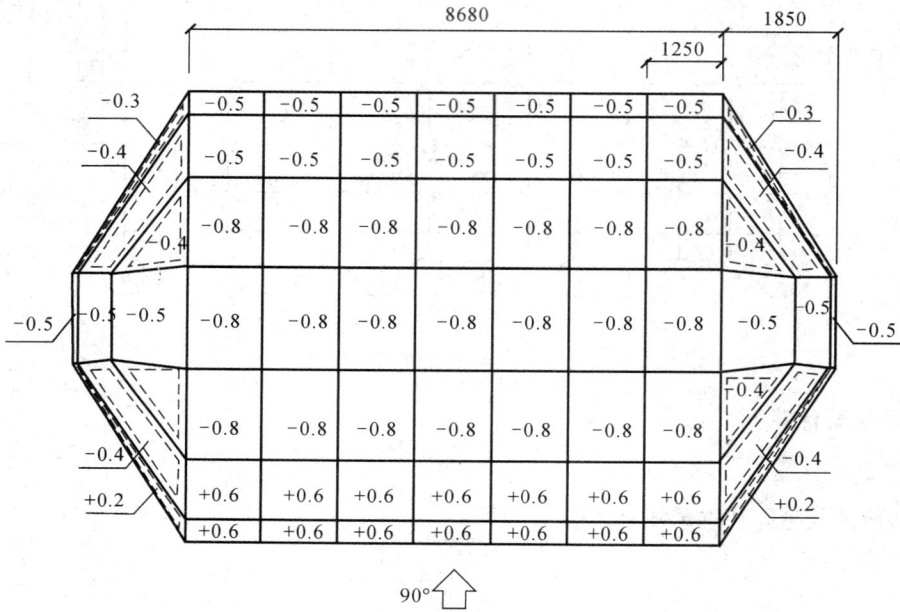

(b) 90°风向角下各区域体型系数(侧视图)

图 3-41　矩七拱结构体型系数

3）风荷载标准值 w_k

风荷载标准值的计算公式如下：

$$w_k = \beta_z \mu_z \mu_s w_0$$

式中：w_k 为风荷载标准值，kN/m²；β_z 为高度 z 处的阵风系数，根据荷载规范，取 $\beta_z = 1.00$；μ_z 为风压高度变化系数，根据荷载规范，取 $\mu_z = 1.00$；μ_s 为风荷载体型系数；w_0 为基本风压，kN/m²。

在实际工作中，矩七拱折叠网架结构所承受的风荷载首先作用于外层篷布表面，然后通过毂盘向各个杆件传递，因此在加载过程中毂盘节点会直接承受集中荷载作用。图 3-42 所示为各节点风荷载计算区域划分图。

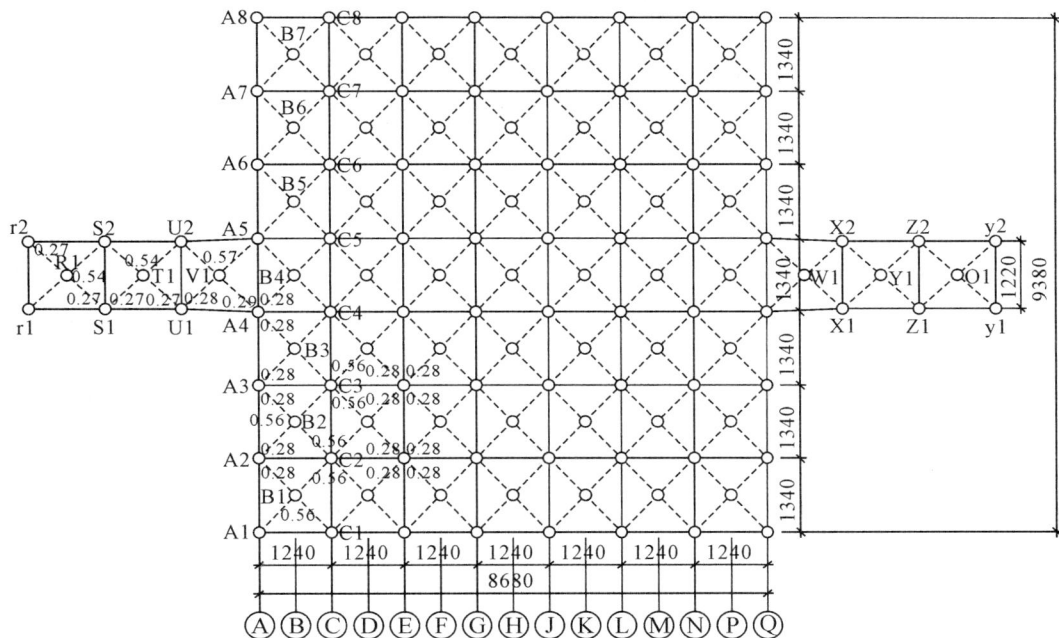

图 3 - 42　矩七拱结构风荷载计算区域划分图

6. 计算分析及结果

1) 结构位移

在 100 mm 雪荷载作用下，结构位移如图 3 - 43 所示。结构的最大竖向位移位于跨中顶部单元边侧剪杆枢轴（节点 12）处，其值为 3.0 mm；结构的最大水平向位移位于爬坡单元边侧剪杆枢轴（节点 91）处，其值为 1.3 mm。

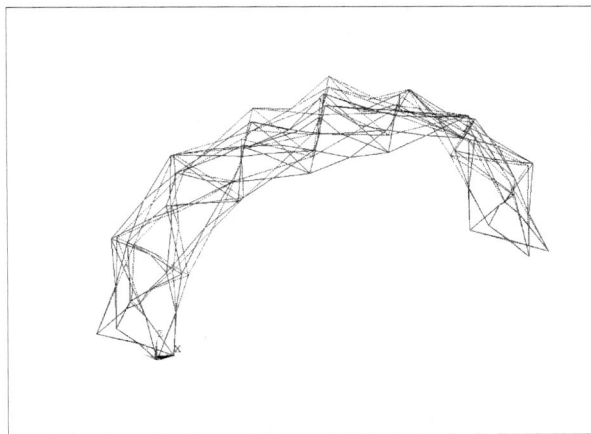

图 3 - 43　雪荷载作用下的结构位移

在 8 级风荷载作用下，结构位移如图 3 - 44 所示。结构的最大竖向位移位于跨中顶部单元（节点 324）处，其值为 3.1 mm；结构的最大水平向位移位于爬坡单元边侧剪杆枢轴（节点 349）处，其值为 4.4 mm。

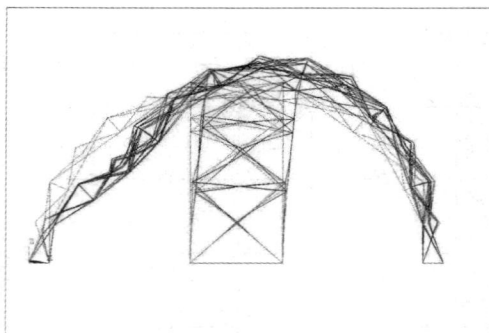

图 3 - 44　风荷载作用下的结构位移

2）杆件应力

在 100 mm 雪荷载作用下，网架结构杆件应力如图 3 - 45 所示。杆件轴向的最大应力位于爬坡单元幅杆（单元 125）上，其值为 1.5 N/mm²；杆件轴向的最小应力位于爬坡单元边杆（单元 24）上，其值为－2.5 N/mm²。

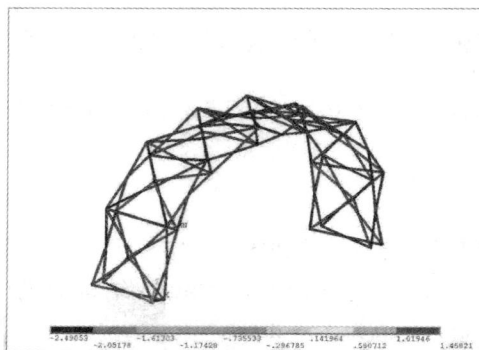

图 3 - 45　雪荷载作用下的杆件应力

在 8 级风荷载作用下，网架结构杆件应力如图 3 - 46 所示。杆件轴向的最大应力位于爬坡单元边杆（单元 1178）上，其值为 9.6 N/mm²；杆件轴向的最小应力位于底部单元边杆（单元 774）上，其值为－9.7 N/mm²。

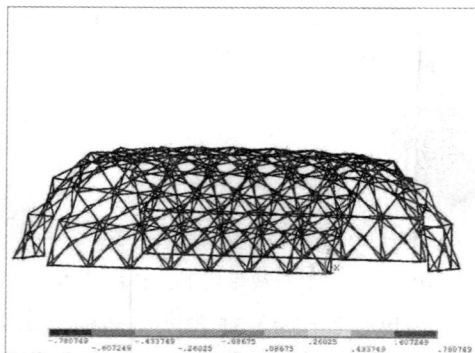

图 3 - 46　风荷载作用下的杆件应力

3）结论

基于以上分析，得出以下结论：

（1）在 100 mm 雪荷载作用下，结构的最大竖向位移位于跨中顶部单元边侧剪杆枢轴（节点 12）处，其值为 3.0 mm；结构的最大水平向位移位于爬坡单元边侧剪杆枢轴（节点 91）处，其值为 1.3 mm。

（2）在 100 mm 雪荷载作用下，杆件轴向的最大应力位于爬坡单元幅杆（单元 125）上，其值为 1.5 N/mm²；杆件轴向的最小应力位于爬坡单元边杆（单元 24）上，其值为 −2.5 N/mm²。杆件应力小于材料的抗拉/抗压强度。

（3）在 8 级风荷载作用下，结构的最大竖向位移位于跨中顶部单元（节点 324）处，其值为 3.1 mm；结构的最大水平向位移位于爬坡单元边侧剪杆枢轴（节点 349）处，其值为 4.4 mm。

（4）在 8 级风荷载作用下，杆件轴向的最大应力位于爬坡单元边杆（单元 1178）上，其值为 9.6 N/mm²；杆件轴向的最小应力位于底部单元边杆（单元 774）上，其值为 −9.7 N/mm²。杆件应力小于材料的抗拉/抗压强度。

3.6　充气式帐篷

3.6.1　充气结构概述

充气结构可分为气承式膜结构和气囊式膜结构两种。气承式膜结构是直接向膜材所覆盖的气密性空间内注入一定压力（一般为 300 Pa 左右）的空气，使膜材内部形成一定的可工作或容纳设施的空间。气囊式膜结构是向特定性质的封闭气囊内充入气体以形成具有一定刚度和形状的构件，再由这样的构件通过一定加筋作用相互连接形成使用空间，并承担外荷载。与气囊式膜结构相比，气承式膜结构需要充气设备不间断地工作补气，人员进出需要通过过渡间，这种结构常被用于大型体育场馆等场所。因此，气囊式膜结构显得更加经济，并得到了广泛应用。充气拱气肋是一种特殊的气囊膜，一般由管状构件构成，这些管状构件在一个方向上的曲率很大，而在另一个方向上的曲率很小，甚至没有。管状构件可以传递低曲率方向的横向力，其作用如同梁、拱等。

充气拱结构具有膜结构的基本特征，在对其充气前，充气拱结构不能承担除拉力之外的任何外荷载，因此不具有充气结构的基本功能。当对充气拱结构充气后，气肋中气体的膨胀受到膜材约束，同时在膜材上产生了初始拉应力，这是充气拱结构承担外荷载的前提条件。由气膜理论公式可知，充气后拱的环向拉应力为 $\sigma = Pr$，纵向拉应力为 $\sigma = Pr/2$。由此可见，充气拱结构的初始拉应力与气肋半径 r 和气压 P 呈线性关系，故可采用增加内径和提高气压的方式来提高初始拉应力，以有效延迟褶皱的出现并提高结构的刚度和承载力。

充气拱结构作为一种新型的充气结构形式，其承载能力的设计计算尚未被专门研究过。下面将从结构理论分析和相关分析两个方面，分别运用力学知识和有限元法对其进行讨论，并编制气肋设计程序，分析温度变化对气肋的影响及气肋的安全性等问题，并结合样品试验对其进行完善。

3.6.2　充气结构理论分析

用有限元法分析气肋式膜结构时计算过程复杂，计算结果与试验值相差较大，经反复探索，本设计决定运用结构力学方法进行分析，并根据这一方法编制气肋结构设计程序，对不同充气拱（包括高压充气拱）进行分析设计。该方法力学概念明了，计算过程简单，误差相对较小，具体分析如下。

1. 气肋结构力学分析

由于充气拱在荷载作用下为大变形结构，因此在有限元计算时应考虑其几何非线性，再加上结构刚度受膜材物理参数影响较小而受膜材附加应力影响较大，拱脚约束较难模拟等原因，使得用有限元法计算充气拱结构时所得结果与试验值偏差较大。例如，对 12 m 跨度低压拱形气肋的有限元计算结果进行分析，可以得出气肋竖向承载力 F 与气肋直径 D、气压 P 呈幂次关系，具体为：$F \propto D^{2.19}$，$F \propto P^{1.2}$。虽然此公式确定了承载力与肋径、气压的定量关系，但误差相对较大。为此，下面运用结构力学知识并结合气肋结构试验对拱形气肋进行分析，以期得到承载力与肋径、气压较准确的数值关系。

1）气肋应力理论分析

气肋应力分析模型如图 3-47 所示。气肋表面任一点受小环向、大环向的应力分别为 σ_θ、σ_φ，则其应力表达式为

$$\sigma_\theta = \frac{Pr \cdot 2 + \kappa \sin\theta}{2 \cdot 1 + \kappa \sin\theta} \tag{3-1a}$$

$$\sigma_\varphi = P \frac{r}{2} \tag{3-1b}$$

式中：P 为气压差；$\kappa = r/R$ 为小半径与大半径之比。

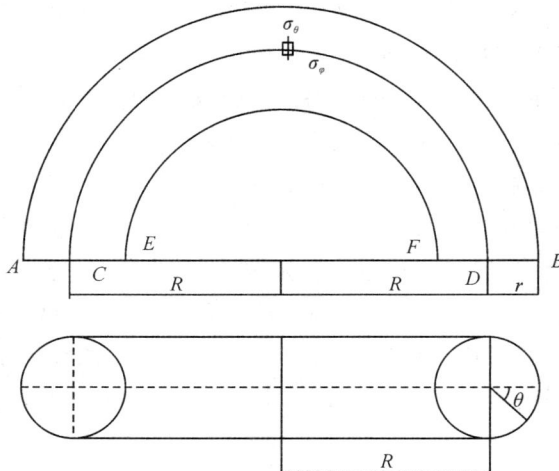

图 3-47　气肋外形与应力图

对气肋外边 $AB(\theta=\frac{\pi}{2})$，膜应力为

$$\sigma_\theta=\frac{Pr \cdot 2+\kappa}{2 \cdot 1+\kappa} \tag{3-2}$$

对气肋中线 $CD(\theta=0)$，膜应力为

$$\sigma_\theta=\sigma_0=\sigma_\pi=Pr \tag{3-3}$$

对气肋内侧 $EF(\theta=-\frac{\pi}{2})$，膜应力为

$$\sigma_\theta=\frac{Pr \cdot 2-\kappa}{2 \cdot 1-\kappa} \tag{3-4}$$

根据式(3-1)~式(3-4)，可计算出气肋各部位的张力。

当采用数值计算时，对于充气膜的初始应力，一般采用无矩理论和非线性有限元方法来确定，其计算过程较为烦琐。上面提出的计算方法较为简洁，但通常只适用于外形平滑的充气膜结构，因此，可以采用上述方法得到充气拱的近似初应力。

2) 气肋竖向承载力理论分析

结构试验研究发现，拱形气肋从开始加载到结构屈曲，其受力可分为弹性阶段、弹塑性阶段及屈曲阶段。弹塑性阶段对应的最大荷载为褶皱荷载(即气肋表面出现褶皱时的荷载)，其值约为屈曲荷载的 $90\%\sim95\%$。因此，下面以褶皱荷载作为气肋竖向承载力的理论值，结合试验情况，对承载力进行计算。三点均布加载(模拟雪荷载)时的承载力计算步骤如下：

(1) 由应力公式(3-1b)计算气肋大环向拉应力 $\sigma_1=Pr/2$。

(2) 由结构力学知识求得三点加载时在单位荷载作用下控制截面的弯矩 M、轴力 N 及由 M、N 所引起的压应力 $\sigma_2=M/W+N/A$(其中，M、N 分别为拱形结构在荷载作用下弯矩和轴力的最大值，A、W 分别为气肋膜材的截面面积和惯性矩)。

(3) 利用"当某截面在荷载作用下的压应力大于充气后的拉应力时，气肋膜材出现褶皱，此时外荷载与气肋竖向承载力相等"这一原理求出竖向承载力。

按以上步骤可求出各种跨度拱形气肋在不同气压和不同肋径时的竖向承载力(只列出 12 m 跨度低压气肋和 6 m 跨度高压气肋两种情况)，详见表 3-6 和表 3-7。

表 3-6　12 m 跨度低压气肋在不同气压和不同肋径时的竖向承载力

气压/MPa	承载力/N				
	肋径为 600 mm 时	肋径为 650 mm 时	肋径为 700 mm 时	肋径为 750 mm 时	肋径为 800 mm 时
0.035	647	819	1019	1248	1507
0.04	740	936	1164	1426	1723
0.045	832	1053	1310	1604	1938

表 3 - 7　6 m 跨度高压气肋在不同气压和不同肋径时的竖向承载力

肋径/mm	承载力/N				
	气压为 0.5 MPa 时	气压为 0.6 MPa 时	气压为 0.7 MPa 时	气压为 0.8 MPa 时	气压为 0.9 MPa 时
50	7.1	8.5	9.9	11.3	12.7
120	108	129	151	172	194
150	213	256	298	341	383

3）气肋荷载试验及结果对比

本设计研制的低压气肋中心跨度为 12 m，气肋直径为 800 mm；高压气肋中心跨度为 6 m，充气后气肋直径为 120 mm。拱形气肋样品外形如图 3-48、图 3-49 所示。

图 3-48　12 m 跨度低压气肋外形

图 3-49　6 m 跨度高压气肋外形

设计过程中分别对这两种拱形气肋样品进行了竖向荷载试验，采用三点加载模拟雪荷载。试验时低压气肋的气压为 0.04 MPa，高压气肋的气压为 0.8 MPa。12 m 跨度低压气肋的加载点位置如图 3-50 所示，荷载试验如图 3-51 所示。试验结果发现，低压气肋的最大位移发生在拱顶，最大竖向位移为 1141 mm。6 m 跨度高压气肋荷载试验情况与 12 m 跨度低压气肋相似。

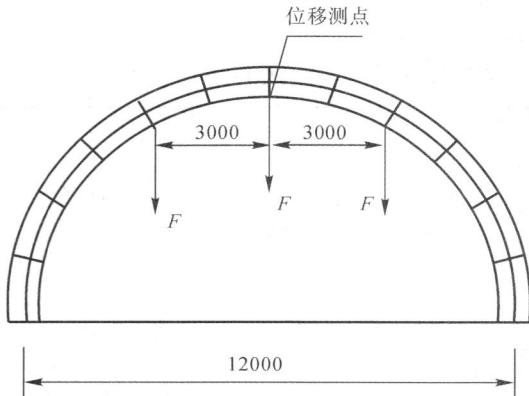

图 3-50　12 m 跨度低压气肋加载点位置

图 3-51　12 m 跨度低压气肋荷载试验

通过荷载试验,得到了三点加载时两种拱形气肋的竖向承载力,12 m 跨度低压气肋屈服时单点荷载值为 1670 N,6 m 跨度高压气肋屈服时单点荷载值为 153 N(已换算为单根气肋)。

将 12 m 跨度低压气肋及 6 m 跨度高压气肋的荷载试验承载力与理论分析值进行对比,结果见表 3-8。

表 3-8　拱形气肋竖向承载力比较

类型	气压/MPa	理论值/N	试验值/N	误差/%
12 m 跨度低压气肋	0.04	1723	1810	4.8
6 m 跨度高压气肋	0.8	172	182	5.5

说明:表中所列承载力为三点均布加载时的单点值,12 m 跨度气肋膜材厚度为 0.5 mm,肋径为 800 mm,气肋自重为 420 N;6 m 跨度气肋膜材厚度为 3.0 mm,肋径为 120 mm,气肋自重为 86 N(试验值为外荷载与气肋自重之和)。

4)结论

由以上结果对比可以看出,两种跨度拱形气肋竖向承载力的理论值与试验值差别均较小,最大误差仅为 5.5%,能满足工程精度要求。经分析,误差产生的原因主要有以下几个方面:

(1)荷载误差。如前所述,承载力的理论值是以褶皱荷载为代表,其值约为屈曲荷载的 90%~95%,也就是说承载力的理论值约为试验值的 90%~95%,此误差可导致承载力的试验值偏大,但按此设计时气肋较为安全。

(2)初应力误差。承载力的理论计算是以气肋初应力为基础的,在材料强度允许的情况下,气压越高,肋径越大,材料初应力越大(气肋结构刚度越大),气肋外形越平滑,此时用初应力公式 $\sigma=Pr/2$ 计算的应力越精确。即,气肋材料初应力越大时,承载力的试验值与理论值的误差越小。

拱形气肋结构力学分析与荷载试验对比结果表明:充气后气肋竖向承载力的理论值与试验值差别不大(最大误差仅为 5.5%),比用有限元法计算的竖向承载力准确,并且计算过程简单,故可据此方法对拱形气肋结构进行分析设计。

2. 气压、肋径对承载力的影响程度及结构稳定性

根据气肋竖向承载力的计算方法,分别对不同跨度低压气肋进行计算,可得到不同气压、不同肋径时单拱的竖向承载力值。对气压、肋径与竖向承载力的关系进行统计,可得到气压、肋径与竖向承载力之间的关系曲线,同时得出气压、肋径这两个主要因素对竖向承载力的影响程度。另外,根据结构试验及理论分析,并参考材料力学中的长细比理论来设计气肋,可保证气肋结构单元的稳定性。单元稳定性是对按承载力理论设计的气肋的必要补充。

1)气压对承载力的影响

由前述计算方法可得到不同跨度、不同气压、不同肋径时单拱的竖向承载力值,详见表 3-9。由于篇幅所限,表中只列出跨度为 9 m、10 m 及 11 m 时的计算结果。

表 3 - 9　不同跨度、不同气压、不同肋径时单拱的竖向承载力

气压/MPa	9 m跨度低压气肋的竖向承载力/N				
	肋径为 450 mm 时	肋径为 500 mm 时	肋径为 550 mm 时	肋径为 600 mm 时	肋径为 650 mm 时
0.035	336	458	607	784	991
0.04	384	523	693	895	1133
0.045	431	589	780	1007	1274

气压/MPa	10 m跨度低压气肋的竖向承载力/N				
	肋径为 500 mm 时	肋径为 550 mm 时	肋径为 600 mm 时	肋径为 650 mm 时	肋径为 700 mm 时
0.035	427	560	730	926	1151
0.04	489	647	830	1058	1316
0.045	550	728	940	1191	1480

气压/MPa	11 m跨度低压气肋的竖向承载力/N				
	肋径为 550 mm 时	肋径为 600 mm 时	肋径为 650 mm 时	肋径为 700 mm 时	肋径为 750 mm 时
0.035	534	691	874	1086	1330
0.04	611	789	999	1242	1520
0.045	687	888	1124	1397	1710

说明：表中数值为三点加载模拟雪荷载时单点的承载力，力学计算时，拱形状均以变形后的值来进行计算（以结构试验变形为依据），两拱脚均简化为铰接。

对表 3 - 9 所示的数据采用最小二乘法可得到气压与承载力的关系曲线，可以得出气压与承载力基本呈幂次关系。当气肋跨度为 9 m 时，气压幂指数的平均值为 0.997；当气肋跨度为 10 m 时，气压幂指数的平均值为 1.012；当气肋跨度为 11 m 时，气压幂指数的平均值为 1.001。各幂指数的波动范围很小，平均值为 1.003，此处取为 1，即 $F \propto P$（承载力 F 与气压 P 呈线性关系）。

2）肋径对承载力的影响

用相同的方法对表 3 - 9 中的数据进行处理，可得到肋径与承载力的关系曲线，可以得出肋径与承载力基本呈幂次关系。当气肋跨度为 9 m 时，肋径幂指数的平均值为 2.944；当气肋跨度为 10 m 时，肋径幂指数的平均值为 2.948；当气肋跨度为 11 m 时，肋径幂指数的平均值为 2.940。各幂指数的波动范围很小，平均值为 2.944，此处取为 3，即 $F \propto D^3$（承载力 F 与肋径 D 的 3 次方呈线性关系）。

3）气肋单元结构的稳定性

利用上述方法可以方便地求出气肋结构的承载力，但在试验过程中发现，当气肋跨度较大时，由于自重较大，对顶拱形高压气肋较难成型（即形成预想的等腰三角形）。当气肋单元达不到设计形状要求时，结构单元的承载力会大幅降低。但这种现象在低压气肋的研制及试验过程中没有发生过，这似乎与材料力学中的压杆稳定问题相似，即可以用长细比概念进行气肋稳定性设计。实际情况也是这样的，由于低压气肋的肋径较大，其长细比（此处为气肋自身长度与肋径之比）相对较小，故结构稳定性好；而高压气肋单元的长细比相对较大，故较难成型，存在失稳问题。通过计算可得出典型气肋结构单元的长细比，详见表 3 – 10。

表 3 – 10　典型气肋单元的长细比

气肋名称	6 m 跨度高压气肋	8 m 跨度高压气肋	12 m 跨度高压气肋
长细比	48.5	43.0	47.7
气肋名称		8 m 跨度低压气肋	12 m 跨度低压气肋
长细比		25.1	26.9

说明：表中高压气肋为对顶拱形，气肋长度为拱顶（拱顶有支撑点）到拱脚的理论计算长度；低压气肋均为单根拱，气肋长度按半圆形轴线的长度计。

由表 3 – 10 可以看出，两种低压气肋的长细比均较小，试验也验证了这种结构单元的稳定性较好。几种高压气肋的长细比均较大，由试验可知，6 m 跨度高压气肋结构承载力偏弱，12 m 跨度高压气肋结构形状不理想且承载力较弱，而 8 m 跨度高压气肋结构较稳定且承载力较强。对比以上计算结果不难看出，由于 6 m 及 12 m 跨度高压气肋对顶拱长细比过大（大于 8 m 跨度高压气肋对顶拱长细比），导致对顶拱结构稳定性不够，进而影响到单元结构承载力。因此，对于 12 m 跨度对顶拱形高压气肋，应对其增设横向支撑或增加气肋直径以增强结构稳定性，长细比具体值可参考 8 m 跨度高压气肋（其结构单元较为稳定，结构试验表明其可承受大于 8 级的风荷载和大于 80 mm 厚的雪荷载）。

3. 气肋结构力学分析程序

为了对气肋结构充气式帐篷结构单元进行分析和设计，在前期力学分析和结构试验的基础上，编制了拱形气肋单元结构分析程序。本结构分析程序是在 MATLAB 环境下开发的，当已知帐篷跨度时，通过本程序可求出合适的气肋材料（膜材或管材）及相应气压、肋径及气肋间距等。本程序解决问题的方法是先输入有关参数初始值，试算后再按规律调整，直到满足要求。

1）气肋结构单元力学分析程序流程

气肋结构单元力学分析程序流程如图 3 – 52 所示。

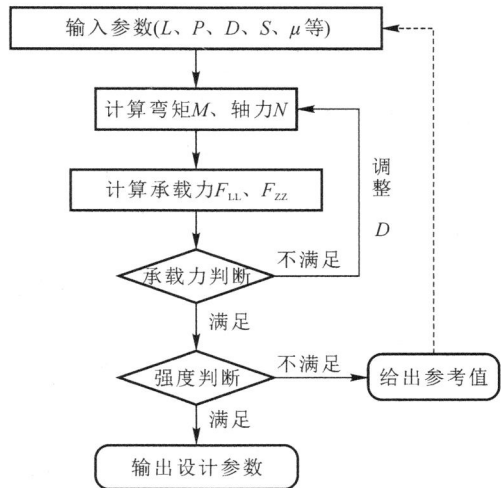

图 3 – 52　气肋结构单元力学分析程序流程

2）拱形气肋结构分析程序编制步骤

当已知帐篷跨度，寻求材料及其他结构设计参数时，程序编制步骤如下：

（1）输入气肋跨度 L。L 为帐篷的主要设计参数，单位为 m，其值由帐篷的用途确定，故此值为已知确定值。

（2）输入材料参数初值。可从材料库中任意选择不同类型的膜材或管材进行试算（结构形式可选单拱或对顶拱），当选用新材料时需从程序界面输入各参数，包括膜材径向抗拉强度 σ_{JL}（N）、克重 ρ（g/m²）、径向断裂伸长率（%）、厚 T（m）或管材初始肋径 D（m）、壁厚 T（m）、爆破压力 P_{bp}（Pa）、管材线密度 ρ_g（N/m）、直径膨胀率（%）等值，这些值可通过查找预选材料的相应指标或由检测报告获得。当初选材料符合要求时，程序会给出气肋各设计要素的计算结果；当初选材料不符合要求时，程序会给出材料的参考指标，并建议更换材料后重新计算。

（3）输入肋径初值 D。D 为气肋直径初始值，单位为 m。当选用膜材时，可由气肋跨度按 $D=L/40$ 求出（当气肋跨度 L 输入后，该值由程序自动算出）。当选用管材时，该值与材料参数初值一并输入（即为管材初始肋径）。

（4）输入气压 P、气肋间距 S 及承载力非线性系数 μ。P 为气肋净压力，单位为 Pa，有低压、中压和高压之分，低压一般不大于 40 000 Pa，高压一般不大于 800 000 Pa，中压介于低压和高压之间。气压值可根据所选材料由经验获得，当选用膜材时，气压值默认为 40 000 Pa；当选用管材时，气压值默认为 800 000 Pa。气压值可由用户根据需要自行调整。S 为气肋结构单元间的距离，单位为 m。考虑到外篷布兜雨等因素，气肋间距按经验一般取为 1.8～2.5 m，初值默认为 2.0 m，用户可根据需要自行调整气肋间距。承载力非线性系数 μ 为气肋大变形等非线性因素对承载力的影响系数，该值为气肋结构试验得出的经验值，单根气肋一般取 1.4，对顶拱形高压气肋取 1.3。

（5）求拱形气肋结构单元竖向承载力理论值 F_{LL}。首先，求出三点加载（模拟雪荷载）时单位竖向荷载作用下半圆拱跨中节点（此处压应力最大）的弯矩 M、轴力 N（$M=0.102L$，$N=0.796$）。然后，将弯矩 M 及轴力 N 代入公式

$$F=\frac{PD}{4T\left(\dfrac{M}{W}+\dfrac{N}{A}\right)}$$

求出拱形气肋三点加载时单位竖向承载力值 F。其中，$W=\dfrac{\pi D^3}{32}\times\left(1-\dfrac{d^4}{D^4}\right)$ 为截面惯性矩；$A=\dfrac{\pi}{4}\times(D^2-d^2)$ 为截面面积；$d=D-2T$ 为气肋内径。最后，将 F 乘以 3（对顶拱形高压气肋乘以 6）后再除以承载力非线性系数 μ，得到的值即为拱形气肋结构单元竖向承载力理论值 F_{LL}。

（6）求满足承载力的肋径 D。如果 $F_{LL}-F_{ZZ}>L\sin50°\times S\times180$（其中，$F_{ZZ}$ 为气肋自重），当选用膜材时，

$$F_{ZZ}=\left(\pi^2 L\,\frac{D}{2}\right)\times(\rho+586)\times\frac{1.1}{100}$$

当选用管材时，

$$F_{ZZ}=\pi L\times\rho_g$$

则肋径 D 以能被 10 mm 整除向上取整（当选用管材时，为管材充气后肋径），否则肋径 D 以 1 mm 向上递增，直到满足公式 $F_{LL}-F_{ZZ}>L\sin50°\times S\times180$ 为止。

（7）安全性判定。将能被 10 mm 整除向上取整后的肋径 D_1 代入公式 $\sigma = P \dfrac{D_1}{2}$，求得气肋环向应力 σ，然后将其与气肋材料抗拉强度 σ_{JL} 相比，如果 $\sigma_{JL} > \dfrac{3.2\sigma}{20}$（管材为 $P_{bp} > 4P$），则将 D_1 作为气肋设计直径输出，同时输出气肋跨度 L、气肋间距 S 等值；否则应根据程序提示参考值，更换材料，重新输入进行计算。

3）气肋结构分析程序说明

（1）由风荷载分析可知，当结构承载力满足 120 mm 雪荷载时，基本可承受 8 级以上风荷载。因此为了简化计算，本程序没有进行风荷载承载力验算，而是将雪荷载承载力验算时的荷载值取成了 120 mm 厚积雪，此时荷载值为 0.12 m×1500 N/m³＝180 N/m²。单根气肋计算模型及加载点位置（三点竖向加载）如图 3 - 53 所示，对顶拱形气肋计算模型及加载点位置（三点竖向加载）如图 3 - 54 所示。拱形气肋结构单元力学分析程序及计算结果界面如图 3 - 55、图 3 - 56 所示。

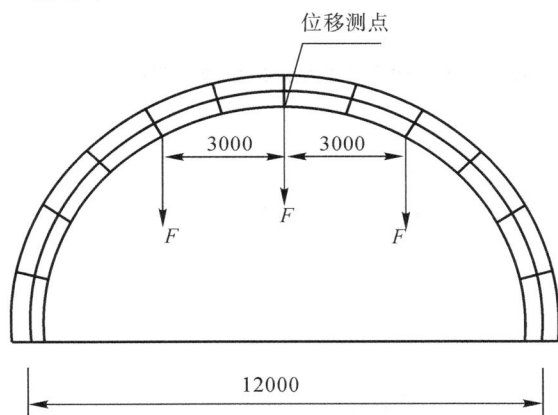

图 3 - 53　单根气肋计算模型及加载点位置

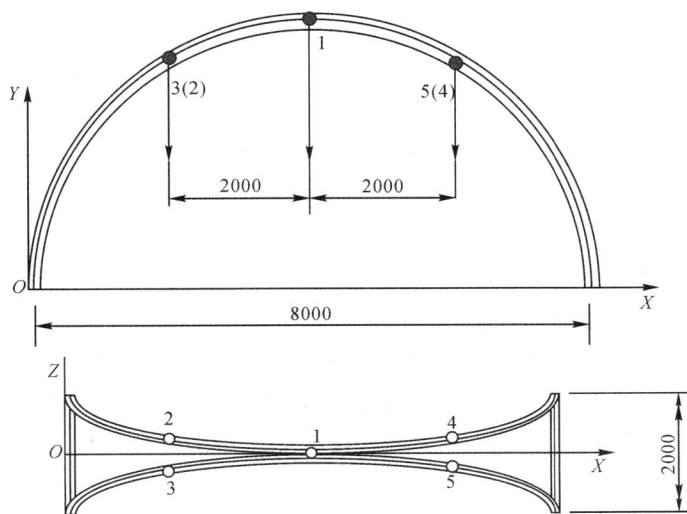

图 3 - 54　对顶拱形气肋计算模型及加载点位置

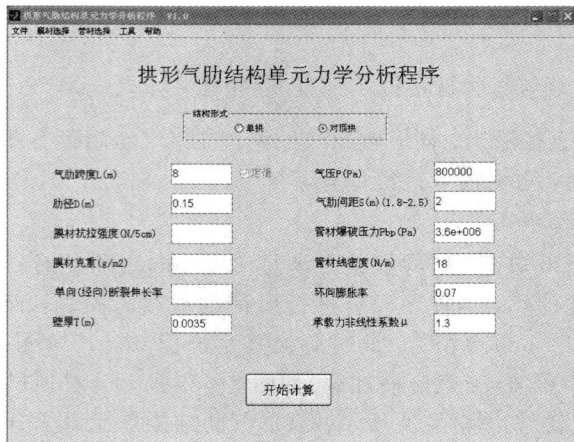

图 3-55　拱形气肋结构单元力学分析程序界面

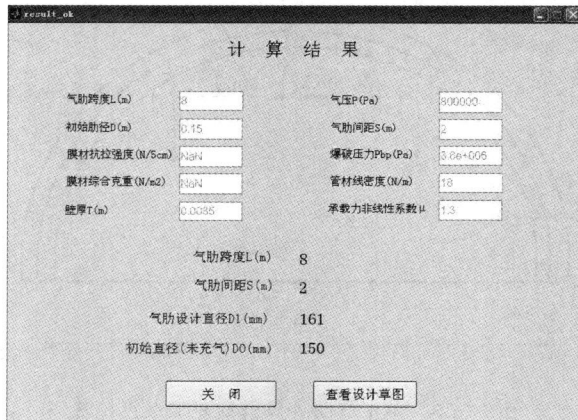

图 3-56　拱形气肋结构单元力学分析计算结果界面

（2）由于材料批次及试验方法的不同，同一种材料会有不同的测试结果，本程序材料库中两种膜材 28×3/28×3 及 28×2/28×2 各参数为防水帆布的技术指标值。由于高压管材为新研产品，本程序引用的四种高压管材的参数值为材料单次试验的结果，不能等同于材料的技术指标，因此，在进行安全性判定时，膜材强度按不小于 3.2 倍计算，管材压力按不小于 4 倍计算。另外，对于膜材制作的单根气肋，首先由程序计算出气肋设计直径（充气后直径），再根据材料的断裂伸长率（假定断裂伸长率除以 3.2 为工作压力下的伸长率）求出下料（充气前）直径。对于高压管材，先由环向膨胀率求出充气后直径，再将充气后直径代入承载力计算公式验算，如果通过则同时输出充气前及充气后肋径，如果未通过则由程序给出设计肋径（充气后肋径）参考值，用户可通过界面提示另选相应材料输入程序再算。

（3）为了达到简单、实用的目标，本程序膜材参数中的膜材抗拉强度为 5 cm 宽外套材料的断裂强力（单位为 N/5cm），克重为外套材料的面密度，气肋自重计算时还应加上内胆自重，内胆按 586 g/m² 在后台一并计算。

（4）选用高压管材计算时，程序不会根据跨度自动给出肋径初值（肋径随所选材料参数一同给出),对于缺乏经验的操作者,这可能会导致所选管材肋径偏大(计算一次性通过,没有警告信息),造成浪费。因此,当选用管材时建议先选直径较小的,当计算通不过时,操作者可根据提示信息(充气后肋径参考值)重新选择管材再次计算。

(5)本程序为气肋结构单元力学分析程序,只能求解单根拱形气肋(或对顶拱形气肋单元)承载问题,整体帐篷结构设计可参考本程序计算结果。由分析结果可知,考虑整体效应后,帐篷的承载力可提高约 12.3%。

4. 应用力学分析程序设计气肋举例

根据实际需求,现要做一顶 12 m 跨度的充气式帐篷,需寻求气肋材料及其他气肋设计参数。根据经验,有膜材和管材、单拱和对顶拱等几种形式可供选择。一般情况下,膜材对应单拱,管材对应对顶拱(管材做成单拱的形式存在失稳,承载力非线性系数可能大于1.4,故此处暂不考虑)。

若为膜材做成的单拱形式,则结构形式处选择单拱,气肋跨度输入 12 m(肋径初值按 $L/40$ 自动给出),再从材料库中选择一种膜材(对于 12 m 跨度单拱,膜材按 28×3 自动给出,若初选膜材不适合,则程序会计算给出材料的最小抗拉强度及参考肋径)或由界面自行输入新材料的参数。此处选择 28×3 防水帆布,程序界面显示膜材抗拉强度为 2300 N/5cm,克重为 420 g/m²,径向断裂伸长率为 0.3,壁厚为 0.00054 m。再从程序界面输入气压40 000 Pa、气肋间距 2 m、承载力非线性系数 1.4 等值后,开始计算。计算结果显示,气肋跨度为 12 m,气肋间距为 2 m,充气后直径为 680 mm,下料直径为 622 mm。本设计中按下料直径为 630 mm(设计直径约为 700 mm)制作了一顶 12 m 跨度低压充气式帐篷,结构试验表明该帐篷满足设计荷载要求。

若为管材做成的对顶拱形式,则结构形式处选择对顶拱,气肋跨度输入 12 m,再从材料库中选择一种管材(若初选管材不适合,则程序会计算给出管材设计肋径参考值)或由界面自行输入新材料的参数。此处选 Φ200 高压管材,程序界面显示肋径为 0.2 m,壁厚为 0.0035 m,爆破压力为 3.24×10⁶ Pa,线密度为 20.54 N/m,环向膨胀率为 0.058。再从程序界面输入气压 800 000 Pa、气肋间距 2 m、承载力非线性系数 1.3 等值后,开始计算。计算结果显示,气肋跨度为 12 m,气肋间距为 2 m,初始肋径为 200 mm,设计肋径为 212 mm。

5. 风荷载分析及帐篷整体效应

对风荷载作用下的充气膜结构进行理论计算时需考虑的因素较多,风振系数及变形后的体型系数均难以确定,风荷载值及变形后的位移和形状也很难得到,计算过程十分复杂,故目前结构试验及计算通常是用静力荷载模拟风荷载,即便如此,风荷载的分析也比雪荷载更为复杂。对于建筑结构来讲,蒙皮效应是指围护结构(主要是屋面和墙面)对主体结构的整体加强作用,这种效应大大加强了结构的空间整体性。蒙皮效应很难明确地量化,它受很多条件影响,不同工程情况下,蒙皮的作用效应也不同。对气肋充气式帐篷而言,蒙皮效应就是指外篷布对拱形气肋的加强作用。由于拱形气肋自身结构理论计算比较复杂,加上蒙皮效应具有不明确性,使得对充气式帐篷的整体结构进行理论分析变得更复杂。下面结合结构试验,对 12 m 跨度低压气肋风荷载理论分析及充气式帐篷整体蒙皮效应这两个问题加以论述。

1)风荷载理论分析

由于风荷载试验及结构计算较复杂,故本设计中较多的结构试验及计算是相对于雪荷载进行的。然而，对于指标中所要求的 80 mm 雪荷载和 8 级风荷载，通常情况下是风荷载对帐篷的作用效果更大些，或者说风荷载为帐篷结构的控制荷载。因此，必须对风荷载加以验算，或者等效成相应的雪荷载以验证结构的承载能力。

为了简化分析，取 12 m 跨度低压充气式帐篷的单根拱形气肋为研究对象，分别计算该气肋能承受的最大雪荷载及风荷载，以便对其进行定量荷载分析。设气肋肋径为 700 mm，气压为 0.04 MPa，气肋间距按 2 m 考虑。以褶皱荷载作为雪荷载承载力计算值，则三点加载模拟雪荷载时结构承载力为 $F = 3PD / \left[4T \left(\dfrac{M}{W} + \dfrac{N}{A} \right) \right]$，其中 M、N（$M = 0.102L$，$N = 0.796$）为三点单位荷载时拱顶处的弯矩及轴力，$W = \dfrac{\pi D^3}{32} \left(1 - \dfrac{d^4}{D^4} \right)$ 为截面惯性矩，$A = \dfrac{\pi}{4} (D^2 - d^2)$ 为截面面积，$d = D - 2T$ 为气肋内径。考虑气肋的自重（由材料克重计算出单根气肋总重为 456 N）并代入各已知值（积雪容重按 1500 N/m³）后得出气肋可承受 137 mm 厚雪荷载（总承载力为 4226 N）。同样以褶皱荷载作为风荷载承载力计算值（排除膜材被拉裂或风绳、拱脚被拉起等情况）对风荷载进行分析，对拱形气肋按八点等效静载加载（分别按各面体型系数计算荷载），则模拟风荷载时基本承载力为 $F = PD / \left[4T \left(\dfrac{M}{W} - \dfrac{N}{A} \right) \right]$，其中 M、N 为八点等效静载加载时两个控制截面处的弯矩及轴力，$W = \dfrac{\pi D^3}{32} \left(1 - \dfrac{d^4}{D^4} \right)$ 为截面惯性矩，$A = \dfrac{\pi}{4} (D^2 - d^2)$ 为截面面积，$d = D - 2T$ 为气肋内径。由于气肋自重对结构抗风荷载有利，故此处暂不计算自重的影响。代入各已知值并对两控制截面比较后得出（基本风压 $w = 0.322$ kN/m²，风速 $v = 22.7$ m/s）气肋可承受大于 8 级风荷载。同理，若以 8 级风荷载作为控制荷载，其他条件不变，反推过来，则可求出气肋肋径 $D = 660$ mm，此时，气肋可承受 114 mm 厚雪荷载。也就是说，为了简化计算，可按气肋应能承受 114 mm 厚雪荷载对结构进行设计，此时，该结构可承受约 8 级风荷载。

2）帐篷整体效应分析

如前所述，由于从理论上分析帐篷的整体效应十分复杂，很难量化，故此处结合结构试验，将 12 m 跨度低压气肋充气式帐篷整体承载能力与同形式、同跨度、同直径、同气压的单根气肋相比，进而对充气式帐篷整体效应问题进行论述。12 m 跨度低压气肋充气式帐篷样品的主气肋共 5 根，肋径为 800 mm，气肋间距为 2.5 m。

12 m 跨度低压气肋充气式帐篷整体结构试验表明，当气压为 0.035 MPa 时，中部直立拱单根竖向承载力为 126×4＝504 kg，端部直立拱单根竖向承载力为 169×4＝676 kg（由于构造不同，端部直立拱受荷面积大于中部，故其所受荷载大于中部拱），帐篷（主气肋与外篷布协同工作时）的总承载力为 504×3＋676×2＝2864 kg，单根气肋的平均承载力为 572.8 kg。

单根气肋结构试验表明，当气压为 0.035 MPa 时，跨度为 12 m、肋径为 800 mm 的气肋竖向承载力为 170×3＝510 kg。

对两种情况下的承载力进行比较可得，气肋与篷布协同工作时单根气肋承载力为 572.8 kg，独立工作时单根气肋承载力为 510 kg，由此可知，协同工作时的承载力大于独立工作时的承载力，即整体效应对充气式帐篷的承载力有增强作用。由计算可知，考虑整体效应后，充气式帐篷的承载力约增加 12.3%。考虑整体效应后的风荷载承载力试验结果也比单根气肋有所增加(由于条件所限，整体加载至 8 级风后未再继续进行，故没能获得具体增加幅度)。

由于考虑整体效应时充气式帐篷的理论计算十分复杂，因此，在进行充气式帐篷结构设计及计算时，可用单根气肋独立工作时的承载力进行计算，而将因蒙皮效应产生的承载力作为安全储备，这样计算和设计出来的充气式帐篷是较为安全的。

3.6.3　温度对气肋膜材应力的影响

以前人们对气温升高而引起囊内气体膨胀这一现象的考虑不足，所以因环境温度升高，囊内气体膨胀而导致囊体"晒爆"的情况时有发生。人们认识到这一危害后，在气囊式膜结构上设置了安全阀或泄气阀，当囊内气压超过某特定值时，泄气阀会自动打开，将多余气体排出，以维持囊内气压相对恒定。但当泄气阀出现故障或失灵，气囊内压力升高而气体不能及时排出时，就会对周围人员造成潜在危害。因此，对气温升高而引起特定气囊材料应力值增大的程度进行研究，可为气囊式膜结构的设计与膜材选择提供科学依据，使设计更加安全。

1. 温度升高对低压气肋膜材应力的影响

对新研制的充气式帐篷，下面以拱形气肋为例进行研究，设气肋的中心跨度为 12 m，温度升高前气肋的直径为 800 mm，气压为 0.04 MPa，气肋外形如图 3-57 所示。

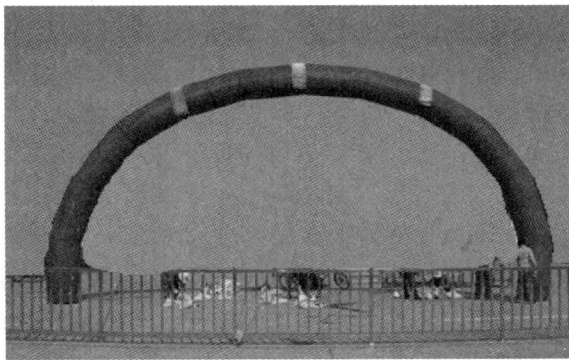

图 3-57　拱形气肋外形

按最大日温差 30℃计，设帐篷使用过程中的日最低环境温度为 0℃，最高环境温度为 30℃，并假设在此过程中气肋不漏气，气肋中气体的温度与外界环境的温度相同。

设 0℃时气肋气压为 P_1，气肋中气体体积为 V_1，绝对温度为 T_1；升温到 30℃后气肋气压为 P_2，气肋中气体体积为 V_2，绝对温度为 T_2。由于气肋密闭，故其满足理想气体状态方程，由状态方程可得

$$\frac{P_1 V_1}{T_1} = \frac{P_2 V_2}{T_2} \tag{3-5}$$

对于图 3-57 所示的拱形气肋，有

$$V = \pi r^2 \times \frac{\pi L}{2} = \left(\frac{\pi^2 L}{2}\right) \times r^2 \tag{3-6}$$

其中：V 为气肋中气体体积；r 为气肋半径；L 为拱形气肋中心跨度。

由于气肋的环向应力是纵向应力的 2 倍，故环向应变增大是气肋体积变大的主要因素。不妨设在温度升高、体积增大过程中拱形状及拱中心跨度 L 保持不变，即拱形气肋的轴线长度保持不变，变大的只是气肋半径。由式（3-6）可知 V 正比于 r^2，故式（3-5）可变为

$$\frac{P_1 r_1^2}{T_1} = \frac{P_2 r_2^2}{T_2} \qquad (3-7)$$

下面分两种情况计算当环境温度从 0℃升高到 30℃时，拱形气肋膜材环向应力的增加值。

（1）当半径不变时，由式（3-7）可知：

$$\frac{P_1}{T_1} = \frac{P_2}{T_2} \qquad (3-8)$$

将已知条件 P_1、T_1、T_2 的值代入式（3-8），可求得 $P_2 = 156\,818.9$ Pa。代入气肋环向应力计算公式 $\sigma = Pr$（P 为气压差）可知，充气拱的环向应力增加值为 $\Delta\sigma = 6207.6$ N/m，增幅达 38.8%。

（2）当气压不变时，由式（3-7）可知：

$$\frac{r_1^2}{T_1} = \frac{r_2^2}{T_2} \qquad (3-9)$$

将已知条件 r_1、T_1、T_2 的值代入式（3-9），可求得 $r_2 = 421.4$ mm。代入气肋环向应力计算公式可知，充气拱的环向应力增加值为 $\Delta\sigma = 856$ N/m，增幅为 5.4%。

将已知条件 P_1、r_1、T_1、T_2 的值代入式（3-7）可求得 $P_2 r_2^2 = 25091$，考虑压差后即有 $(101300 r_2 + \sigma_2)r_2 = 25091$。由此可知：当 r_2 越小时，σ_2 越大；当 r_2 越大时，σ_2 越小。

以上分析的两种情况中，情况一为半径不变，此时 r_2 取最小值（由于是工程问题，温度升高过程中半径会增大，故其最小值与 r_1 相等），所以 σ_2 取得最大值，取最大值时环向应力的增幅达 38.8%；情况二为气压不变，此时 r_2 取最大值（由于是工程问题，温度升高过程中内压会升高，故半径最大值由等压方程求得），所以 σ_2 取得最小值，取最小值时环向应力的增幅为 5.4%。即上述拱形气肋当温度从 0℃升高到 30℃时，膜材环向应力增幅范围介于 5.4% 到 38.8% 之间。

当拱形气肋膜材确定后，可计算出膜材应力增加的具体值。本设计是针对图 3-58 所示的气肋进行的，该气肋材料由内胆和外套组成，内胆为聚氨酯，外套为涤纶防水透气帆布。采用 ANSYS 软件分析时，选用 shell41 单元模拟外套材料（不计内胆对气肋应力的影响），设材料为线弹性和正交各向异性，厚度为 0.54 mm，由双向拉伸试验测得外套材料经向和纬向的弹性模量分别为 470.1 MPa 和 682.9 MPa，边界条件为拱脚所有节点三个方向自由度均约束。ANSYS 软件计算过程如下：首先将前面第一种情况下所求的 $P_2 = 156\,818.9$ Pa 折算为压差，并施加于原模型，求得变形后的半径（由于假设材料为线弹性，因此可直接由压差求变形），并将变形后的半径代入公式 $P_2 r_2^2 = 25091$，求得的气压设为 P_3，再将 P_3 折算为压差后施加于原模型，再次求得变形后的半径，依次类推；当相邻两次计算所得半径相差在 1‰ 内时，终止计算，将最后一次计算所得的半径代入公式 $P_2 r_2^2 = 25091$，所求的气压值即为气温升高时气肋参数变化的最终结果。气压及半径计算迭代过程如表 3-11 所示，压差作用下最终气肋的位移和应力计算结果分别如图 3-58 和图 3-59 所示。

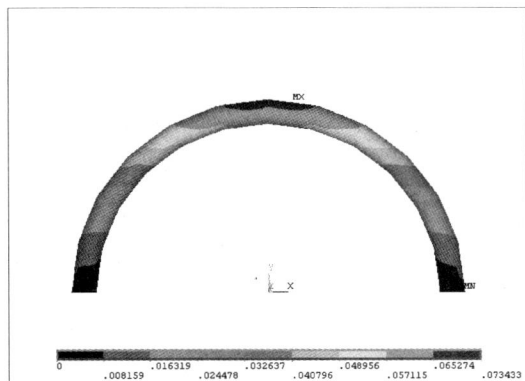

图 3-58　压差作用下气肋位移

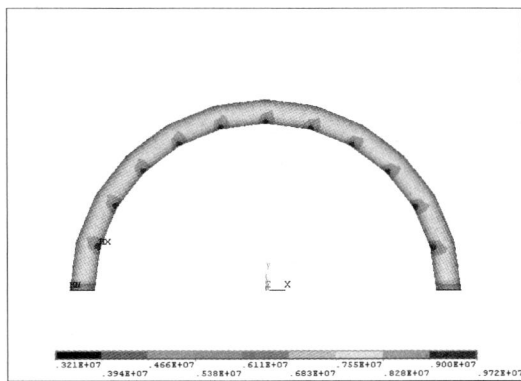

图 3-59　压差作用下气肋第一主应力

表 3-11　气压及半径迭代过程

迭代次数	气肋气压/Pa	气压增量/Pa	变形后半径/mm	相邻半径误差/‰
1	156 818.9	15 518.9	406.7	16.8
2	151 698.9	10 398.9	404.7	5
3	153 180.7	11 880.7	405.2	1.3
4	152 808	11 508	405.1	0.3

由计算结果可以得出，当内压增量为 11 508 Pa，即气肋内气压为 $P=152\,808$ Pa、气肋半径为 $r=405.1$ mm 时，计算结束，此时气肋半径误差为 $\Delta=(405.2-405.1)/400=0.3$‰。此时，充气拱的环向应力为 20 903.4 N/m，环向应力的增加值为 $\Delta\sigma=4903.4$ N/m，增幅达 30.6%。即，当环境温度从 0℃升高到 30℃时，用上述涤纶防水透气帆布所制作的中心跨度为 12 m、初始直径为 800 mm、初始气压为 0.04 Mpa 的充气拱的环向应力增加值为 4903.4 N/m，应力增幅为 30.6%。

综上，当气温升高时，若气囊内的气体不能及时排出，则会使膜材应力增大，导致气囊被"晒爆"，因此，在气肋设计和制作时应考虑这种情况下气肋应力的增大幅度，以保证气肋的安全。

2. 温度升高对高压气肋膜材应力的影响

以图 3-49 所示的 6 m 跨度拱形高压气肋为例，考虑最不利的情况，设最大日温差为 50℃（由于高压气肋的补气间隔比低压气肋长，故此处温差比低压气肋的大），即认为温度在 0～50℃之间变化，按照前面低压气肋的分析方法，若此过程中气肋的容积保持不变，则根据理想气体状态方程有

$$\frac{P_1}{T_1}=\frac{P_2}{T_2} \tag{3-10}$$

设初始时内压为 0.8 MPa，温度为 0℃，最终温度为 50℃。将 $P_1=901\,325$ Pa，$T_1=273.15$ K，$T_2=323.15$ K 代入式（3-10），可求得 $P_2=1\,066\,312$ Pa。将所求气压代入气肋应力计算公式 $\sigma=Pr$，再与初始应力比较，可得 $\sigma_2/\sigma_1=964\,987/800\,000=1.206$。即，温度从 0℃升高到 50℃时，若保持体积和肋径不变，则高压气肋的环向应力将增加 20.6%。

若此过程中气压保持不变,则根据理想气体状态方程有

$$\frac{V_1}{T_1} = \frac{V_2}{T_2}$$

$$(3-11)$$

设此过程中气肋拱的轴线长度保持不变,即气肋的体积变化只表现为肋径变化,则有 $r_1{}^2/T_1 = r_2{}^2/T_2$。设初始温度为 0℃,肋径为 120 mm,最终温度为 50℃。将 $r_1 = 60$ mm,$T_1 = 273.15$ K,$T_2 = 323.15$ K 代入式(3-11),可求得 $r_2 = 65.3$ mm。将所求气肋半径代入气肋应力计算公式 $\sigma = Pr$,再与初始应力比较,可得 $\sigma_2/\sigma_1 = r_2/r_1 = 1.088$。即,温度从 0℃升高到 50℃时,若保持气压不变,则高压气肋的环向应力将增加 8.8%。

虽然在实际中此过程既不是等容变化,也不是等压变化,温度从 0℃升高到 50℃时气肋直径、气压都要增加,膜材应力增加的具体值与膜材自身的物理力学参数有关,但根据前面所得的结论可知,其值应介于 8.8%～20.6% 之间。也就是说,当温度从 0℃升高到 50℃时,高压气肋膜材应力的增幅小于 20.6%。本设计中,6 m 跨度高压气肋选用管材为直径 100 mm 的输水软管,该材料的爆破压力为 4.8 MPa,是高压气肋正常使用压力的 6 倍,爆破时膜材应力远大于气温升高所引起的应力增加,因此不会出现高压气肋被晒爆的情况。

3.6.4　高、低压气肋充气式帐篷综合比较

为了说明高、低压气肋充气式帐篷自身的特点,也为了给实际使用过程中选择具体类型帐篷作参考,下面将我们所研制的典型样品的主要技术指标进行比较,详见表 3-12。

表 3-12　高、低压气肋充气式帐篷综合指标比较

帐篷名称 (简称)	总质量 /kg	展开 时间	展开面积 /m²	单位面积造价 /(元/m²)	充气间隔 /h
6 m 跨度高压	494.3	30 min/8 人	46.67	1115	100
8 m 跨度高压	869.3	40 min/12 人	88.56	1016	100
8 m 跨度低压	729.5	60 min/12 人	89.25	1077	24
12 m 跨度低压	1643.0	90 min/12 人	264.5	662	24

说明:表中所列 8 m 跨度低压帐篷总质量数据偏高,是因为其气泵没有单独另做,而是使用了 12 m 跨度低压气泵。表中没有列出帐篷撤收时间,撤收时间一般比展开时间少 15 min 左右。充气间隔是指两次充气之间的间隔时间,它反映了气肋的气密性。

由表 3-12 可以看出,8 m 跨度低压充气式帐篷与 8 m 跨度高压充气式帐篷相比,总质量小,展开面积基本相当,展开、撤收时间长,单位面积造价稍高。其中,低压帐篷总质量小主要是因为低压气肋质量小于高压气肋质量(低压气肋单元总质量为 35 kg,高压气肋单元总质量为 67 kg,而篷布及气泵质量基本相当)。高压帐篷使用面积较大主要是因为高压气肋直径小,在跨度相同的情况下高压帐篷内净空间更大。低压帐篷展开、撤收时间长主要是因为低压气肋之间有横向支撑,横向支撑的连接及充气都需要一定的时间,再加上每侧山墙处有两根门气柱,而高压气肋没有门气柱,所以低压展开、撤收时间比高压长。低压帐篷充气间隔时间短主要是因为其接头及阀门数量比高压帐篷多,而接头及阀门处是气压泄漏的主要部位,所以低压帐篷充气间隔时间较短。另外,受气肋材料限制,目前低压气肋最大跨度为 12 m,要研制跨度更大的大型帐篷还需直径较大的高压气肋。综合比较以上各因素,高压充气式帐篷更有优势。

3.7　框架组合式活动房

3.7.1　结构及尺寸设计

轻型铝合金活动房是一种可以反复拆装的临时性建筑房屋，由高强度轻质铝合金骨架和铝蒙皮（如聚氨酯夹芯复合板）拼装而成。它具有以下特点：

（1）采用无损耗的连接方式，零散件少，房架采用折叠结构，拆装快，特别适合当作野外拆装临时性房屋。

（2）抗风能力≥10 级。

（3）采用互换性标准结构件，可围建不同使用面积和用途的房屋。

（4）各种板块夹芯料采用保温、防火性能好的聚氨酯泡沫，体轻、使用安全可靠。

（5）正常使用寿命长，可达 10 年以上。

活动房外形结构及尺寸如图 3－60 所示。

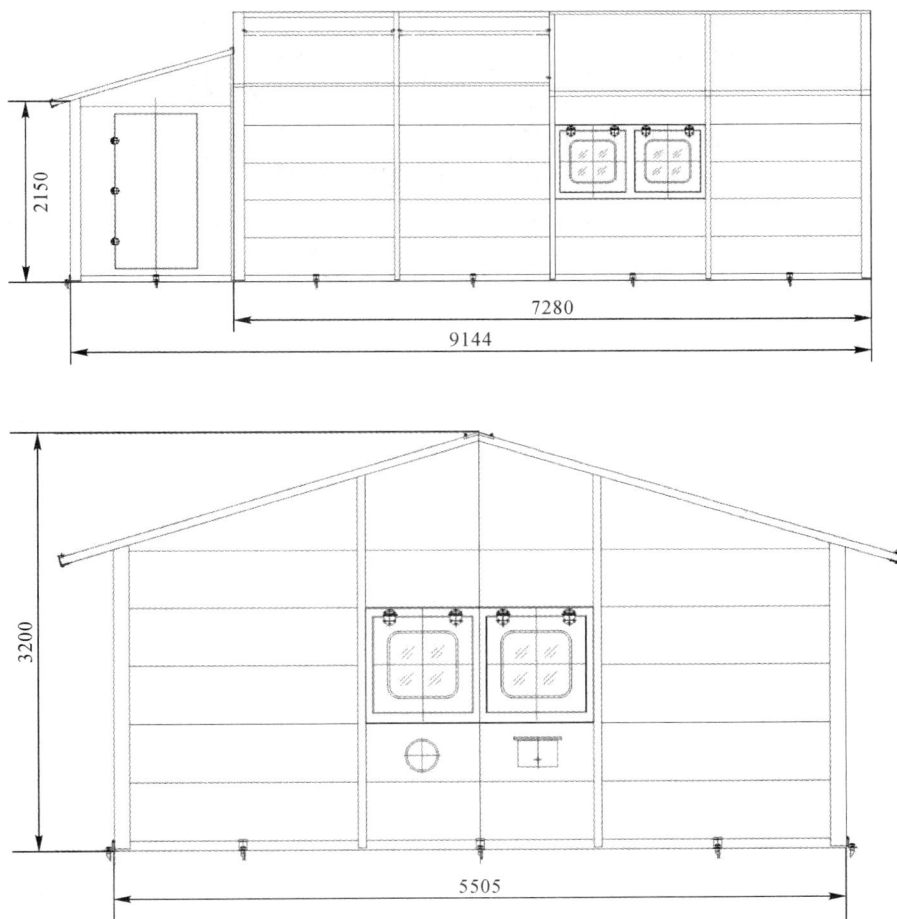

图 3－60　活动房外形结构及尺寸

房架各截面形状和尺寸如图 3-61 所示。

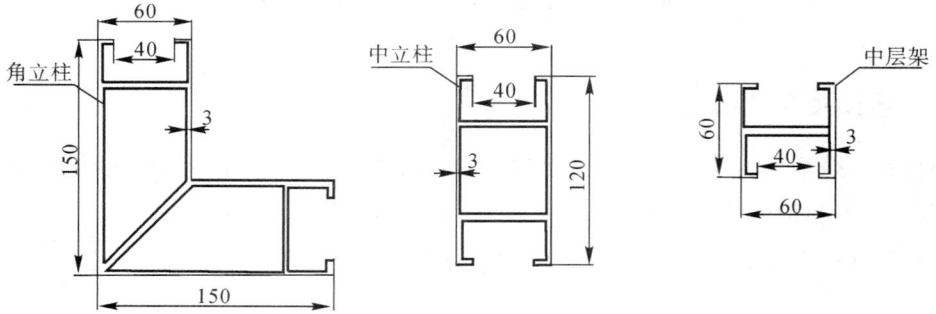

图 3-61　房架各截面形状和尺寸

活动房实物照片如图 3-62 所示。

图 3-62　活动房实物照片

3.7.2　活动房结构分析

1. 结构建模

建模所用的坐标系如图 3-63 所示。

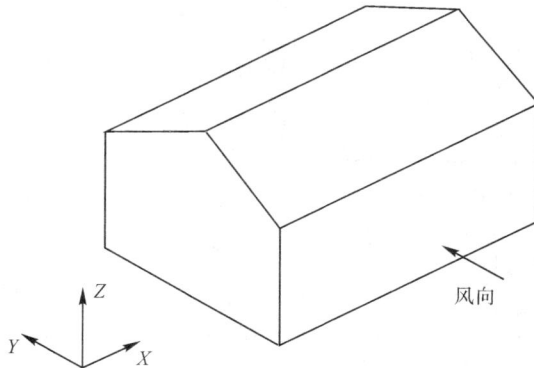

图 3-63　建模坐标系图

　　本结构中各节点连接比较特殊，房架采用折叠结构，展开后通过螺栓紧固（如图 3 - 64 所示），立柱底部连接于地圈梁上，地圈梁为开口 C 型槽钢（如图 3 - 65 所示），而 C 型槽钢的抗扭能力较弱，由于它们均属半刚性连接，故在分析时将屋架和柱、柱脚及地面等之间的连接均假定为弹簧连接以进行模拟。板与骨架之间的连接为镶嵌式连接，并填以各种形状的密封件对其进行密封（如图 3 - 66 所示），以保证房屋的密封性能。对于这种镶嵌式连接方式，不好直接判断其连接的紧密性及在外力作用下力和力矩传递的有效性，故在整体分析时保守地按照非紧密连接（有条件地传递 X、Y、Z 向自由度，而不传递扭矩）考虑，利用耦合自由度的方式（详见模型约束部分）对其进行模拟。

图 3 - 64　房架连接图

图 3 - 65　地圈梁与立柱连接图

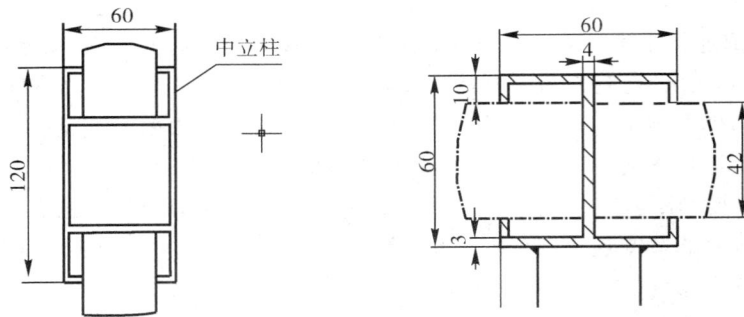

图 3-66　板与骨架连接图

有限元模型全部根据活动房的实际尺寸创建，采用自下而上的方式建立。下面按骨架和整体分别进行建模（这里将屋架的下弦节点视为刚接，屋架部分视为一个整体）。

1）单元选择

选取三种单元，分别为 beam188、shell181 和 combin14 单元。模型中所有柱和屋架均选用 beam188 单元，基于 Timoshenko 梁理论，此单元适合于细长梁和适度深梁的计算分析，并考虑了剪切变形的影响。beam188 是两节点的 3D 单元，每个节点具有 6 个自由度，包括沿节点的 X、Y、Z 方向的平动及绕节点 X、Y、Z 轴的转动。该单元具有应力刚化及大变形功能，并支持弹性、蠕变或塑性模型。此单元可自定义截面以及构件布置方式。

经考虑，屋面板和墙板选用 shell181 单元，此单元适用于薄到中等厚度的壳结构。该单元有 4 个节点，每个节点有 6 个自由度，分别为沿节点 X、Y、Z 方向的平动及绕节点 X、Y、Z 轴的转动。此单元具有应力刚化及大变形功能，具有强大的非线性功能，并对截面数据具有定义、分析、可视化等功能，还能定义复合材料多层壳，也可考虑抗弯刚度和薄膜拉力。

柱与屋架节点连接 JD1 及柱与地圈梁节点连接 JD2 均采用 combin14 单元。该单元是一种弹簧单元，可用于模拟一维、二维或三维空间在纵向或扭转的弹簧-阻尼效果。当考虑纵向弹簧-阻尼时，该单元承受单向受拉或受压，每个节点可具有 X、Y、Z 位移方向的自由度，不考虑弯曲及扭矩。当考虑为扭转弹簧-阻尼时，该单元承受纯扭矩，每个节点可具有 X、Y、Z 角度旋转方向的自由度，不考虑弯曲及轴向荷载。该单元不具有质量。在此模型中我们将其设定为绕 X 轴的扭转弹簧。

2）材料特性

房架铝材、梁铝材均按理想弹塑性材料考虑，材料基本性能参数可查阅有关手册或采用生产厂家的测试数据。复合板的材料特性采用折算后的数值，折算后的弹性模量为 11347 MPa，泊松比为 0.35，厚度取 36 mm。

弹簧单元的弹簧刚度 R 值采用节点试验所得的数据，JD1 弹簧的刚度为 12.012 kN·M/rad，JD2 弹簧的刚度为 1.31 kN·M/rad。

3）骨架建模

在骨架建模时，先建立房屋整体轮廓所需的关键点，在柱顶位置建立三个关键点，分别用于生成柱、屋架和系杆；再对柱、屋架和系杆分别指定截面及材料属性，然后划分网格，划分时单元边长取为 100 mm。同时在柱顶、屋架及柱和地面间建立弹簧单元。

模型离散化后的简图如图 3 - 67 所示(为了视图简洁，这里没有画出连梁等构件)。

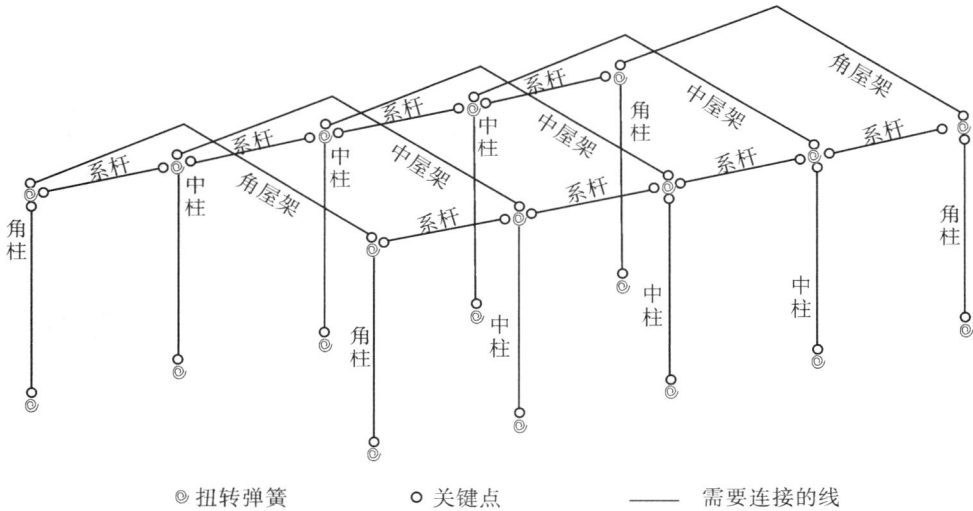

◎ 扭转弹簧　　　○ 关键点　　　—— 需要连接的线

图 3 - 67　骨架模型图

4）整体建模

在整体建模时，首先分别建立生成柱、屋架及面板所需的关键点，然后连线生成柱、屋架、墙面板和屋面板。在建模过程中，分别对柱、屋架、墙面板和屋面板指定截面和材料属性。弹簧单元的生成方法及位置与骨架建模相同，单元边长仍为 100 mm。

模型离散化后的简图如图 3 - 68 所示。图中仅画出了一边离散后的图形。由于结构对称，另一半的图形与此相似，故不再重复。

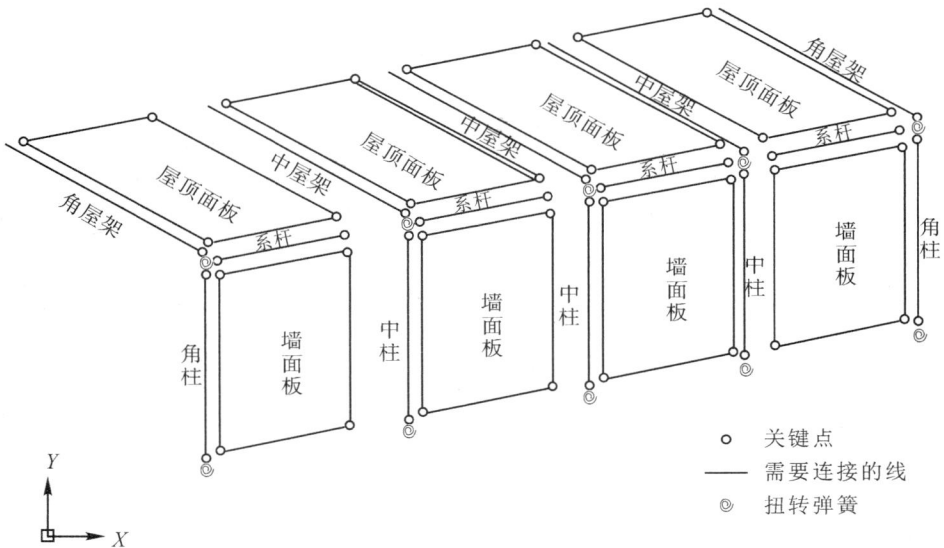

○ 关键点
—— 需要连接的线
◎ 扭转弹簧

图 3 - 68　整体模型图

2.施加约束

对骨架和整体模型应施加不同的约束,现简单介绍如下。

1)对骨架模型施加约束

由于角柱截面仅外侧通过一个螺栓与固定的地圈梁的一端连接,受到的转动约束较弱,故和山墙柱一起设为与地面铰接,只约束 X、Y、Z 向自由度。中间三跨柱底只约束 X、Y、Z 向自由度,但同时在此设弹簧约束。对柱顶位置的节点,则将柱顶系杆、柱顶、屋架在柱顶相交处的节点的 X、Y、Z 向自由度耦合在一起,将 ROTX、ROTY、ROTZ 向自由度释放,同时在屋架和柱间设弹簧约束。骨架模型的约束情况如图 3-69 所示。

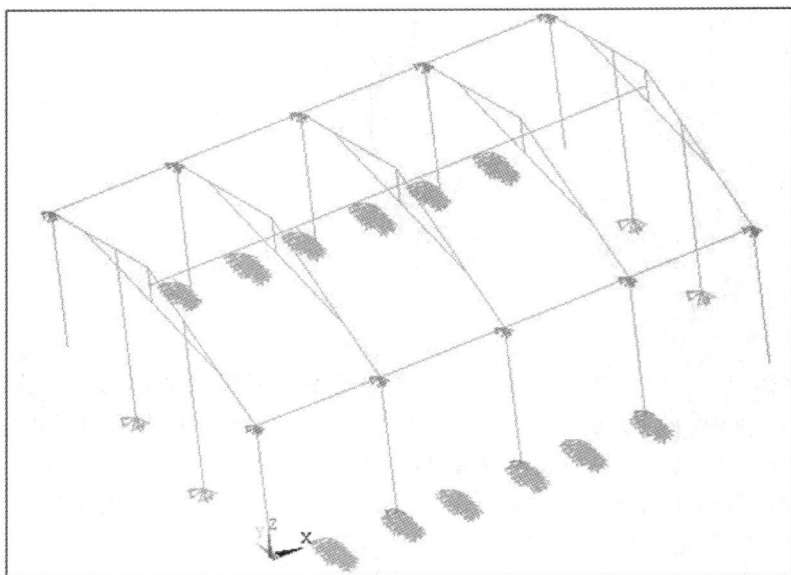

图 3-69　骨架模型约束图

2)对整体模型施加约束

将柱顶系杆、柱顶、屋架在柱顶相交处的 X、Y、Z 向自由度耦合在一起,释放 ROTX、ROTY、ROTZ 向自由度。对柱底节点(即柱和地圈梁连接处)分别施加不同的约束形式,角柱柱底约束所有自由度,中间三跨柱和山墙中柱柱底只约束 X、Y、Z 向自由度,而将 ROTX、ROTY、ROTZ 向自由度释放,同时在中间三跨柱顶和柱底加入与骨架建模相同的弹簧约束。由于墙板及屋顶面板与柱和屋架的连接是对称的,因此这里只说明左半部分的连接方式。墙板左侧一列节点和其左侧柱对应位置的节点的 X、Y 向自由度耦合在一起,右侧一列节点和其右侧柱对应位置的节点的 Y 向自由度耦合在一起,同时将左侧板顶节点的 Z 向自由度与柱顶节点的 Z 向自由度耦合在一起。对于屋顶面板,首先旋转节点坐标系,使其与屋顶面的法线方向平行,而后将屋顶面板左侧一列节点和其左侧屋架对应位置的节点的 X、Z 向自由度耦合在一起,右侧一列节点和其右侧屋架对应位置的节点的 Z 向自由度耦合在一起,同时将板左上角屋脊处节点的 Y 向自由度和屋架屋脊处节点的 Y 向自由度耦合在一起。整体模型的约束情况如图 3-70 所示。为了简化分析,这里忽略了屋檐外伸部分的影响。

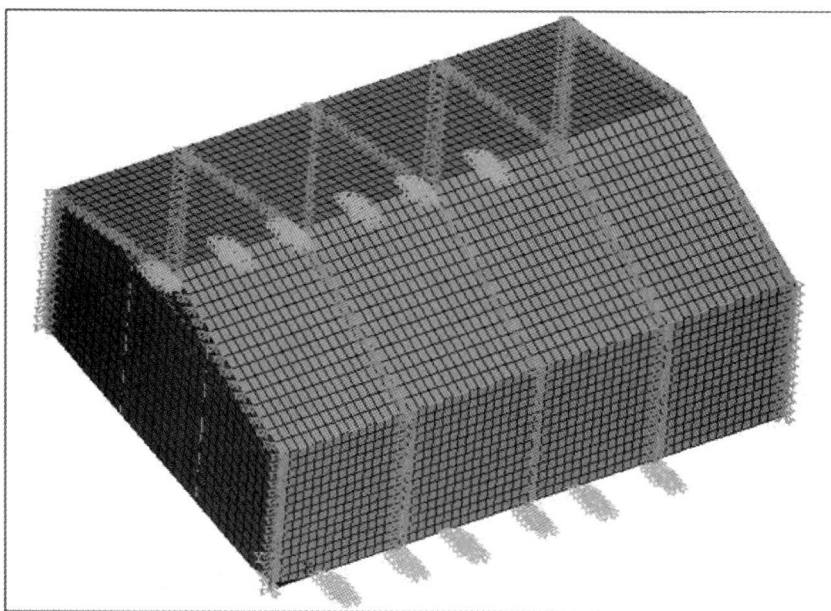

图 3-70　整体模型约束图

3. 施加荷载

1）对骨架模型施加荷载

将给定的面荷载折合成线荷载再按体型系数分别施加到屋架和柱上。骨架模型的雪荷载和风荷载分别如图 3-71 和图 3-72 所示。

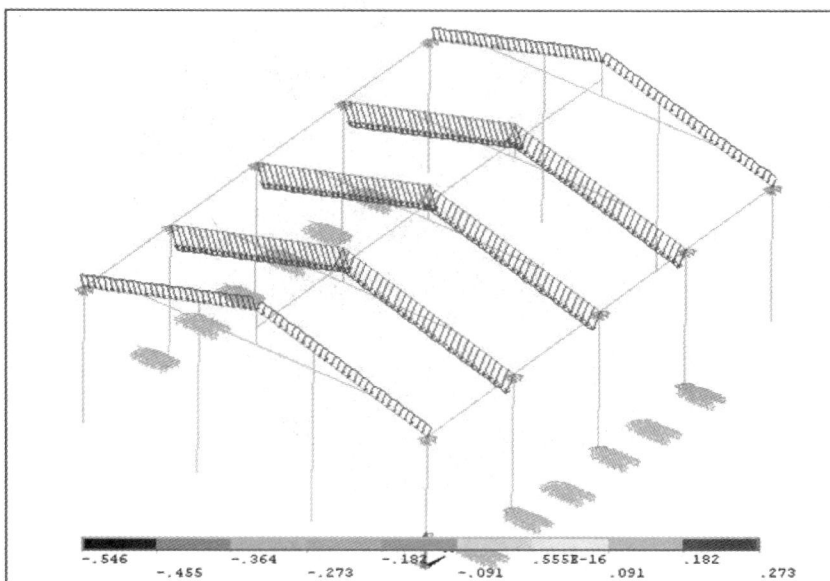

```
-.546        -.364        -.182        .555E-16        .182
     -.455        -.273        -.091         .091        .273
```

图 3-71　骨架模型雪荷载图

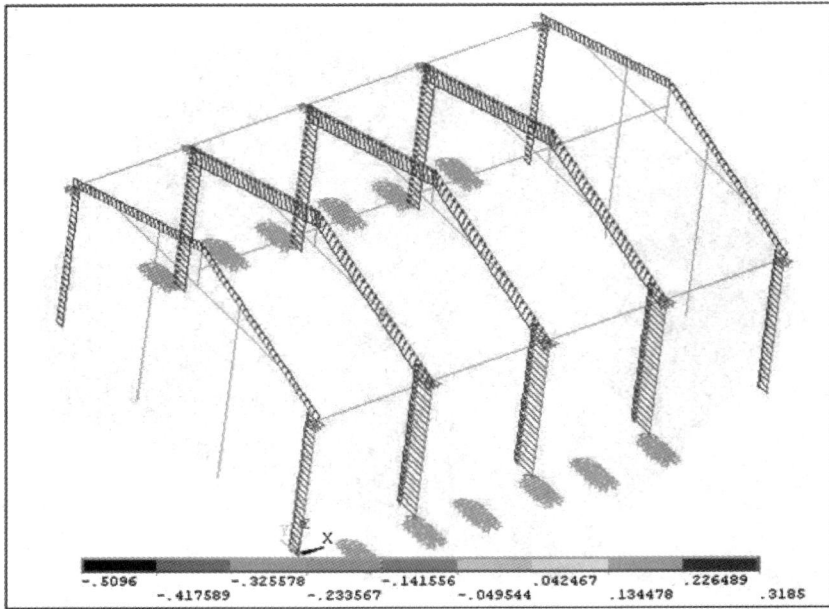

图 3-72　骨架模型风荷载图

2）对整体模型施加荷载

将给定的面荷载按体型系数直接在各个面上分别施加。整体模型的雪荷载和风荷载分别如图 3-73 和图 3-74 所示。

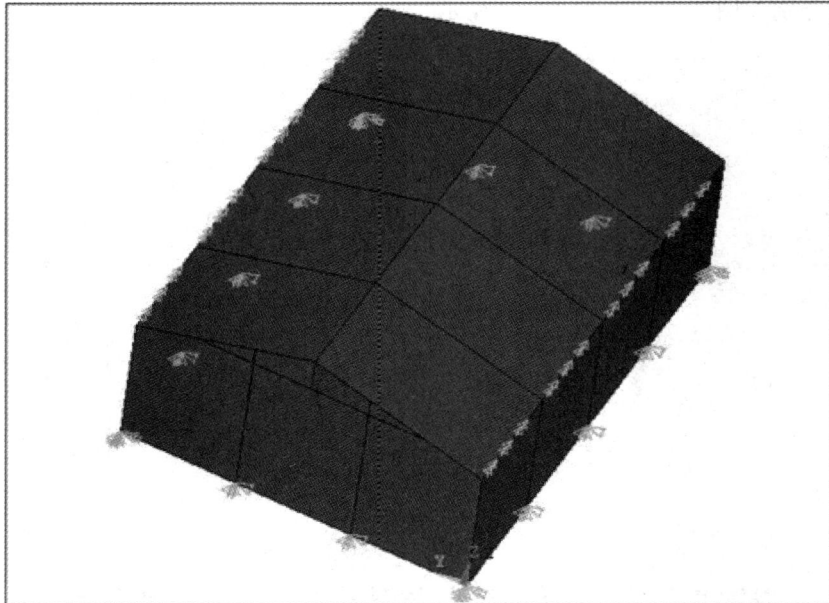

图 3-73　整体模型雪荷载图

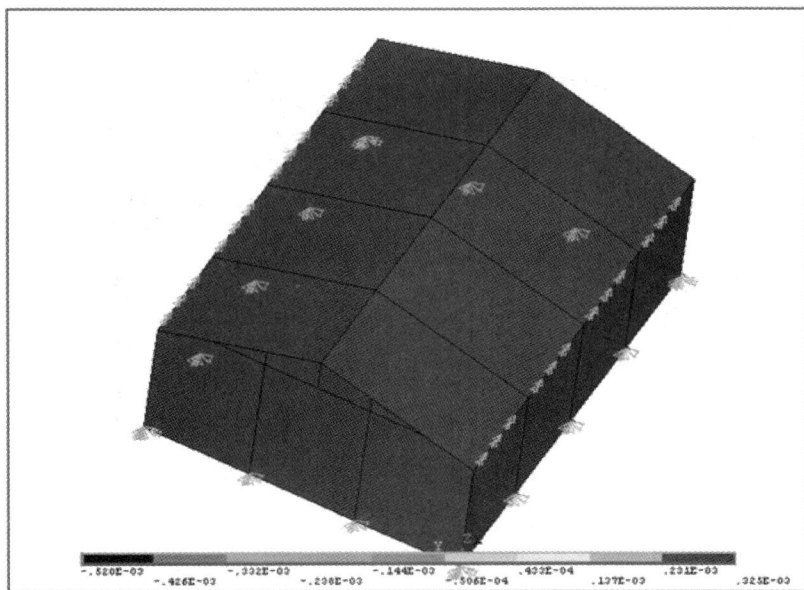

图 3-74 整体模型风荷载图

3.7.3 计算结果分析

1. 骨架计算结果分析

骨架在 200 mm 雪荷载(0.3 kN/m²)下的变形如图 3-75 所示,弯矩分布如图 3-76 所示,应力分布如图 3-77 所示,各测量点竖向位移的理论值及试验值均列于表 3-13 中。

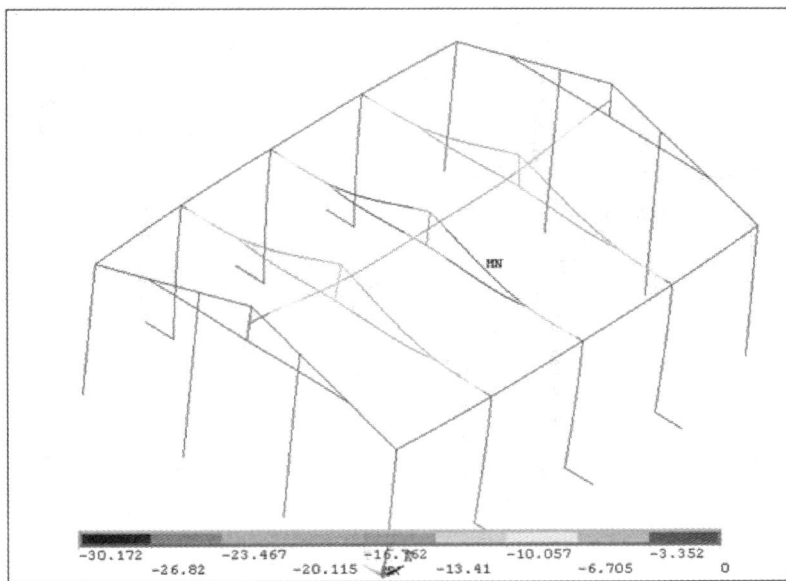

图 3-75 雪荷载作用下骨架变形图

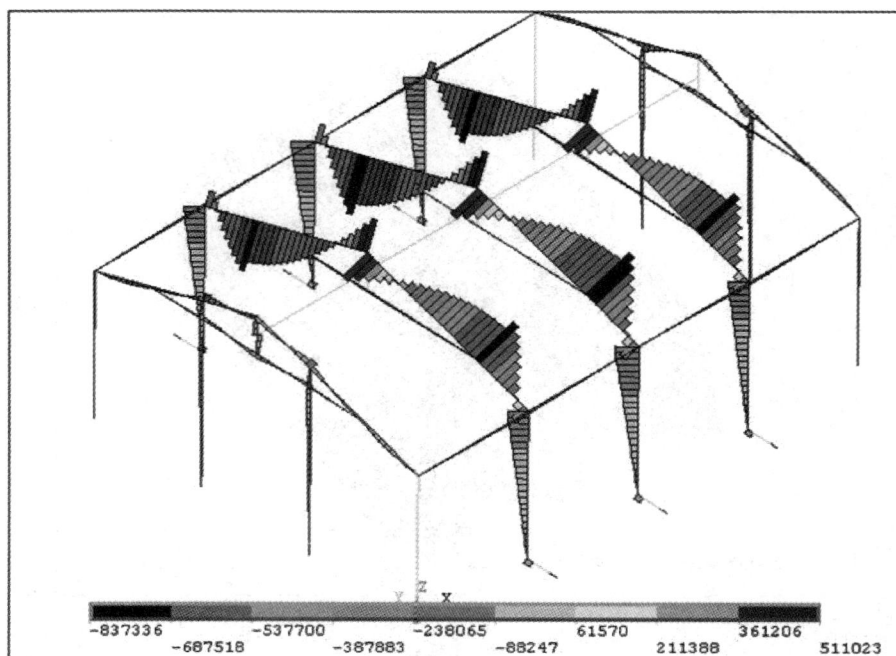

图 3 - 76　雪荷载作用下骨架弯矩分布图

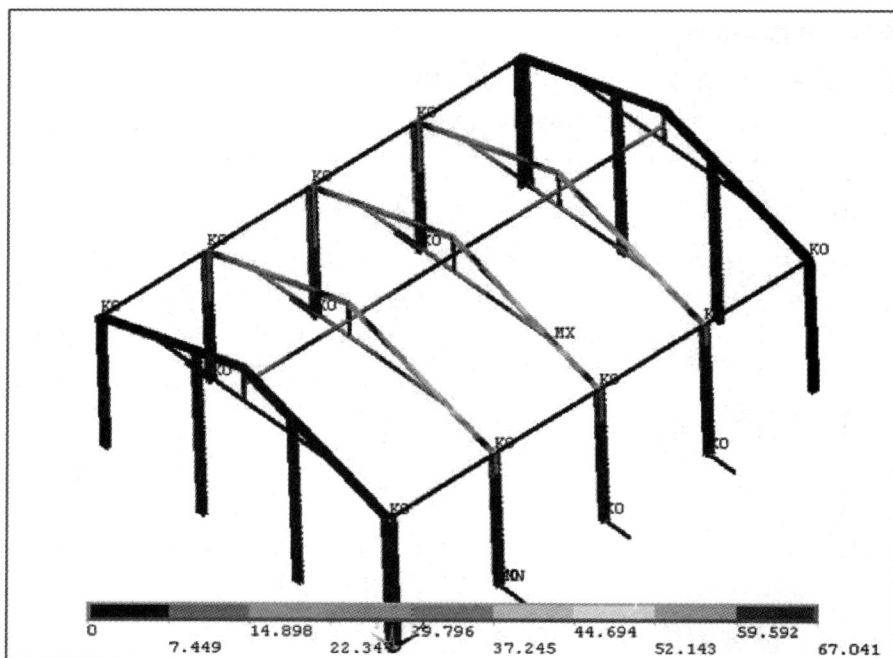

图 3 - 77　雪荷载作用下骨架应力分布图

表 3-13　各测量点竖向位移的理论值及试验值

测量点编号	理论值/mm	试验值/mm	差值/mm	误差/%
1	24.5	21.7	2.8	11
2	25.9	8.7	17.2	66
3	24.5	22.2	2.3	9
4	21.6	19.3	2.3	11
5	22.7	16.6	6.1	27
6	21.6	20.7	0.9	4
7	0.3	3.3	−3.0	−1000
8	0.2	2.4	−2.2	−1100
9	0.3	3	−2.7	−900

　　骨架在 9 级风荷载(0.35 kN/m²)下的变形如图 3-78 所示，弯矩分布如图 3-79 所示，应力分布如图 3-80 所示。各测量点水平位移的理论值及试验值均列于表 3-14 中，其中，测点 14、15、16 由于位移计偏出导致数据损失。

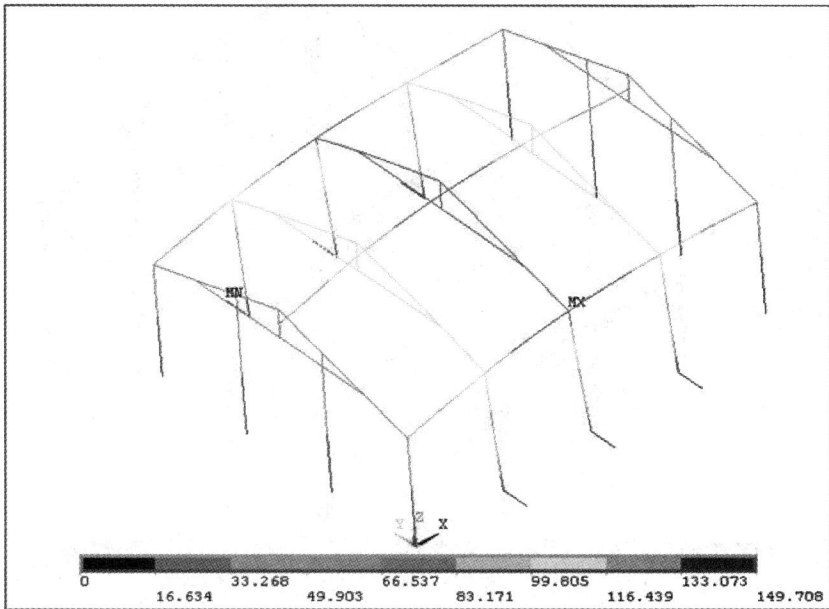

图 3-78　风荷载作用下骨架变形图

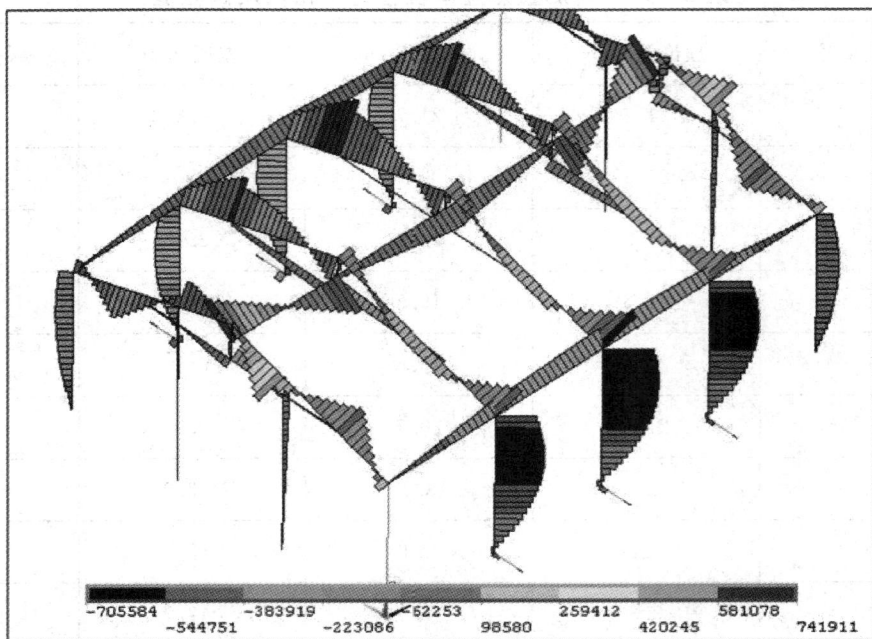

图 3 - 79　风荷载作用下骨架弯矩分布图

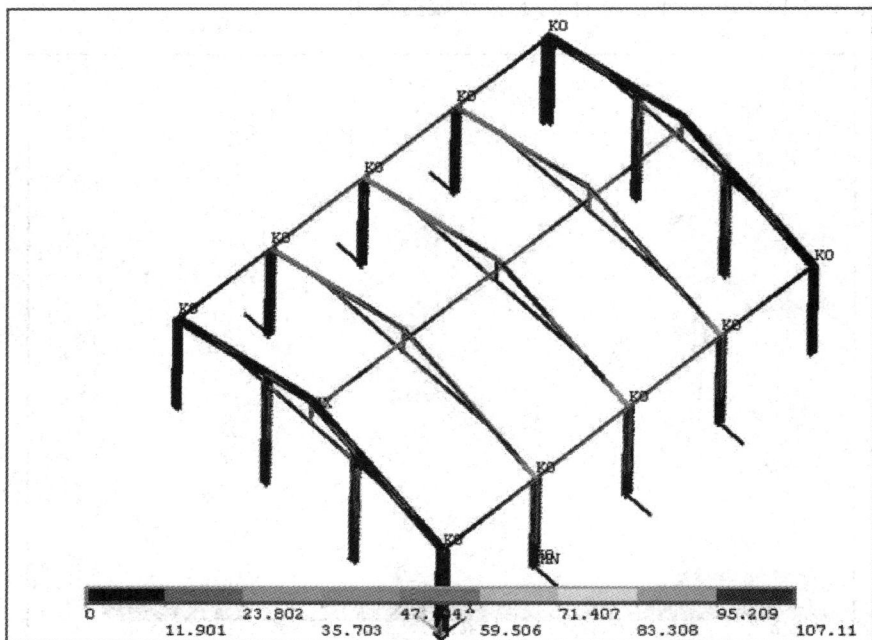

图 3 - 80　风荷载作用下骨架应力分布图

表 3 - 14　各测量点水平位移的理论值及试验值

测量点编号	理论值/mm	试验值/mm	差值/mm	误差/%
11	135.9	141.2	−5.3	−4
12	103.4	94.0	9.4	9
13	29.0	26.1	2.9	10
14	146.6	—	—	—
15	111.9	—	—	—
16	30.0	—	—	—
17	144.6	157.0	−12.4	−9
18	111.1	101.7	9.4	8
19	29.1	29.7	−0.6	−2

2. 整体计算结果分析

整体在 200 mm 雪荷载(0.3 kN/m²)下的变形如图 3 - 81 所示,其中,骨架部分的变形如图 3 - 82 所示,骨架部分的弯矩分布如图 3 - 83 所示,骨架部分的应力分布如图 3 - 84 所示,各测量点竖向位移的理论值及试验值均列于表 3 - 15 中。

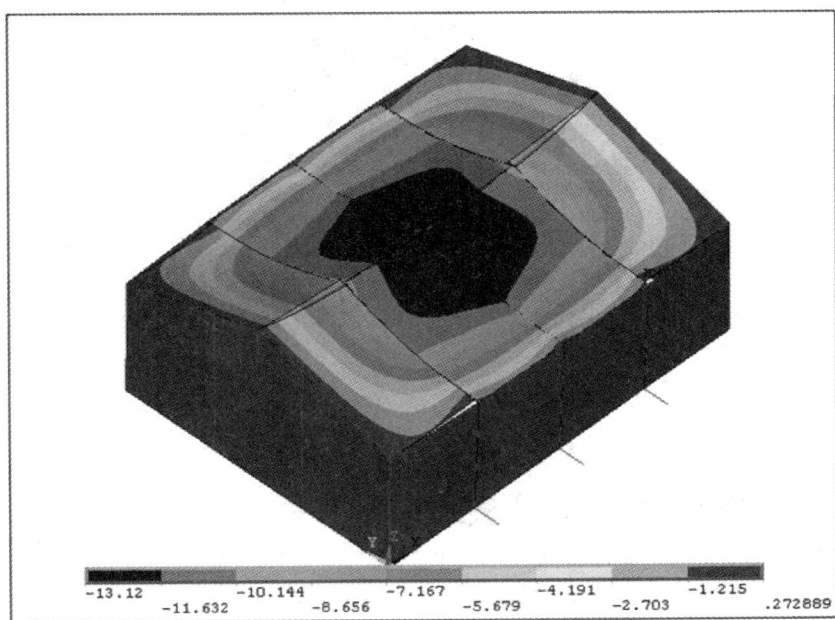

图 3 - 81　雪荷载作用下整体变形图

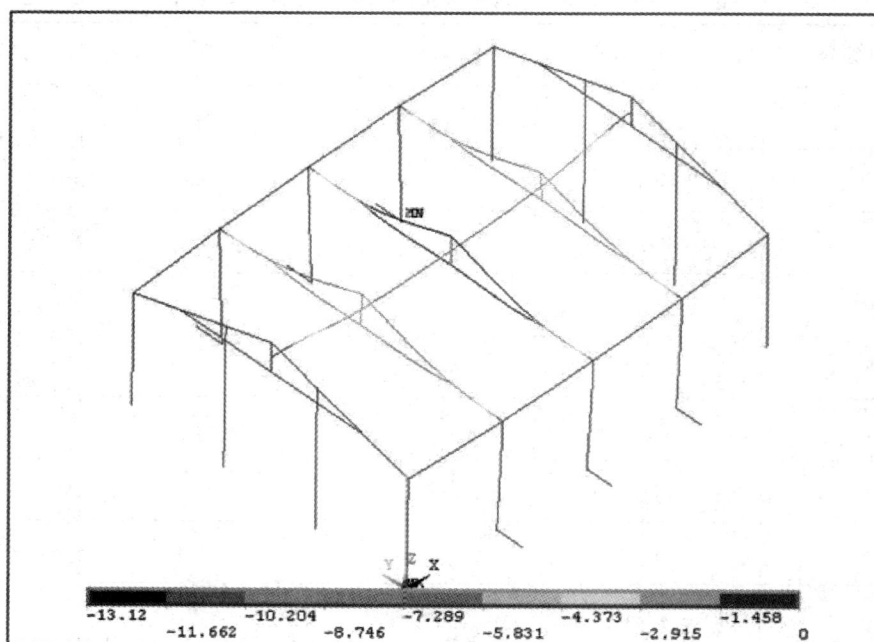

图 3-82　雪荷载作用下整体中的骨架变形图

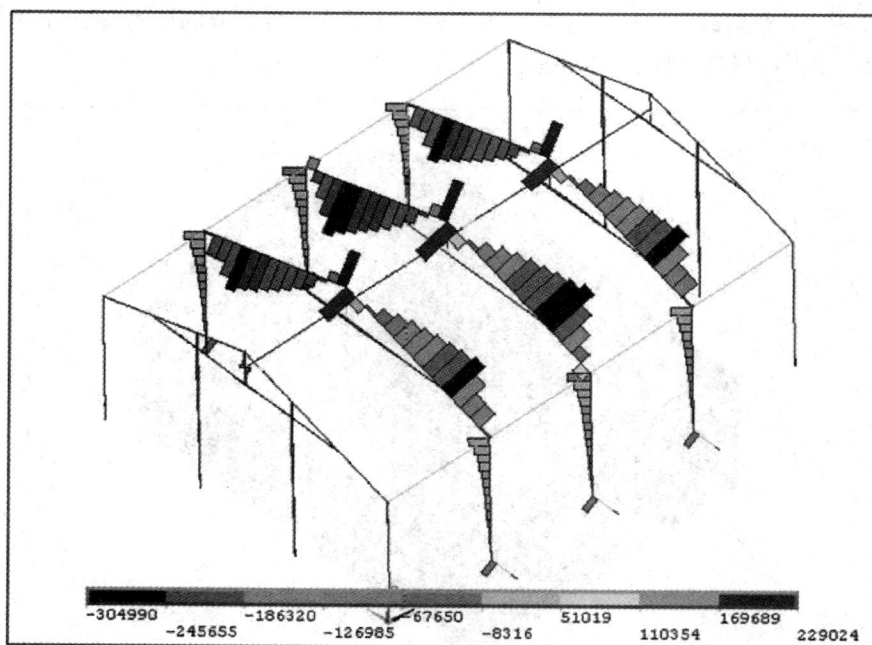

图 3-83　雪荷载作用下整体中的骨架弯矩分布图

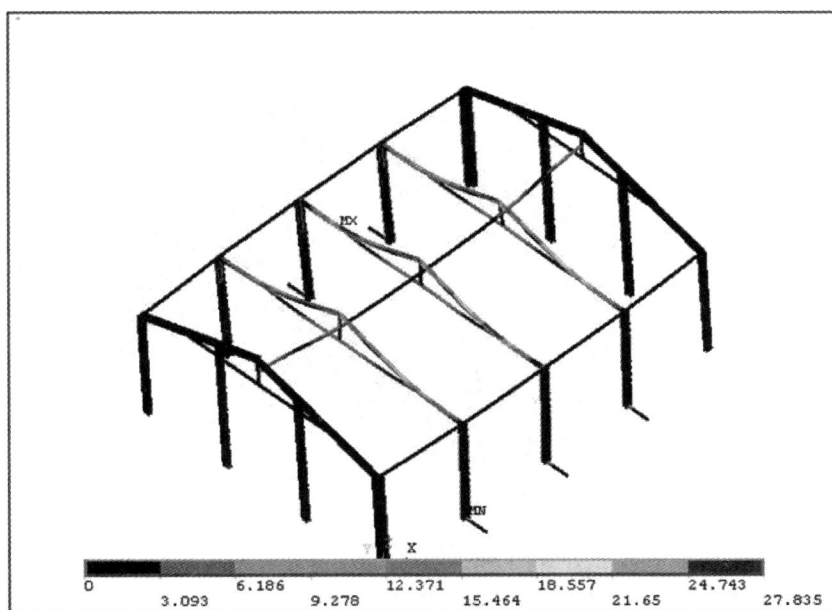

图 3-84　雪荷载作用下整体中的骨架应力分布图

表 3-15　各测量点竖向位移的理论值及试验值

测量点编号	理论值/mm	试验值/mm	差值/mm	误差/%
1	10.4	9.6	0.8	8
2	11.7	23	-11.3	97
3	10.4	11.1	-0.7	-7
4	8.7	9.2	-0.5	-6
5	9.7	10.3	-0.6	-6
6	8.7	9	-0.3	-3
7	0.004	0.5	-0.496	-12400
8	0.005	1.7	-1.695	-33900
9	0.004	1.7	-1.696	-42400

　　整体在 10 级风荷载($0.5\ \mathrm{kN/m^2}$)下的变形如图 3-85 所示，其中，骨架部分的变形如图 3-86 所示，骨架部分的弯矩分布如图 3-87 所示，骨架部分的应力分布如图 3-88 所示，各测量点水平位移的理论值及试验值均列于表 3-16 中。

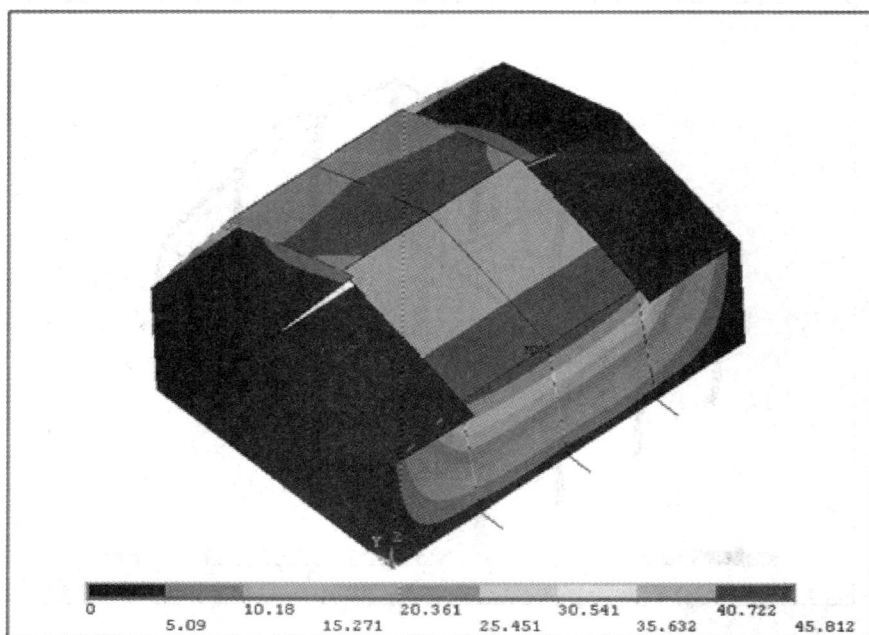

图 3 - 85　风荷载作用下整体变形图

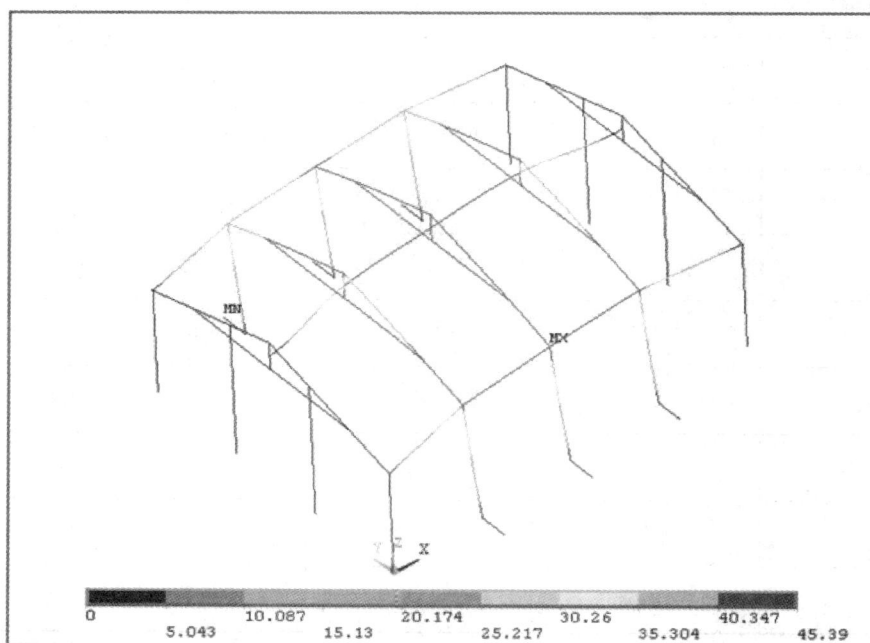

图 3 - 86　风荷载作用下整体中的骨架变形图

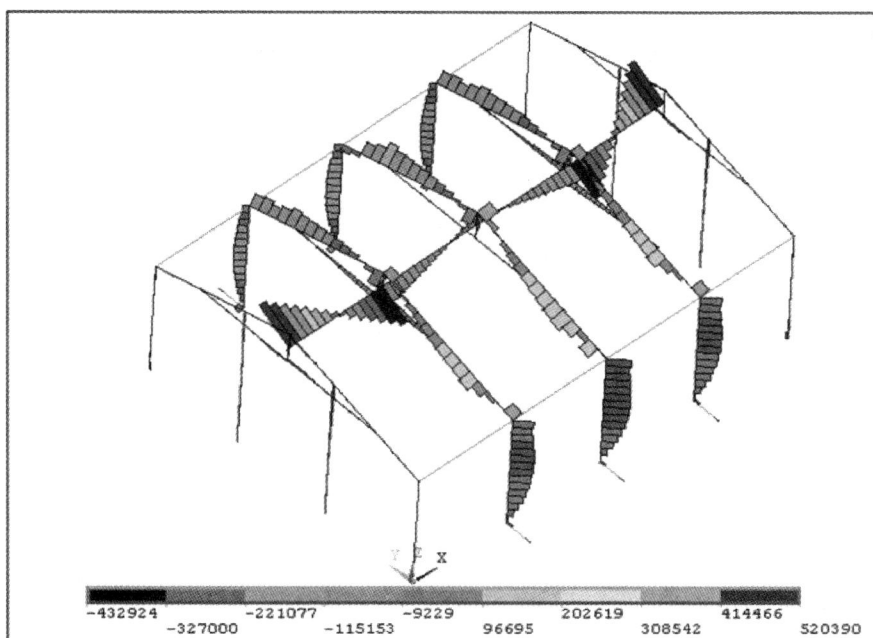

图 3 - 87　风荷载作用下整体中的骨架弯矩分布图

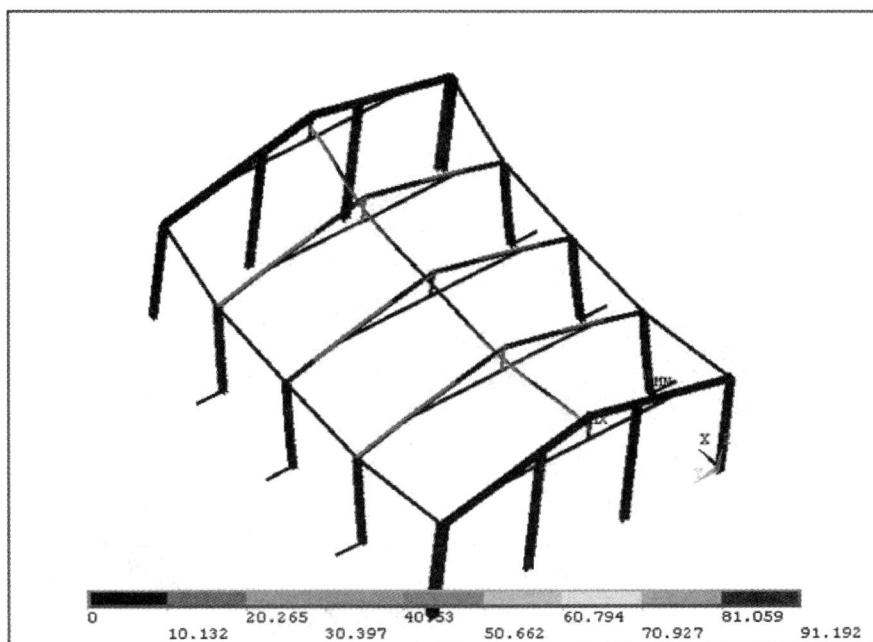

图 3 - 88　风荷载作用下整体中的骨架应力分布图

表 3 - 16　各测量点水平位移的理论值及试验值

测量点编号	理论值/mm	试验值/mm	差值/mm	误差/%
11	38.4	—	—	—
12	36.2	17.3	18.9	52
13	0.015	16.215	−16.200	−108 000
14	43.2	18.6	24.6	57
15	40.3	21.1	19.2	48
16	0.016	18.320	−18.304	−114 400
17	43.0	30.1	12.9	30
18	40.1	26.1	14.0	35
19	0.015	15.410	−15.395	−102 633

3. 山墙和柱抗风计算结果

在纵向山墙上施加一级风荷载（0.35 kN/m²），并将计算结果与在横向山墙上施加风荷载的计算结果进行对比。

纵向山墙上施加风荷载的变形结果如图 3 - 89 所示，其中，骨架部分的应力分布如图 3 - 90 所示。

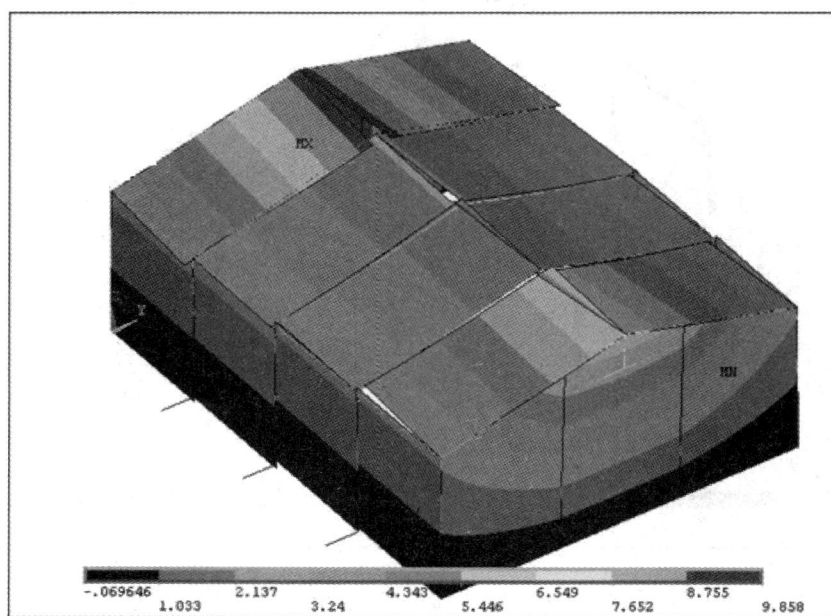

　　　-.069646　　2.137　　　4.343　　　6.549　　　8.755
　　　　　　1.033　　　3.24　　　5.446　　　7.652　　　9.858

图 3 - 89　风荷载作用下纵向山墙变形图

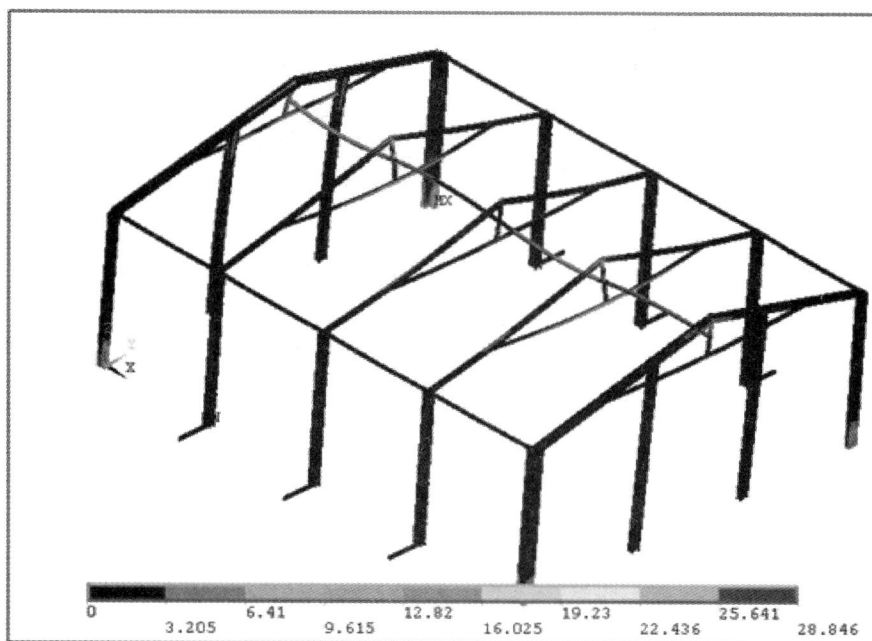

图 3 - 90　风荷载作用在纵向山墙上时骨架部分的应力分布图

　　横向山墙上施加风荷载的变形结果如图 3 - 91 所示，其中，骨架部分的应力分布如图 3 - 92 所示。

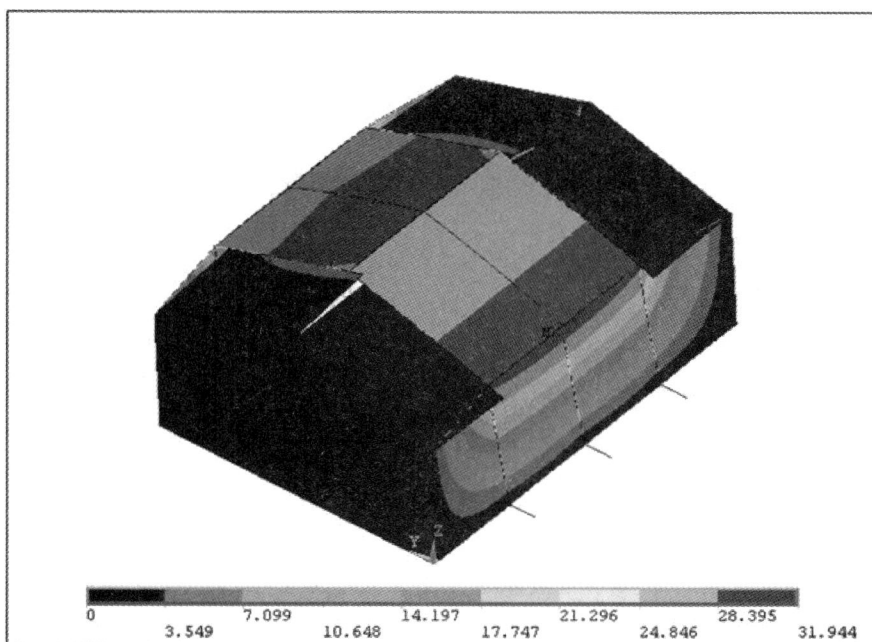

图 3 - 91　风荷载作用下横向山墙变形图

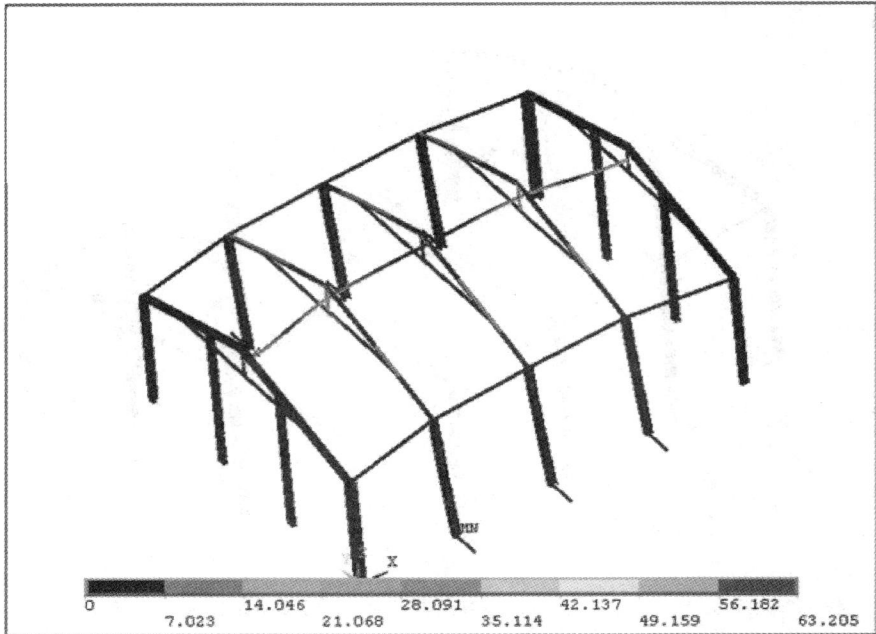

图 3 - 92   风荷载作用在横向山墙上时骨架部分的应力分布图

综合对比以上结果可以看出：风荷载作用在纵向山墙上时最大位移为 10.166 mm，远小于风荷载作用在横向山墙上时的位移值 31.944 mm；风荷载作用在纵向山墙上时骨架的最大应力为 28.846 MPa，远小于风荷载作用在横向山墙上时骨架部分的最大应力值 63.205 MPa。所以，横向风荷载比纵向风荷载更为不利。

在风荷载为 0.50 kN/m² 和 0.65 kN/m² 下的计算结果与此类似，不再赘述。

3.8   通用帐篷热工设计实例

3.8.1   热工设计机理

下面以一款长为 6.6 m、宽为 4.6 m、顶高为 3.2 m、檐高为 1.8 m、使用面积为 32 m² 的双坡结构帐篷为例加以说明。其热工设计与以往住用帐篷有所不同，要求这种帐篷在热区和寒区均适用，能做到南北兼顾，故对篷内热环境质量要求较高。热工设计措施以保温隔热为主，以采暖通风为辅，保温材料采用 3 mm 厚针刺毡。

1. 夏季隔热通风机理

夏季导致篷内过热的主要原因是篷外太阳辐射过强，所以解决篷内过热的主要途径是加强围护结构的隔热和通风，图 3 - 93 所示为该帐篷所采取的围护结构构造的剖面简图。

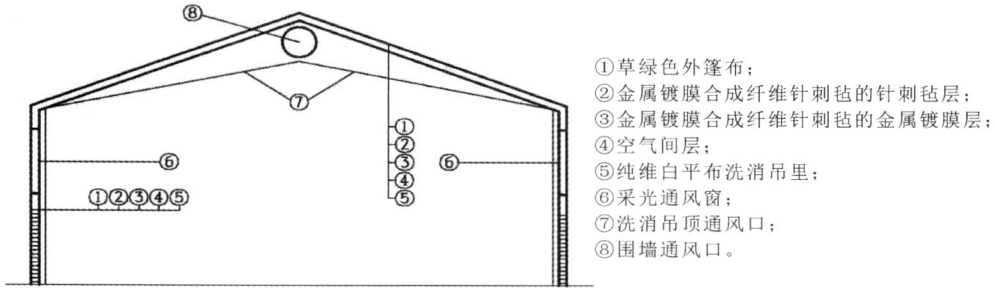

①草绿色外篷布；
②金属镀膜合成纤维针刺毡的针刺毡层；
③金属镀膜合成纤维针刺毡的金属镀膜层；
④空气间层；
⑤纯维白平布洗消吊里；
⑥采光通风窗；
⑦洗消吊顶通风口；
⑧围墙通风口。

图 3-93　帐篷围护结构构造剖面简图

1) 隔热机理

通用帐篷围墙和顶篷的构造措施完全一致，它们都是由草绿色有机硅防水帆布、金属镀膜合成纤维针刺毡、5 cm 厚空气间层和可洗消吊里组成的。现以围墙为例分析围护结构的夏季隔热机理，如图 3-94 所示，草绿色外篷布对太阳辐射热 Q_0 具有很高的吸收率（88% 左右），它所吸收的热量通常可使篷布温度 t_1 升至 60℃ 以上，这些热量在向篷内传递过程中由金属镀膜合成纤维针刺毡的针刺毡层对其进行衰减，使金属镀膜层的温度 t_2 远远小于 t_1，金属镀膜层再通过空气间层向篷内传递热量，由于金属镀膜层对长波辐射热是一种低辐射高反射材料，它的辐射系数仅为 1.3 W/(m² · K⁴)（草绿色帆布为 5.0 W/(m² · K⁴)，纯维白平布为 3.7 W/(m² · K⁴)）左右，从而使到达洗消吊里的热量进一步衰减，这样最终使通过围护结构传到篷内的热量 Q_1 小到不足以造成篷内过热，从而达到隔热的目的。

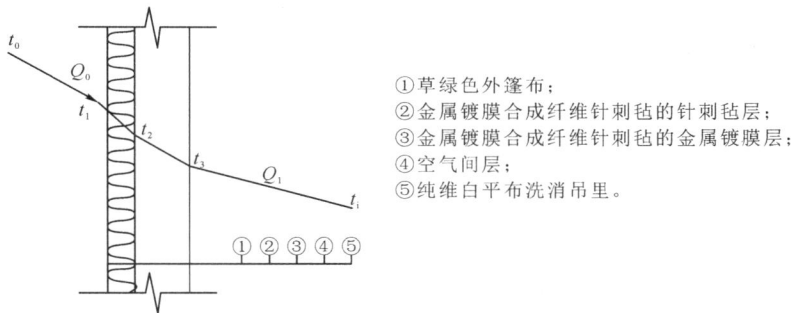

①草绿色外篷布；
②金属镀膜合成纤维针刺毡的针刺毡层；
③金属镀膜合成纤维针刺毡的金属镀膜层；
④空气间层；
⑤纯维白平布洗消吊里。

图 3-94　围护结构夏季隔热示意图

2) 通风措施

通风系统如图 3-95 所示，即在帐篷两侧山墙的上端各开设一个可安装排风扇的排风口，篷内在洗消吊里的顶部同时开设两个带纱网的通风口，围墙四周带沙网的采光通风窗为进风口，正常运行时篷内以洗消吊里顶部通风口为界，下部空间为负压区，上部空间为正压区，在风压作用下气流走向为篷外气流经围墙四周的窗子进入篷内，穿过工作区后经洗消吊里顶部的通风口进入篷顶空气间层中部，然后再向左、右两侧分流经山墙排风口排出篷外。这种气流组织有两个作用：一是穿过工作区的气流可加强人体对流散热量，改善人体热舒适感，同时满足卫生所要求的换气量；二是它可减小篷顶向篷内的传热量，篷顶是太阳辐射的主要接收面，它向篷内传热的量最多，由篷内穿过洗消吊里顶部通风口到达篷顶间层的气流可阻止篷顶向篷内传热，同时将间层的部分热量经山墙排风口排到篷外。气流形成的方式有三种：① 排风扇作用下的受迫对流；② 进、排风口在热压作用下形成的自然对流；③ 篷外风压作用下的对流。这三种方式可对室内通风起到补充加强的作用。

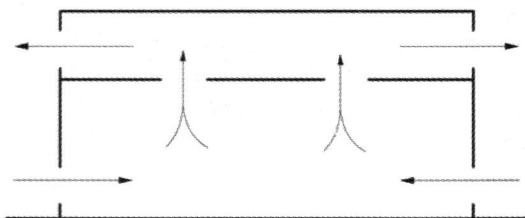

图 3-95　帐篷通风系统气流走向简图

2. 冬季保温防风机理

冬季篷内热环境是通过采暖来保证的，而维持篷内热环境的主要途径是加强围护结构的保温效能和防止篷外冷风渗透进篷内。

1）保温机理

通用帐篷围护结构的冬季保温构造方案与夏季隔热构造方案相同，不同的只是热源作用的方向相反，夏季的热量传递是由外向内的，而冬季的热量传递则是由内向外的，所以采用冬夏一致的围护结构热工构造方案不仅对夏季隔热十分有效，而且对冬季保温也十分有利。现仍以围墙为例分析该型通用帐篷围护结构的冬季保温机理，如图 3-96 所示，篷内采暖热量 Q_1 首先作用在洗消吊里上，洗消吊里再经过空气间层将热量传递到金属镀膜层上，由于金属镀膜层对长波辐射热具有高达 75% 以上的反射率，因此会将大量的热量反射回去，金属镀膜层后的针刺毡保温层将进一步阻止热量向外传递，最终使整个围护结构通过减小热流损失以起到保温的目的。

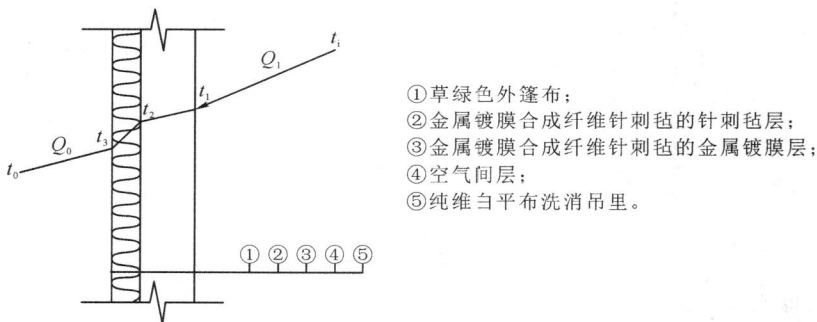

①草绿色外篷布；
②金属镀膜合成纤维针刺毡的针刺毡层；
③金属镀膜合成纤维针刺毡的金属镀膜层；
④空气间层；
⑤纯维当平布洗消吊里。

图 3-96　围护结构冬季保温示意图

2）防风机理

冬季篷外的冷空气主要是通过两个途径进入篷内的：一是经帐篷的门窗和围护结构搭接的缝隙渗透到篷内；二是在帐篷门帘开启时直接进入篷内。解决这两个问题的主要方法是对门窗缝进行密闭处理，减少围护结构搭接，增设门斗以缓解冷风直接侵入等。

3.8.2　热工设计计算

1. 夏季篷内空气温度最低值定性计算

在夏季隔热设计中，设计人员最关心的是如何能使篷内的空气温度尽可能低些。那么在非制冷条件下，篷内的最低温度究竟能低到什么程度？影响篷内空气温度的设计因素有哪些？它们之间存在着怎样的制约关系？搞清这些问题对夏季隔热设计具有十分重要的指导意义。下面就以坡屋面帐篷为例进行求解说明，其夏季通风传热示意图如图 3-97 所示。

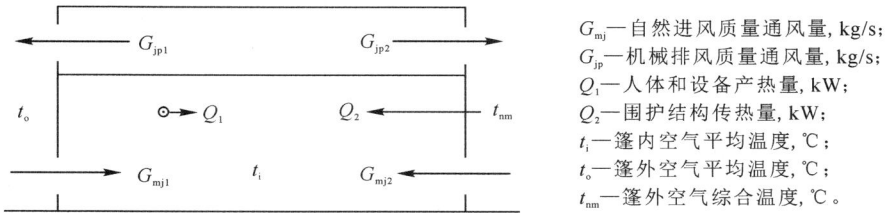

G_{mj} —自然进风质量通风量，kg/s；
G_{jp} —机械排风质量通风量，kg/s；
Q_1 —人体和设备产热量，kW；
Q_2 —围护结构传热量，kW；
t_i —篷内空气平均温度，℃；
t_o —篷外空气平均温度，℃；
t_{nm} —篷外空气综合温度，℃。

图 3-97　坡屋面帐篷纵向剖面夏季通风传热示意图

这里

$$\begin{cases} G_{mj} = G_{mj1} + G_{mj2} \\ G_{jp} = G_{jp1} + G_{jp2} \end{cases} \tag{3-12}$$

根据空气平衡，有

$$G_{jp} = G_{mj} \tag{3-13}$$

则

$$L_{jp} \rho_{jp} = L_{mj} \rho_{mj} \tag{3-14}$$

故

$$L_{mj} = L_{jp} \frac{\rho_{jp}}{\rho_{mj}} \tag{3-15}$$

式中：L_{mj} 为自然进风体积通风量，m^3/s；L_{jp} 为机械排风体积通风量，m^3/s；ρ_{mj} 为自然进风空气密度，kg/m^3；ρ_{jp} 为机械排风空气密度，kg/m^3。

根据热平衡，有

$$Q_1 + Q_2 + Q_{mj} = Q_{jp}$$

即

$$Q_1 + Q_2 + L_{mj} \cdot c \cdot \rho_{mj} \cdot t_{mj} = L_{jp} \cdot c \cdot \rho_{jp} \cdot t_{jp}$$

式中：t_{mj} 为自然进风温度，℃；t_{jp} 为机械排风温度，℃；c 为空气比热，kJ/(kg·℃)。

设篷内温度梯度为 $\dfrac{\Delta t}{\Delta y}$，则

$$t_{jp} = t_i + \frac{\Delta t}{\Delta y}(H - h)$$

又 $t_{mj} = t_o$，故有

$$Q_1 + Q_2 + L_{mj} \cdot c \cdot \rho_{mj} \cdot t_o = L_{jp} \cdot c \cdot \rho_{jp} \left[t_i + \frac{\Delta t}{\Delta y}(H - h) \right]$$

整理得

$$L_{jp} = \frac{Q_1 + Q_2}{c \cdot \rho_{jp} \left[(t_i - t_o) + \dfrac{\Delta t}{\Delta y}(H - h) \right]} \tag{3-16}$$

式中：H 为进排风口中心距，m；h 为工作面距进风口高度，m。

为讨论问题方便，设篷内为均匀温度场，则

$$\frac{\Delta t}{\Delta y} = 0$$

又

$$Q_2 = \sum_{k=1}^{n} R_k^{-1} F_k (t_{nm} - t_i) = \sum_{k=1}^{n} R_k^{-1} F_k \left(t_o + \frac{I_k \rho_m}{\alpha_0} - t_i \right)$$

$$= \sum_{k=1}^{n} R_k^{-1} F_k \left[\frac{I_k \rho_m}{\alpha_0} - (t_i - t_o) \right]$$

故式（3-16）可整理成如下形式：

$$L_{jp} = \frac{Q_1 + \sum_{k=1}^{n} R_k^{-1} F_k \left[\dfrac{I_k \rho_m}{\alpha_0} - (t_i - t_o) \right]}{c \cdot \rho_{jp} (t_i - t_o)} \tag{3-17}$$

式中：R_k 为第 k 面围护结构隔热阻，$(m^2 \cdot ℃)/W$；F_k 为第 k 面围护结构表面积，m^2；I_k 为第 k 面太阳辐射强度，W/m^2；ρ_m 为围护结构表面对太阳辐射吸收系数；α_0 为外表面对流换热系数，$W/(m^2 \cdot ℃)$。

分析可知 L_{jp}、Q_1、$\dfrac{I_k \rho_m}{\alpha_0}$、$\sum_{k=1}^{n} R_k^{-1} F_k$ 和 $c \cdot \rho_{jp}$ 均为大于零的值，所以式（3-17）有以下两种可能。

第一种：若 $Q_1 + \sum_{k=1}^{n} R_k^{-1} F_k \left[\dfrac{I_k \rho_m}{\alpha_0} - (t_i - t_o) \right] < 0$，即

$$Q_1 + \sum_{k=1}^{n} R_k^{-1} F_k \frac{I_k \rho_m}{\alpha_0} < (t_i - t_o) \sum_{k=1}^{n} R_k^{-1} F_k$$

则

$$c \cdot \rho_{jp} (t_i - t_o) < 0$$

得出

$$t_i < t_o$$

显然上式不成立。

反过来，假设 $t_i < t_o$，则

$$(t_i - t_o) \sum_{k=1}^{n} R_k^{-1} F_k < 0$$

而

$$Q_1 + \sum_{k=1}^{n} R_k^{-1} F_k \frac{I_k \rho_m}{\alpha_0} > 0$$

得出

$$Q_1 + \sum_{k=1}^{n} R_k^{-1} F_k \frac{I_k \rho_m}{\alpha_0} \not< (t_i - t_o) \sum_{k=1}^{n} R_k^{-1} F_k$$

这和前面结论矛盾。

第二种：若 $Q_1 + \sum_{k=1}^{n} R_k^{-1} F_k \left[\dfrac{I_k \rho_m}{\alpha_0} - (t_i - t_o) \right] > 0$，即

$$Q_1 + \sum_{k=1}^{n} R_k^{-1} F_k \frac{I_k \rho_m}{\alpha_0} > (t_i - t_o) \sum_{k=1}^{n} R_k^{-1} F_k$$

则

$$c \cdot \rho_{jp}(t_i - t_o) > 0$$

得出

$$t_i > t_o \qquad\qquad\qquad (3-18)$$

上式成立。

分析式(3-17)、式(3-18)可得出如下结论：

(1) 在通风条件下，夏季篷内空气最低温度不可能低于篷外空气温度。

(2) 加强围护结构隔热阻值(R_k)和篷内排风量(L_{jp})均可降低篷内空气温度(t_i)。

由以上分析结论可知，在非制冷条件下，夏季篷内空气温度最低只能接近篷外空气温度，不可能低于篷外空气温度，表 3-17 是通用帐篷夏季试验的数据，也验证了这一结论。

影响篷内空气温度的设计因素主要有两个方面：一是所设计的围护结构隔热阻值(R_k)；二是篷内排风量(L_{jp})。

表 3-17　通用帐篷夏季试验篷内外空气平均温度对比表

测试阶段	日期	篷内空气平均温度/℃	篷外空气平均温度/℃	篷内外空气温差/℃
强制通风阶段	8 月 2 日	34.5	33.6	0.9
	8 月 3 日	33.0	31.3	1.7
	8 月 5 日	34.8	34.3	0.5
自然通风阶段	8 月 7 日	32.0	29.6	2.4
	8 月 10 日	32.5	29.6	2.9
	8 月 11 日	32.8	30.1	2.7

2. 夏季篷内通风计算

篷内通风计算是在设计参数下，分别确定自然通风时所需开设的进排风口面积和强制通风排风量的大小。本例中该帐篷按野外开设手术室进行计算。

1) 设计参数

帐篷的内部空间尺寸如图 3-98 所示。

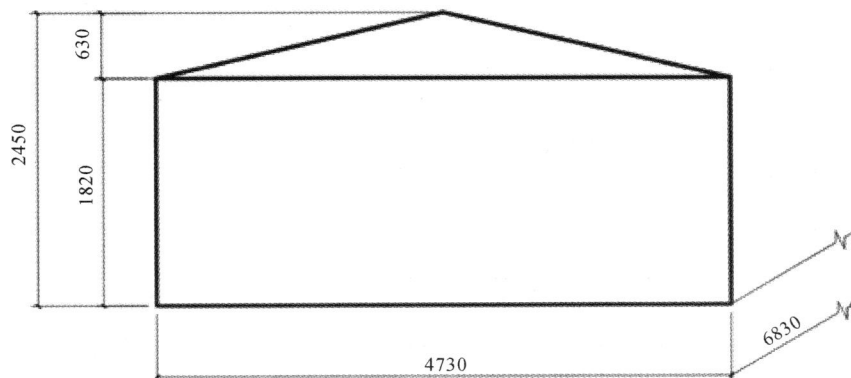

图 3-98　帐篷的内部空间尺寸

帐篷的内部空间体积为
$$V = 4.73 \times 6.83 \times 1.82 + 0.5 \times 4.73 \times 6.83 \times 0.63 = 69 \text{ m}^3$$

一般手术室通风换气次数为
$$n_j = 5 \text{ 次/h} \quad (\text{进风})$$
$$n_p = 6 \text{ 次/h} \quad (\text{排风})$$

进、排风量分别为
$$L_j = 5 \times 69 = 345 \text{ m}^3/\text{h} \quad (\text{进风})$$
$$L_p = 6 \times 69 = 414 \text{ m}^3/\text{h} \quad (\text{排风})$$

规定手术房间的最小新风量为
$$L_{jmin} = 30 \text{ m}^3/(\text{h} \cdot \text{人})$$

每台手术床按 5 人计算，则 3 台手术床的最小新风量为
$$L_{jm} = 30 \times 5 \times 3 = 450 \text{ m}^3/\text{h}$$

进、排风量的取值应分别为
$$L_j = 450 \text{ m}^3/\text{h} \quad (\text{进风})$$
$$L_p = 450 \times \frac{6}{5} = 540 \text{ m}^3/\text{h} \quad (\text{排风})$$

取篷外计算温度为
$$t_o = 33 \text{℃}$$

设工作区温度为
$$t_w = t_o = 33 \text{℃}$$

设篷顶排风温度为
$$t_p = 39 \text{℃}$$

则篷内空气平均温度为
$$t_i = \frac{t_w + t_p}{2} = \frac{33 + 39}{2} = 36 \text{℃}$$

2）自然通风进、排风口面积的确定

帐篷的外部空间尺寸如图 3-99 所示。

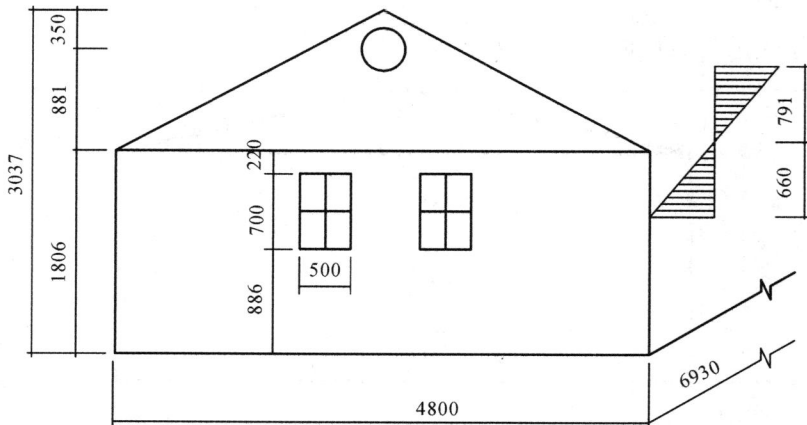

图 3-99　帐篷的外部空间尺寸

进、排风口中心距为

$$H = 1.451 \text{ m}$$

设进风口距中合面高度为 h_j，排风口距中合面高度为 h_p，为了尽可能在篷内的工作空间形成负压区，将 h_j 取到接近洗消吊顶通风口处，即取

$$h_j = 0.660 \text{ m}$$
$$h_p = 1.451 - 0.66 = 0.791 \text{ m}$$

帐篷内外空气温差为

$$\Delta t = t_i - t_o = 36 - 33 = 3℃$$

篷外、篷内和排风口空气密度分别为

$$\rho_o = 1.154 \text{ kg/m}^3 \quad （篷外）$$
$$\rho_i = 1.142 \text{ kg/m}^3 \quad （篷内）$$
$$\rho_p = 1.132 \text{ kg/m}^3 \quad （排风口）$$

则

$$\Delta\rho = \rho_o - \rho_i = 1.154 - 1.142 = 0.012 \text{ kg/m}^3$$

每个进风口局部阻力系数为

$$\xi' = 1 + 0.56 = 1.56$$

每个进风口纱网阻力系数（网目 70%）为

$$\xi'' = 0.58$$

每个进风口总阻力系数为

$$\xi_{jm} = \xi' + \xi'' = 1.56 + 0.58 = 2.14$$

9 个进风口总阻力系数为

$$\xi_j = 9\xi_{jm} = 9 \times 2.14 = 19.26$$

将洗消吊里的通风阻力纳入山墙排风口计算，那么两个排风口总阻力系数为

$$\xi_p = (2.14 + 1.56) \times 2 = 7.40$$

故进风口面积为

$$S_j = \frac{L_j\rho_o}{3600\sqrt{\dfrac{2g\rho_o h_j \Delta\rho}{\xi_j}}} = \frac{450 \times 1.154}{3600\sqrt{\dfrac{2 \times 9.8 \times 1.154 \times 0.66 \times 0.012}{19.26}}} = 1.496 \text{ m}^2$$

排风口面积为

$$S_p = \frac{L_p\rho_p}{3600\sqrt{\dfrac{2g\rho_p h_p \Delta\rho}{\xi_p}}} = \frac{540 \times 1.132}{3600\sqrt{\dfrac{2 \times 9.8 \times 1.132 \times 0.791 \times 0.012}{7.4}}} = 1.007 \text{ m}^2$$

围护结构墙体共设有 9 个采光通风窗（东、西墙上各 2 个，南墙上 2 个，北墙上 3 个），其面积总和为

$$S_{jm} = 0.70 \times 0.50 \times 9 = 3.15 \text{ m}^2$$

显然有

$$S_{jm} > S_j$$

东、西山墙两侧与篷顶相连部分开启，如图 3 - 100 所示，其用于排风口的面积总和为

$$S_{pm} = 2 \times \frac{2.342}{2} \times 0.593 = 1.389 \text{ m}^2$$

显然有

$$S_{pm} > S_p$$

可见在自然通风热压作用下，实际开设的进、排风口面积均满足设计参数所要求的进、排风口面积尺寸。

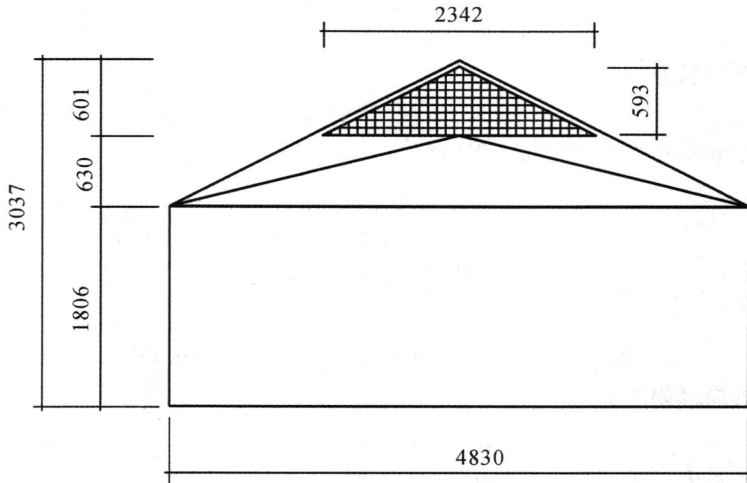

图 3-100　东、西山墙排风口

3) 强制通风排风量的确定

强制通风是指在山墙两侧排风口处各设一顶排风扇。强制通风排风量的确定是指确定在满足设计参数条件下排风扇的所需容量。

为简便起见，太阳辐射取日间辐射平均值，北墙纳入南墙计算，东墙纳入西墙计算，窗体纳入墙体计算，将相应墙体日间太阳辐射乘以修正系数 1.2。

围护结构墙体总热阻 R_w 为

$$R_w = R_{wi} + R_1 + R_{wk} + R_2 + R_3 + R_{wo}$$

$$= 0.115 + \frac{0.0003}{0.052} + 0.223 + \frac{0.003}{0.032} + \frac{0.0005}{0.065} + 0.054$$

$$= 0.499 \ (m^2 \cdot ℃)/W$$

式中：R_{wi} 为墙体内表面对流换热热阻，$(m^2 \cdot ℃)/W$；R_1 为洗消吊里热阻，$(m^2 \cdot ℃)/W$；R_{wk} 为墙体空气间层热阻，$(m^2 \cdot ℃)/W$；R_2 为金属镀膜针刺毡热阻，$(m^2 \cdot ℃)/W$；R_3 为外篷布热阻，$(m^2 \cdot ℃)/W$；R_{wo} 为墙体外表面对流换热热阻，$(m^2 \cdot ℃)/W$。

围护结构篷顶总热阻 R_r 为

$$R_r = R_{ri} + R_1 + R_{rk} + R_2 + R_3 + R_{ro}$$

$$= 0.115 + \frac{0.0003}{0.052} + 0.37 + \frac{0.003}{0.032} + \frac{0.0005}{0.065} + 0.054$$

$$= 0.646 \ (m^2 \cdot ℃)/W$$

式中：R_{ri} 为篷顶内表面对流换热热阻，$(m^2 \cdot ℃)/W$；R_{rk} 为篷顶空气间层热阻，$(m^2 \cdot ℃)/W$；R_{ro} 为篷顶外表面对流换热热阻，$(m^2 \cdot ℃)/W$。

南、北墙综合传热量为

$$\left[\frac{I\rho_m}{\alpha_0}-(t_i-t_o)\right]R_w^{-1}F=\left[\frac{222\times1.2\times0.88}{18.6}-(36-33)\right]\times0.499^{-1}\times1.808\times6.93\times2$$
$$=434\ \text{W}$$

东、西墙综合传热量为

$$\left[\frac{I\rho_m}{\alpha_0}-(t_i-t_o)\right]R_w^{-1}F=\left[\frac{299\times1.2\times0.88}{18.6}-(36-33)\right]\times0.499^{-1}\times1.808\times4.83\times2$$
$$=440\ \text{W}$$

篷顶综合传热量为

$$\left[\frac{I\rho_m}{\alpha_0}-(t_i-t_o)\right]R_r^{-1}F=\left[\frac{640\times0.88}{18.6}-(36-33)\right]\times0.646^{-1}\times4.83\times6.93=899\ \text{W}$$

设备和人体产热量为

$$Q_1=n_1n_2n_3p+nq_r=0.95\times1.2\times1\times150+15\times138=2241\ \text{W}=2.241\ \text{kW}$$

$$(3-19)$$

式中：n_1 为照明设备蓄热系数；n_2 为整流器消耗功率系数；n_3 为照明设备安装系数；n 为正常工作时室内的人数；p 为照明设备功率，W；q_r 为每人散热量，W。

故根据式（3-17）可得强制通风量为

$$L_{jp}=\frac{Q_1+\sum_{k=1}^{n}R_k^{-1}F_k\left[\frac{I_k\rho_m}{\alpha_0}-(t_i-t_o)\right]}{c\cdot\rho_{jp}(t_i-t_o)}$$
$$=\frac{2.241+0.434+0.440+0.899}{1.01\times1.132\times(36-33)}=1.170\ \text{m}^3/\text{s}$$
$$=4212\ \text{m}^3/\text{h}$$

综上所述，对排风设备进行选型的基本原则是：选用国产设备，选用技术性能可靠、质量轻、体积小、耗电少、风量大的设备。经市场调研和选型对比，拟选用某厂生产的KYD-30 型吸顶式转页扇，该产品的主要技术参数如表 3-18 所示。

表 3-18　KYD-30 型吸顶式转页扇主要技术参数

规格/mm	风量/(m³/h)	输入总功率/W	额定电压/V	频率/Hz	噪声/dB
300	2400	≤55	220	50	≤63

在两侧山墙上各装一顶，则总排风量为

$$L_{jpz}=2400\times2=4800\ \text{m}^3/\text{h}$$

故

$$L_{jpz}>L_{jp}$$

4）试验对比

下面将通用帐篷夏季试验所得的实测温度与设计温度列入表 3-19 中进行对比验证，从 8 月 2 日和 8 月 3 日记录数据可以看出，在强制通风条件下，篷外实测温度与设计温度基本吻合时，篷内实测空气温度比设计温度均要低，可见通用帐篷的通风设计基本符合要求。

表 3 - 19　通用帐篷夏季试验实测数据与设计数据对比表

测试阶段	日期	篷内空气平均温度/℃		篷外空气平均温度/℃	
		设计温度	实测温度	设计温度	实测温度
强制通风阶段	8 月 2 日	36.0	34.5	33.0	33.6
	8 月 3 日	36.0	32.8	33.0	31.3
	8 月 5 日	36.0	34.9	33.0	34.3
自然通风阶段	8 月 7 日		32.0		29.6
	8 月 10 日		32.5		29.6
	8 月 11 日		32.8		30.1

注：自然通风阶段未进行设计计算，因此无篷内设计温度。

3. 冬季保温计算

冬季帐篷的传热损失可按稳态传热原理计算，而冷风渗透所致的耗热损失则应根据篷外风速进行计算。

1）围护结构传热损失计算

围护结构传热量为

$$Q_c = (K_w F_w + K_r F_r + K_d F_d)(t_i - t_o) \qquad (3-20)$$

式中：Q_c 为围护结构传热量，W；K_w 为围墙传热系数，W/(m² · ℃)；F_w 为围墙表面积，m²；K_r 为顶篷传热系数，W/(m² · ℃)；F_r 为顶篷表面积，m²；K_d 为地面传热系数，W/(m² · ℃)；F_d 为地面表面积，m²。

2）围护结构冷风渗透耗热损失计算

迎风面缝隙渗透耗热量 Q_f 为

$$Q_f = 0.282 \rho_w \cdot n(t_i - t_o) \cdot l \cdot g_f \qquad (3-21)$$

迎风面墙体空气渗透耗热量 Q_q 为

$$Q_q = 0.282 \rho_w \cdot g_q \cdot m \cdot n \cdot F(t_i - t_o) \qquad (3-22)$$

门帘开启时侵入的冷风耗热量采用附加率法计算，即将门帘的基本耗热量乘以附加率。对于帐篷门帘，附加率取为 260%，这样门帘开启时侵入的冷风耗热量 Q_m 为

$$Q_m = 2.6 g_m (t_i - t_o) \qquad (3-23)$$

围护结构冷风渗透耗热量 Q_1 为

$$Q_1 = Q_f + Q_q + Q_m = 0.282 \rho_w \cdot n \cdot (l \cdot g_f + g_q \cdot m \cdot F + 2.6 g_m) \times (t_i - t_o)$$

$$(3-24)$$

式中：ρ_w 为篷外计算温度下的空气密度，kg/m³；n 为朝向修正系数；l 为门窗缝隙长，m；g_f 为每米门窗缝隙冷风渗透量，m³/(m · h)；g_q 为围护结构空气渗透强度，m³/(m² · h)；m 为围护结构空气渗透强度修正系数（其取值参考表 3 - 20）；F 为迎风面墙体面积，m²；g_m 为门帘单位温差耗热量，W/℃。

表 3 - 20　围护结构空气渗透强度修正系数 m 的取值

篷外风速/(m/s)	1	2	3	4	5	6	7
修正值 m	0.003	0.010	0.023	0.041	0.064	0.092	0.125

下面确定围护结构的空气渗透强度,对于多层平壁:

$$g_{q1} = \frac{\Delta p}{R_1} \tag{3-25}$$

$$g_{q2} = \frac{\Delta p}{R_2} \tag{3-26}$$

$$\cdots$$

$$g_{qN} = \frac{\Delta p}{R_N} \tag{3-27}$$

$$g_q = \frac{\Delta p}{R} \tag{3-28}$$

$$R = R_1 + R_2 + \cdots + R_N = \left(\frac{1}{g_{q1}} + \frac{1}{g_{q2}} + \cdots + \frac{1}{g_{qN}} \right) \Delta p \tag{3-29}$$

$$g_q = \frac{1}{\dfrac{1}{g_{q1}} + \dfrac{1}{g_{q2}} + \cdots + \dfrac{1}{g_{qN}}} \quad \text{m}^3/(\text{m}^2 \cdot \text{h}) \tag{3-30}$$

式中: g_{q1},g_{q2},$\cdots$,g_{qN} 分别为各层单一材料在空气压差 Δp 作用下的空气渗透强度;g_q 为各层材料复合成一体时在同一空气压差 Δp 作用下的空气渗透强度。

3) 围护结构耗热损失计算

围护结构耗热量为

$$Q = Q_0 + Q_1 = [K_w F_w + K_r F_r + K_d F_d + 2.6 g_m + 0.282 \rho_w \cdot n \cdot$$
$$(l \cdot g_f + g_q \cdot m \cdot F)](t_i - t_o) \tag{3-31}$$

4) 设计验算

设计指标如下:篷内空气温度为 $t_i = 18℃$;篷外空气温度为 $t_o = -30℃$;篷外主导风向为南向,风速为 4.7 m/s。

设计时计算得到的基本参数如下:

围护结构墙体的传热系数为

$$K_w = \frac{1}{R_w} = \frac{1}{R_{wi} + R_1 + R_{wk} + R_2 + R_3 + R_{wo}}$$
$$= \frac{1}{0.043 + \dfrac{0.0003}{0.052} + 0.223 + \dfrac{0.003}{0.032} + \dfrac{0.0005}{0.065} + 0.118}$$
$$= 2.036 \text{ W}/(\text{m}^2 \cdot ℃) \tag{3-32}$$

围护结构墙体的总面积为

$$F_w = (6.83 + 4.73) \times 2 \times 1.82 + 2.365 \times 0.63 \times 2 = 45.06 \text{ m}^2 \tag{3-33}$$

围护结构顶篷的传热系数为

$$K_r = \frac{1}{R_r} = \frac{1}{R_{ri} + R_1 + R_{rk} + R_2 + R_3 + R_{ro}}$$

$$= \frac{1}{0.118 + \frac{0.0003}{0.052} - 0.420 + \frac{0.003}{0.032} + \frac{0.0005}{0.065} + 0.043}$$

$$= 1.453 \ \text{W}/(\text{m}^2 \cdot ℃) \tag{3-34}$$

围护结构顶篷的面积为

$$F_r = 4.89 \times 6.83 = 33.40 \ \text{m}^2$$

篷内地面的传热系数为

$$K_d = 0.465 \ \text{W}/(\text{m}^2 \cdot ℃)$$

篷内地面的表面积为

$$F_d = 4.73 \times 6.83 = 32.31 \ \text{m}^2$$

门帘面积为

$$F_m = 0.70 \times 1.55 = 1.085 \ \text{m}^2$$

门帘单位温差的耗热量为

$$g_m = K_w F_m = 2.036 \times 1.085 = 2.209 \ \text{W}/℃$$

由式(3-30)得

$$g_q = \frac{1}{\frac{1}{2535} + \frac{1}{345.6} + \frac{1}{5.1}} = 5.02 \ \text{m}^3/(\text{m}^2 \cdot \text{h})$$

由式(3-31)得

$$Q = [2.036 \times 45.06 + 1.453 \times 33.4 + 0.456 \times 32.31 + 2.6 \times 2.209 +$$
$$0.282 \times 1.421 \times 1 \times (10.6 \times 4.8 + 5.02 \times 0.064 \times 12.4)](18 + 30)$$
$$= 8771 \ \text{W}$$

即：通用帐篷在篷外气温为-30℃时，保证篷内空气温度达到18℃的设计供热量为8771 W。

第 4 章　野外应急住用房新材料应用

随着科学技术的进步，新技术、新材料越来越多地应用于野外应急住用房的设计和制造中。

4.1　柔性织物光伏发电材料

在野外，光伏发电可作为燃料发电的有效补充，光伏发电安全清洁，可减轻电力补给的压力。柔性染料敏化太阳能电池（DSSC）技术的发展，为将光伏技术用于帐篷布上奠定了基础，染料敏化太阳能电池的结构示意图见图 4-1。

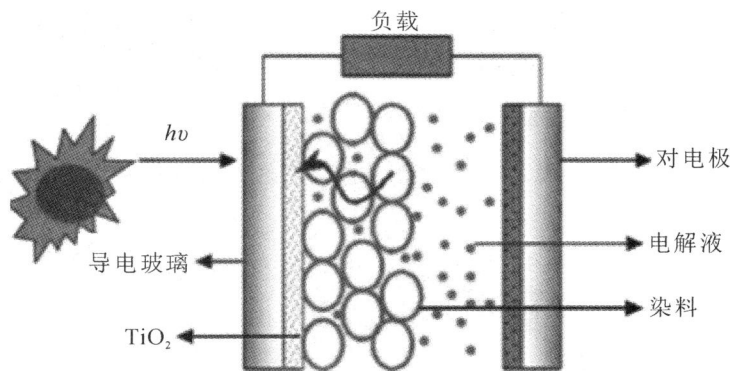

图 4-1　染料敏化太阳能电池结构示意图

柔性染料敏化太阳能电池技术是以低成本的纳米二氧化钛和光敏染料为主要原料，模拟自然界中植物利用太阳能进行光合作用，将太阳能转化为电能的技术。该技术可用于制备光伏织物，制作衣物、帐篷等，它可满足光源、通信设备等的用电需要。这种电池使用的纳米二氧化钛、N3 染料、电解质等材料的价格便宜且环保无污染，同时它对光线的要求相对不那么严格，即使在比较弱的光线照射下也能工作。

在帐篷上应用柔性织物光伏发电技术需要解决在织物上制作太阳能电源、电路、储能单元的问题，在织物上制作柔性电子元器件有两种方法：

（1）印刷法（如图 4-2 所示）。印刷法包括转印和印刷沉积。转印是指一系列用于将微米和纳米材料组装成具有二维和三维结构的空间组织的功能性布置技术。印刷沉积，指在基材上可以直接沉积功能性材料。

棉基织物　　　　　　　　镀镍棉基织物　　　　镍-聚吡咯复合导电织物

图 4 - 2　棉织物基底印刷沉积

（2）纤维结构法（如图 4 - 3 所示）。除了常见的转印及印刷沉积法，基于纤维结构的柔性电子器件制作方法也非常适合于制造织物电子产品，这些电子产品具有质量轻、持久、灵活和舒适等特点。

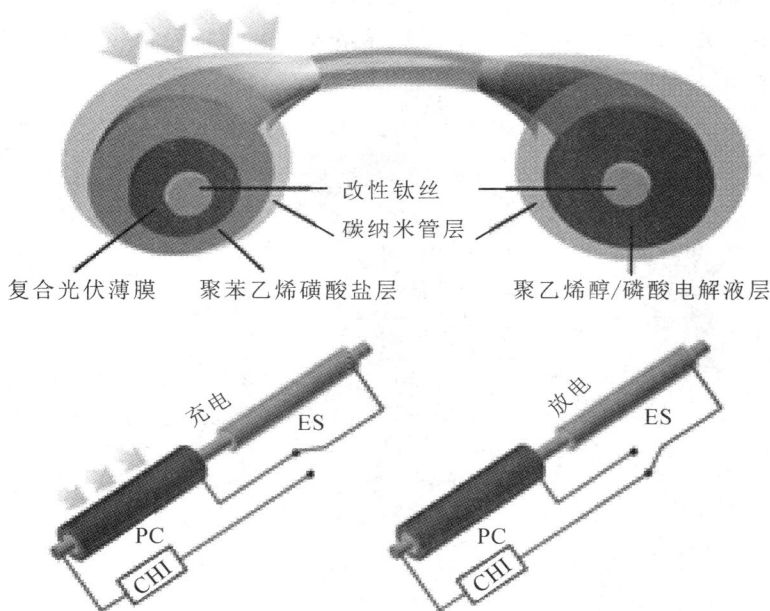

改性钛丝
碳纳米管层
复合光伏薄膜　　聚苯乙烯磺酸盐层　　　　　聚乙烯醇/磷酸电解液层

充电　　　　　　　ES　　　　　　放电　　　　　　ES

PC　　　　　　　　　　　　PC

CHI　　　　　　　　　　　CHI

图 4 - 3　纤维染料敏化电池

柔性织物光伏发电材料可采用以下两种方法制作：

（1）采用柔性染料敏化太阳能电池技术处理织物基底，如以普通棉织物为基底（见图 4 - 2），应用无钯活化化学镀方法在基底上沉积金属镍，使其具有优良的导电性（电阻率为 $0.017\ \Omega/cm$）和耐电解质腐蚀性能，再以特殊方法将镍-聚吡咯复合物沉积在镀镍棉基织物上，形成纤维染料敏化太阳能电池，这种方式制成的太阳能电池在 AM1.5 的光强下的光电转换效率为 3.3%，其转化效率虽然低于柔性纤维光伏电池的转换效率，但其具有较好的柔性，而且质量轻、价格便宜、携带方便、生产成本低。

（2）利用织物编织技术构建纤维光伏电池模块（见图 4 - 3），目前单根纤维长度超过

30 cm 的全柔性纤维电池的光电转换效率可达 7.2%，35 cm×35 cm 的编织电池模块已能进行商用。国内已有自主开发的纤维电池编织机，经过器件编织工艺条件以及织物结构等的集成优化，制作的电池模块在 AM1.5、100 mW/cm² 的标准光源下，开路电压可达 4.6 V，短路电流可达 7.8 mA/cm²，可以直接驱动计算器等商用电子设备。

另外，在染料敏化太阳能电池织物的基础上，将纤维染料敏化太阳能电池和纤维超级电容器复合编织在同一织物中，可以制备出兼具太阳能采集和存储功能的全固态新型光伏织物，它通过吸收太阳能，可以在 17 s 内达到 1.2 V 的充电电压。此外，该织物还可以任意裁剪，制作光伏发电单元，在帐篷上可采用效率较高的纤维编织柔性光伏织物电源。

光伏电池织物由具有纤维结构的多根光阳极和对电极组成，将光阳极、对电极以及其他功能纤维按照一定的组织规律分别布置在经线或纬线方向上（见图 4-4），采用机织方式交错编织可以制成需要的发电储能单元。但是纤维缠绕式结构的太阳能电池由于本身长度所限，在受光面积与封装之间存在矛盾，故其无法大规模地为电源供电。

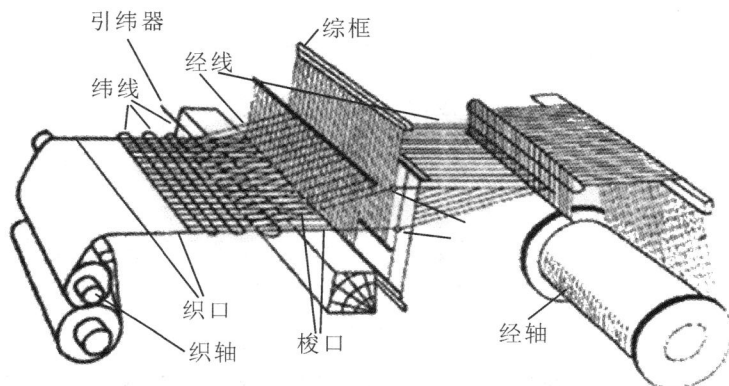

图 4-4　光伏织物发电储能单元编织

纤维状染料敏化太阳能电池也有诸多缺点，如必须封装、器件稳定性差、制造工艺复杂等，这些问题大大限制了其应用范围。复旦大学的张智涛、彭慧胜等研究人员对这些问题进行了深入而细致的研究，他们采用钛丝作为基底将聚合物太阳能电池和超级电容器进行集成，同时采用同轴缠绕的具有优异电学和力学性能的多壁碳纳米管薄膜作为太阳能电池和超级电容器的对电极，使得整个纤维状集成器件具有非常好的电化学性能和柔性，整个器件的总光电转换效率和能量储存效率达到 8.45%。整个器件在弯曲 1000 次后总的效率维持在 90% 以上，显示出了良好的柔性。该集成器件能够同时实现光电转换和能量储存，兼具很好的柔性，可以应用在柔性光伏织物技术中。

柔性织物储能单元能将白天光伏发电的能量储存在电池中，以保证夜晚用电需要。复旦大学的彭慧胜教授团队发明了一类纤维状锂离子电池——柔性织物状锂离子电池（见图 4-5），并在此基础上研究出了一系列柔性新型织物电池系统，它们具有透气、导湿、高度集成等性能，并可以直接编进衣服穿在人们身上。经研究表明，0.1 m² 的织物电池可使 iPhone 手机工作 10 小时，有望解决目前可穿戴电子产品对柔性电源的迫切应用要求。

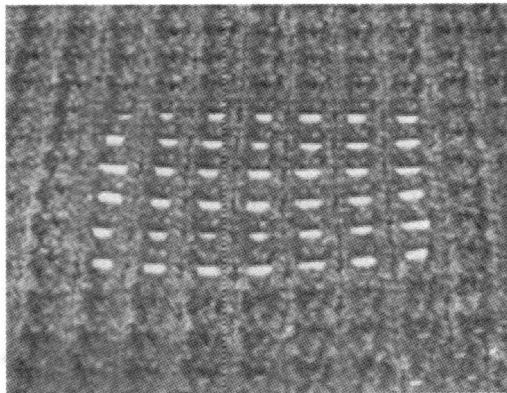

图 4-5　柔性织物电池

柔性织物光伏、柔性导电织物、柔性电池技术已经相对成熟，这些技术可以应用在野外帐篷上，但目前成本较高，因此只适合制作柔性光伏发电单元，铺设在帐篷篷顶使用，可单独撤收存放，适合作为野外应急供电的有益补充。

4.2　气凝胶隔热材料

气凝胶是一种固体物质形态，如图 4-6 所示，它的密度小至 3 kg/m³，仅为空气密度的 2.75 倍。由于气凝胶中一般 80% 以上是空气，因此有非常好的隔热效果，一寸厚的气凝胶相当于 20～30 块普通玻璃的隔热功能。气凝胶的导热系数极低，可用于制备隔热涂层织物，以阻隔太阳辐射，从而降低帐篷内部的温度，起到节能和隔热作用。

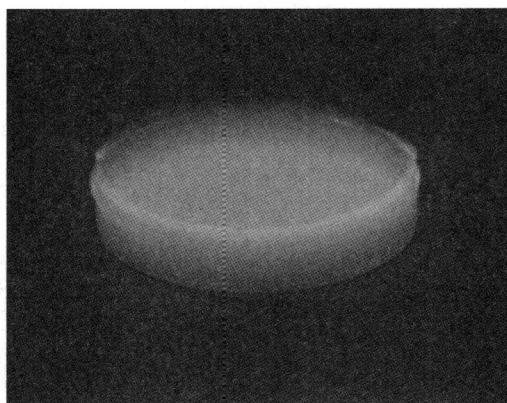

图 4-6　SiO_2 气凝胶

SiO_2（二氧化硅）气凝胶是分散介质为气体的凝胶材料，具有纳米结构且具有高比表面积、高孔隙率、低密度、低介电常数等特点和极好的隔热性能，是迄今为止已知的最轻的固体材料和性能最好的保温材料。国产 SiO_2 气凝胶的密度一般为 60～100 kg/m³。在帐篷上使用气凝胶隔热技术，可采取涂层法或者贴合法。

涂层法是指在树脂中混入气凝胶，然后涂覆在织物上，再经过定形、烘干等工序，制

作成 SiO_2 气凝胶隔热涂层织物。具体做法是：将 SiO_2 气凝胶按照一定比例加入 PVC、PU 等树脂中制得隔热涂层剂，对棉织物进行直接涂覆，然后经过烘干、焙烘等工序，即可制备成 SiO_2 气凝胶隔热涂层织物，见图 4 - 7。与原布相比，添加 SiO_2 气凝胶的涂层织物的隔热性能显著提高，且当涂层剂中气凝胶加入量低于 10% 时，织物的隔热效果随着 SiO_2 气凝胶加入量的增加而逐渐变好。另外，还可以在气凝胶中添加反射粒子，提高涂层对入射热量的反射率。例如，在堆积密度为 0.16 g/cm^3、导热系数为 0.039 $W/(m \cdot K)$ 的 SiO_2 气凝胶中添加纳米 TiO_2（TiO_2 紫外线屏蔽效能好，折光指数高，对光散射能力强）功能粒子（见图 4 - 8）作为隔热结构外层，采用聚丙烯酸酯、聚氨酯类黏合剂，在棉织物上制备厚度为 0.1 mm 的涂层，气凝胶涂层克重 50~80 g/m^2，涂层中气凝胶和功能粒子达到 22% 时，用 500 W 碘钨光源照射 30 min，涂层织物内外温差较原布降低 13.4℃。处理后的织物与原织物相比，断裂强力基本不变，撕破强力略有下降，白度提升，抗紫外性能和耐磨性能提高。

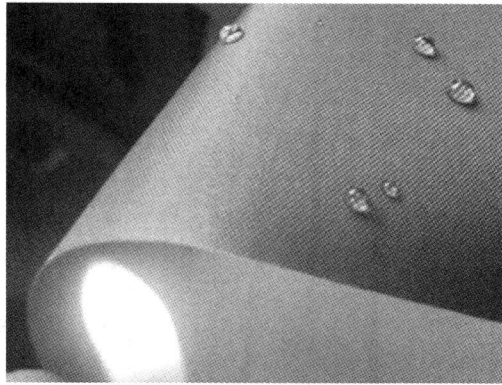

图 4 - 7　SiO_2 气凝胶涂层织物

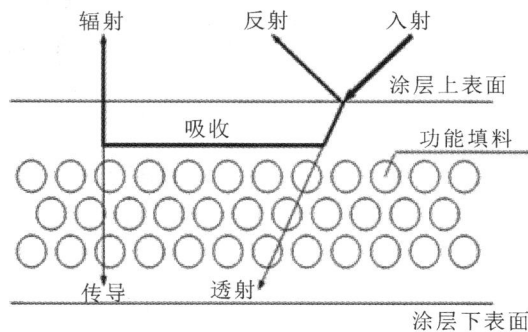

图 4 - 8　增加功能粒子的气凝胶涂层

贴合法是指先制作气凝胶毡（也叫隔热膜），然后再将其贴合在用胶粘剂处理过的织物表面，气凝胶毡见图 4 - 9。制得的织物即气凝胶毡复合材料可作为隔热结构使用。例如，用厚度为 50~500 μm、密度为 180~220 kg/m^3、导热系数≤0.02 $W/(m \cdot K)$ 的 SiO_2 气凝胶毡黏结在织物上做成隔热材料，隔热性能见图 4 - 10。可见，随着隔热体厚度增加，隔热效果变好。

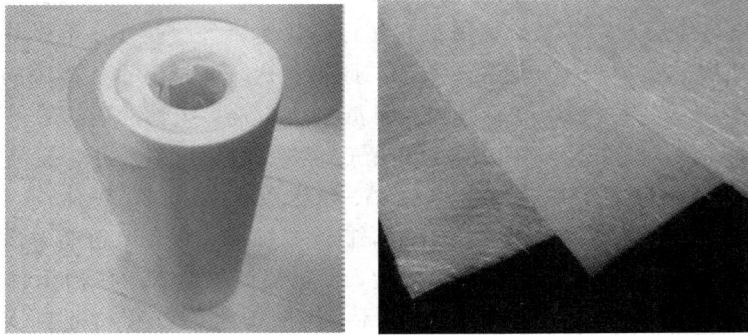

图 4 - 9　SiO₂气凝胶毡

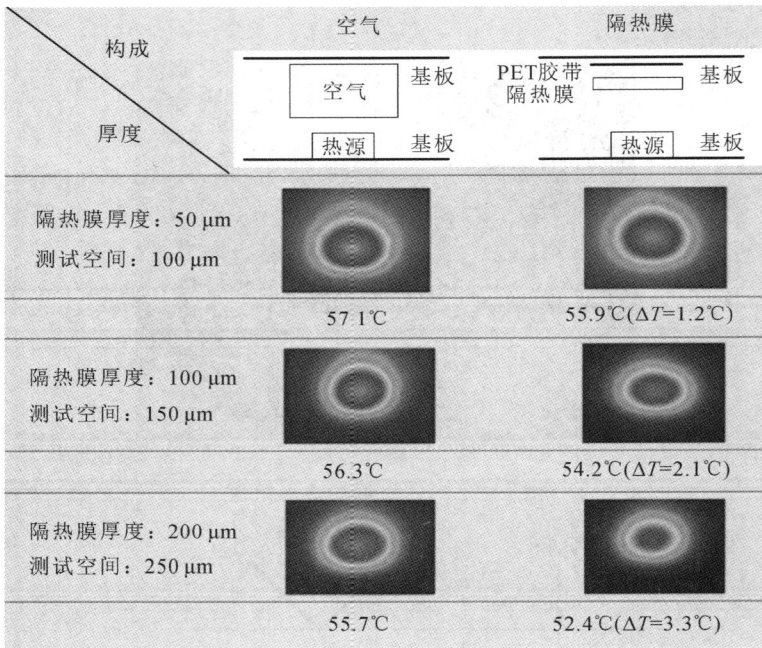

图 4 - 10　SiO₂气凝胶毡隔热效果

上述研究表明，涂层法和贴合法工艺成熟，SiO₂气凝胶已具备在篷布织物上应用的条件。

4.3　高压充气材料

高压充气技术是以高压充气肋替代帐篷杆件的技术，它常用于仓库、维修场所、车库、机库等大跨度帐篷，这样可大幅度降低系统质量，减小折叠体积，使其便于集装化运输，且搭设撤收效率高，对工程机械的依赖小。高压气肋由织物和气密涂层构成，气密涂层可以保证气体密封，织物可以保证骨架强度。

气密涂层一般可用聚氯乙烯（PVC）、聚氨酯（TPU 和 PU）、丁基橡胶、三元乙丙橡胶等制作。丁基橡胶和三元乙丙橡胶比较耐低温，拉伸强度在 10 MPa 左右。为了提升气肋的强度和气密性,可将塑料与橡胶共混,如三元乙丙橡胶和聚丙烯共混制成热塑性乙丙橡胶(TPV),可挤出成型为气肋,强度大幅提高。PVC 为极性材料,与织物复合简单,也可挤出成型为气肋,但耐低温性能较差,而且含氯元素,对环境有污染。TPU 涂层织物的气密性与丁基橡胶接近,其拉伸强度可达 30 MPa 以上,强度和耐磨性远优于 PVC,但价格较高。目前市场上的涂层织物气密材料工艺都已成熟,各有特点。TPU 卫生安全、强度高、气密性好;TPV 可挤出涂覆,强度虽低于 TPU,但价格便宜。因此,两者均适合作为高压气肋的气密材料。

　　气肋的结构和材料决定其承压性。气肋结构的制作工艺主要有拼接式和整体式两种,气肋骨架织物纤维可以选用涤纶、锦纶、芳纶等。拼接式气肋结构一般作为低压气肋使用,可直接采用气密性涂层织物热合焊接,也可以在拼接好的气肋外套里装入薄膜管,这种气肋结构常用于跨度较小的充气帐篷,如图 4-11 所示。虽然该种结构充气搭撤较为方便,但低压气肋内压一般在 0.2~0.4 个大气压,单根气肋支撑力小,质量上与杆件相比无优势。大跨度结构往往采用整排气肋才能满足其承力需要,如图 4-12 所示。整排气肋虽然折叠体积小、搭撤方便,但整体质量不小于杆件结构住用房,有时甚至重于杆件支撑结构。

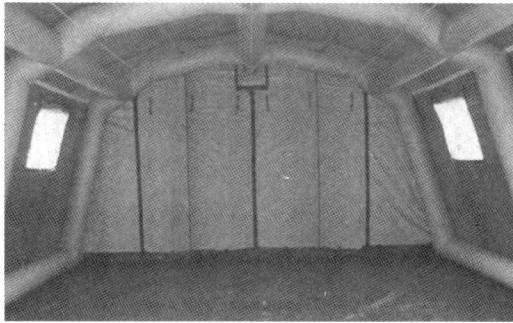

图 4-11　拼接式气肋充气帐篷

图 4-12　大型拼接式气肋

　　整体式结构气肋,类似于消防水带,是用织物纤维编织圆管,然后贴合气密涂层。目前气密涂层有两种加工工艺:一种为挤出涂覆工艺,即将气密涂层在熔融状态下挤出涂覆在圆管上,这种工艺下管体的长度不受限,气密性好,但气密涂层较厚,管体较重、较硬;另一种是翻管工艺,即将气密涂层先做成管膜(管膜外层涂覆有热熔胶),再通过热空气将其贴合在圆管内壁上，然后打气翻转，使外壁变内壁，再贴合内壁，这种工艺下管体柔软，质量轻，但长度受加工场地限制，目前国内可做到 100 m。气肋骨架纤维可采用不同强度、不同规格、不同种类、不同编织形式的纤维进行搭配，在设计工作中应在不同气压下使管体自主变形，以得到管体不同的拱形结构和跨度，避免高压管充气后弯折受力，图 4-13 为高压拱形管编织结构示意图和编织设备。图 4-14 为美国专利报道的一种采用芳纶纤维编织套管制成的气肋，其最大工作压力为 0.7 MPa，工作压力下可自动弯曲成拱形，放气后收缩为直管状。目前国内套管编织工艺的可编最大直径为 800 mm。现有高压充气肋的工作压力为 0.25 Mpa，其可制作 25 m 跨度的帐篷（见图 4-15）。若要制作 30 m 以上跨度的帐篷，高压气肋的压力仍需进一步提高。

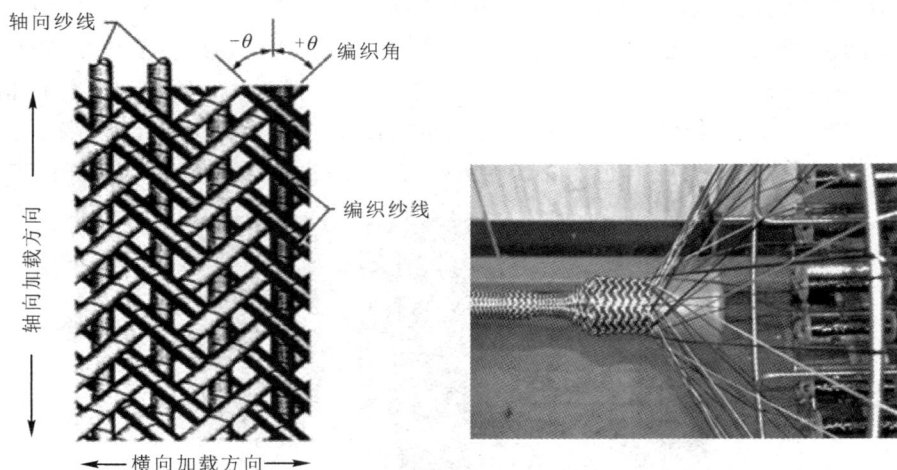

图 4-13　高压拱形管编织结构示意图和编织设备

图 4-14　整体式高压充气肋

图 4-15　高压气肋充气帐篷

4.4　防弹材料

野外应急住用房搭建配套的防弹单元时，可采用标准模块化设计，再根据防护要求在现场进行拼接组装。防弹材料通常采用钢板、陶瓷、聚脲、碳纤维、芳纶纤维、超高分子量聚乙烯等材料。碳纤维能够耐高温度、高强度、高模量，但其断裂伸长率较低，所以在防弹复合材料中应用不多；钢板、陶瓷和聚脲制作的防弹板质量较大，常用于大型装备的整体或局部防护；芳纶纤维、超高分子量聚乙烯制作的防弹组件质量轻，通常用于士兵的个人防护。另外，也可根据防护等级、质量分级采用几种材料配合防护。野外应急住用房主要防轻武器子弹、破片、冲击波等，同时应考虑运输搭撤的便利性，因此可选用钢板、陶瓷等无机材料和芳纶纤维、超高分子量聚乙烯等有机材料制成防弹结构。

近年来新型防弹纤维材料陆续问世，其防弹性能不断提升，如聚酰亚胺纤维（PI 纤维）、聚对苯撑苯并二噁唑纤维（PBO 纤维）、杂环芳纶等。

　　在防弹领域，聚酰亚胺纤维的发展已取得长足进步，它强度高（3～4 GPa）、模量高（100～160 GPa）、耐高温（300℃以上）、耐候性好（耐水、酸碱、紫外光等）、界面性好，国内该纤维已产业化，正在进行防弹性能测试，但该纤维的批次稳定性还有待提高。

　　PBO纤维是由日本东洋纺织公司率先研发成功的，其强度、模量等性能都非常优异，其强度为5.8 GPa，模量为280 GPa，这些在现有化学有机纤维中都是最高的；其耐热温度达到600℃，极限氧指数为68，在火焰中不燃烧、不收缩，耐热性和难燃性也高于其他任何一种有机纤维。其首先在美国总统卫队中得到应用。但在应用过程中，暴露出了其耐候性极差的问题，因此进入低潮。现通过分子结构改性，改善了其耐紫外光和储存稳定性，并采用了表面防紫外涂层。

　　杂环芳纶在俄罗斯军方的应用非常成熟，已形成系列产品，它由俄罗斯卡门斯基工厂生产，其主要牌号有SVM、Armos、Rusar（Rusar-C、Rusar-HT）、Artec、Ruslan等。杂环芳纶的性能非常优异，美国杜邦公司的芳纶强度在3 GPa左右，而俄罗斯的芳纶强度在4～8 GPa。杂环芳纶的防弹性能也远优于普通芳纶，可实现装甲防护材料的轻量化。国内的杂环芳纶（国内称芳纶Ⅲ）成本高、性能离散，因此现阶段主要还是用于地铁、动车、高铁等轨道交通领域。

　　除了防弹纤维主体外，野外应急住用房的防弹单元还需要配合使用高性能树脂，以固化多层纤维，提高抗冲击效果。在工业上高性能树脂基体一般使用酚醛和环氧，因为它们的热固化定型效果好。但是这些防弹纤维压制的防弹板，即使未被子弹打穿，子弹的冲击力仍然会对保护物造成一定的损伤，而用剪切增稠材料处理的防弹纤维能够提高防弹板的减震吸能效果，减少弹着点的"背凸"，更有效地减少损伤。剪切增稠材料是指体系黏度随着剪切速率或剪切应力的增加展现出数量级增加的非牛顿流体，它具有高效率的能量吸收特性。依照其流动性的大小与性状，可分为剪切增稠液与剪切增稠凝胶两大类。据研究资料报道，剪切增稠液多用于与织物构成复合材料，织物一旦受到冲击，剪切增稠液就变成坚硬的固体，吸收能量，而冲击撤去后织物又恢复柔软。

　　目前国内外应用于防护织物方面的剪切增稠液基本上都是基于聚乙二醇-二氧化硅的微纳米颗粒体系。其具体做法一般为将织物浸入稀释的剪切增稠液中，充分浸润，使液体填充到纤维中间，然后烘干溶剂。这种做法在实际应用中可以提高织物的抗刺穿性能，减少铺设层数，降低系统质量，但剪切增稠液的高低温性能较差，在低温－20℃和高温50℃左右，剪切增稠液将失去防护效能。在剪切增稠凝胶复合材料领域，此处介绍英国D3O凝胶（见图4-16），它由智能化分子材料制成，平时不显现特别的防护性能，可自由流动；一旦遇到冲击震动，分子便连锁在一起发挥阻隔防护作用。它已被欧美等国在体育用品、军警用防护用品以及3C电子产品上使用。国内开发的聚硼硅氧烷凝胶材料具有良好的高低温稳定性，用它处理过的芳纶织物已用于防弹头盔（见图4-17），它能有效降低背凸，减少芳纶层数，并且与未使用凝胶材料的裸盔相比，质量减轻了20%。凝胶材料一般用于橡胶、塑料改性，以提高制品柔软性和吸能性，在防弹领域应用可用在纤维涂层改性上，即对涂覆在防弹纤维上的高性能涂层（如酚醛树脂、环氧树脂等）进行改性。

图 4 - 16　D3O 材料

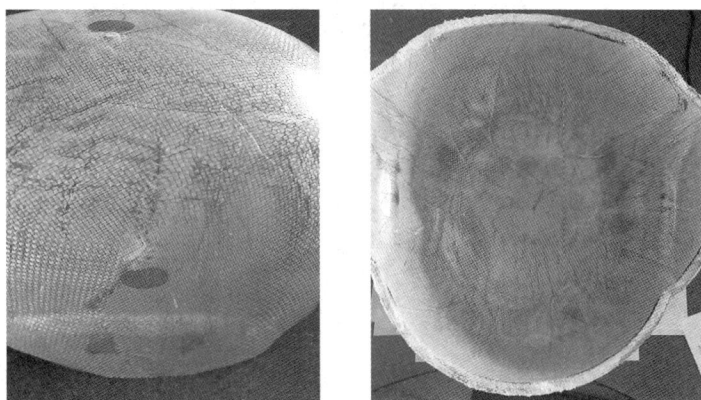

图 4 - 17　凝胶材料处理过的防弹头盔和裸盔打靶试验

　　针对芳纶材料剪切和压缩性能较差等问题，研究人员开展了剪切增稠凝胶方面的研究工作；同时，结合超高分子量聚乙烯应力波传播速度快的特点，将其与改性后的芳纶织物用增稠凝胶复合，制作成了标准尺寸的防弹模块，该防弹模块体积小、质量轻，装卸、运输、展撤、使用都较为方便。

　　1999 年美国空军研究室发现了喷涂型聚氨酯（聚脲），2003 年美军将聚脲用于悍马车防爆涂层，实战效果显著，获得美国陆军十大科技进步奖。国内近几年开发了碳纳米管增强聚脲抗爆材料，其拉伸强度高于 45 MPa，5 mm 厚度防爆能力相当于 200 mm 的钢筋混凝土。在防弹模块上喷涂聚脲涂层，能够有效提高防弹板的抗爆性能，降低模块质量。

4.5　轻质复合杆件材料

　　轻质复合杆件材料是使用高模量、高强度纤维及其制品(如纤维布、带、毡、纱等)作为增强材料,以合成树脂(如酚醛树脂、环氧树脂等)作为基体材料的一种复合材料。常用的高强纤维有玻璃纤维、碳纤维、纳米硼纤维等,它们的质量低于钢质、铝合金等材质杆件,可大幅降低帐篷系统质量,并且耐腐蚀。玻璃纤维和碳纤维杆件如图 4-18 所示。玻璃纤维的密度在 $2.5 \sim 2.7 \mathrm{~g/cm^3}$ 左右,比一般金属要低,和铝差不多,抗拉强度为 2000 MPa,拉伸强度接近甚至可以超过碳素钢,且其强度可以与高级合金钢相当;碳纤维的抗拉强度在 3000 MPa 以上,强度高于玻璃纤维,密度约为 $1.5 \sim 2.0 \mathrm{~g/cm^3}$,只有玻璃纤维一半重,十分轻便;硼纤维是以钨丝或碳纤维为芯、表层为硼的皮芯型复合纤维,其密度和强度与碳纤维相仿,而纳米硼纤维是在硼纤维的基础上经过纳米技术处理得到的,作为密度更轻、强度更大的一种增强剂,它的密度只有碳纤维的 1/3,但是强度却是碳纤维的 3 倍,所以一般在制作碳纤维杆件时加入纳米硼纤维可以降低质量、提高强度。

图 4-18　玻璃纤维和碳纤维杆件

　　轻质复合材料杆件的成型方法有很多种,主要有预浸料铺层成型、纤维缠绕成型、拉挤成型、热缩成型等。预浸料铺层成型目前常用于制造复合材料鱼竿,其工艺成熟,纤维布(见图 4-19、图 4-20)裁剪后多层铺叠卷绕,可以满足不同方向强度需要,但会带来杆件质量的增加;纤维缠绕成型是将纤维浸胶后缠绕成型,它能够充分发挥增强纤维的性能,但是设备昂贵(见图 4-21),对于需要大长径比的杆件可以用缠绕工艺;拉挤成型,相比于纤维缠绕工艺,主要用于固定截面型材,拉挤管的强度较低;热缩成型工艺常作为预浸料铺层、纤维缠绕成型的后续处理工艺,以解决复合材料杆件的表面质量问题。

图 4-19　碳纤维预处理布

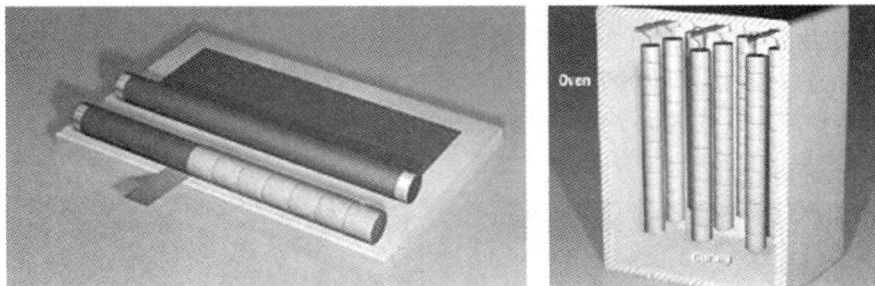

图 4-20　预浸料卷管及烘焙固化

图 4-21　碳纤维杆件缠绕

综上，在实际中可根据杆件的用途，根据强度、质量需求及成本要求，选用预浸料铺层成型或者纤维缠绕成型来加工纤维杆件。

4.6　可热合帐篷布材料

热合成型工艺相较于缝纫成型工艺，无缝纫孔，不需要二次防水处理，并且不会造成薄弱点，热合处的断裂强度要大于本体材料。帐篷热合技术有两种：

（1）可热合涂层织物采用在织物表面涂刮高分子材料作为涂层，其中的关键技术有两点：一是对涂层与织物界面的处理，要求其复合牢度高，耐水解；二是对涂层功能性的处理，要依据帐篷用途对透气性、阻隔性的不同要求选取涂层材料。

（2）可热合织物采用热合材料制作的纱线或包芯纱线制作帐篷布。

1. 可热合涂层织物

常用织物有尼龙和涤纶，它们都是工业化原材料，强度高，涤纶价格要低于尼龙，但是涤纶的表面活性要低于尼龙，界面处理难度大。工业上一般采用网眼织物（见图 4-22）涂刮聚氯乙烯（PVC）糊树脂制作可热合帐篷布（见图 4-23），这样虽然通过网眼结构解决了织物和涂层的复合牢度问题，但基体织物的结构密度低于平纹织物，存在抗刺穿强度差等缺点，而且为涂满孔洞使表面平整，其涂层往往十分厚重，因此仅仅只用于满足热合加工需要。涤纶和尼龙的平纹织物如图 4-24 所示，其表面平整，面密度大，可大幅降低涂层厚度，抗刺穿强度高。为提高涂层织物的复合牢度，综合耐水性、耐低温和手感等方面的要求，平纹织物界面需要使用多异氰酸酯、聚氨酯、环氧等胶粘剂处理。PVC涂层织物也可采用压延法进行表面处理，即在涤纶织物经过表面处理后，压延涂覆熔融PVC。此种方法加工的PVC涂层织物表面平整，抗刺穿强度高，但复合牢度小于PVC网眼涂层织物，增塑剂添加困难，手感较硬，耐低温性能差。

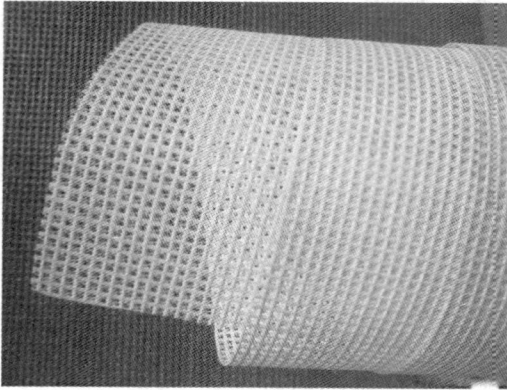

图 4-22　网眼布

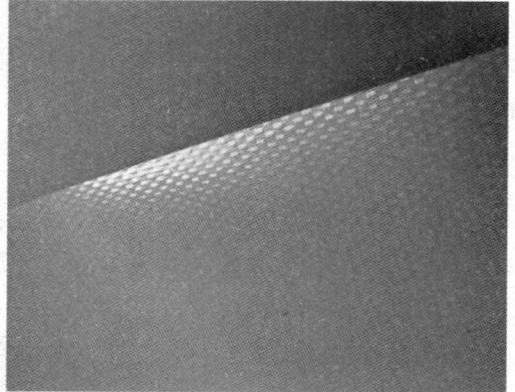

图 4-23　PVC网眼涂层织物

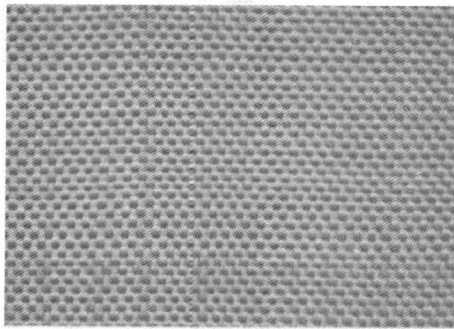

图 4-24　平纹织物

　　PVC涂层的耐低温性能较差，需要添加增塑剂，但增塑剂析出对人体有毒害，且PVC涂层具有一定的阻隔性，透气效果差，不太适合作为人员住宿用帐篷的材料。聚氨酯糊树脂涂层材料防水透气，可用于制作登山服、雨衣、鞋帽、帐篷等。这种涂层材料有两种生产工艺：一种是采用有机溶剂，产品叫溶剂性聚氨酯涂层材料，其工艺稳定好，但生产时使用的溶剂污染环境；另一种是使用水作为溶剂生产的涂层材料，其生产工艺环境好，但整理后热合性较差，一般用于制作衣物，不适合作为篷布材料。

　　热熔性聚氨酯（TPU）涂层织物（见图4-25）是一款迷彩TPU涂层织物，它可通过挤出、压延、流延、层压等工艺制作，对环境无污染，涂层厚0.07 mm时就可焊接，TPU可作为帐篷布的热合功能基础涂层，也可用于在织物上进行迷彩印花且不会影响织物的光学伪装功能。TPU本身具有防水透湿功能，在用于人员住宿帐篷时，可通过挤出、压延或流延工艺直接将熔融状态的TPU涂覆在织物表面，即可对其进行热合加工；对于特殊要求帐篷，如需要具有阻隔性、导电性、自洁性等不同功能涂层，则可采用TPU/PVDC复合薄膜、TPU 导电膜、TPU/自洁性材料等复合薄膜，通过层压工艺将其与织物复合成帐篷布，使其具有可热合性，能够用于野外仓库、封存等场所。

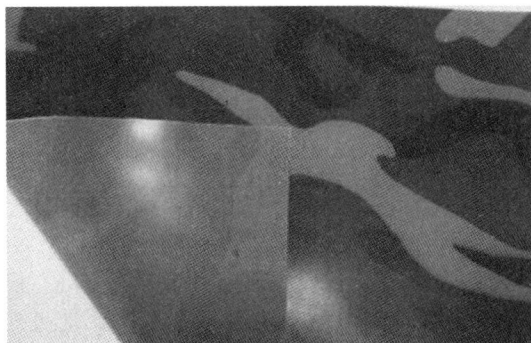

图 4-25 TPU 涂层织物

在野外储存医药、弹药、食品等物资时需要干燥的储存环境，可采用高阻隔薄膜复合织物来制作帐篷布，如聚偏二氯乙烯（PVDC）、聚丙烯腈（PAN）、乙烯/乙烯醇共聚物（EVOH）、非结晶性的尼龙树脂（PA）、聚酯（PET）等高阻隔性薄膜，它们具有优异的阻湿、阻气和阻油性。PVDC 的氧气透过率为 0.00581 $cm^3/(m^2 \cdot 24\ h)$、水蒸气透过率为 0.00155 $g/(m^2 \cdot 24\ h)$，PA66 的氧气透过率为 0.0775 $cm^3/(m^2 \cdot 24\ h)$、水蒸气透过率为 0.388 $g/(m^2 \cdot 24\ h)$，它们均可作为密封帐篷用阻隔材料。但这些高阻隔材料的硬度较大，与织物直接复合较为困难，一般需要采用共挤出复合膜工艺加工，即将高阻隔材料与易成膜材料多层共挤，可制成如 TPU/PVDC/TPU 复合膜、PE/EVOH/PA/PE 复合膜、PVC/PVDC/PVC 复合膜等，多层共挤出薄膜可以与织物复合制作高阻隔涂层织物，这种涂层织物可热合加工，既满足了帐篷布的强度要求，也满足了野外仓库的阻隔性要求。

2. 可热合织物

可热合织物，即采用热塑性高分子材料经拉丝工艺获得的纱线，如尼龙弹性体、TPU 弹性体等，目前市场上 TPU 纱线（见图 4-26）包括纯 TPU 纱线、TPU/PET 包芯纱线。通过对 TPU 原料进行功能性处理可以优化其性能，如添加不同色母可以使纱线颜色多样，添加抗菌剂可以使纱线具有优良的防霉性能，另外，阻燃性、抗 UV 等均可通过原料改性获得。单一弹性体纱线的断裂伸长率较大、断裂强力较低，TPU 纯纱线的伸长率约为 300%，而采用 PET 做芯、TPU 包覆等措施，可提高纱线的断裂强力，降低其断裂伸长率，有利于制品的热合加工。

图 4-26 TPU 包芯纱线和 TPU 纯纱

与可热合涂层织物相比，可热合织物无需表面刮胶处理，没有刮胶过程带来的溶剂污染问题；而且少了刮胶、涂层两个热加工过程，所以织物强度不会出现热加工损失；由于无需复合涂层，故不用研究涂层复合牢度的问题；若采用 TPU 包芯纱线，则 TPU 贯穿织物结构，织物的透湿性能好。可热合织物的缺点是，目前能够用于熔融挤出拉丝而且能够热合的弹性体只有 TPU，它仅能解决帐篷布的热合问题，另外，由于热合织物没有连续的涂层，其抗刺穿性能低于涂层织物，还不能赋予织物阻隔、导电、自洁等功能。

4.7　轻质高电磁屏蔽材料

电磁屏蔽帐篷可有效地防止电子设备的电磁信息泄漏，使信息设备免受高功率微波武器打击，保护信息安全。电磁屏蔽织物既具有良好的导电性能，又可保持织物材料的透气、柔韧、可折叠、可黏结等特性，它可用于制作屏蔽服、屏蔽帐篷及屏蔽室等，可以保障人身、信息安全等，是理想的电磁屏蔽材料。电磁屏蔽织物按照制备工艺不同可分为导电纤维混纺电磁屏蔽织物、表面镀金属电磁屏蔽织物、涂层电磁屏蔽织物、贴金属箔电磁屏蔽织物和多离子电磁屏蔽织物。涂层电磁屏蔽织物是在织物涂层中添加适当的金属粉末、金属氧化物或者非金属类导电材料而制成的，它质量轻，能够屏蔽 95% 以上的电磁波，但电磁屏蔽效能较低，一般大于 30 dB，且织物附着力低，屏蔽效果的耐久性不足，应用较少；贴金属箔电磁屏蔽织物是将金属薄膜粘接在织物上，它的透气性差、手感硬、易折损；导电纤维混纺电磁屏蔽织物、表面镀金属电磁屏蔽织物、多离子电磁屏蔽织物可用于电磁屏蔽室、电磁屏蔽帐篷等。

电磁屏蔽织物所选用的基材主要为涤纶、棉织物、芳纶纤维及碳纤维等，其中以涤纶、棉织物为最多。

1. 导电纤维混纺电磁屏蔽织物

导电纤维混纺电磁屏蔽织物主要是指将导电纤维与普通纤维经混纺技术织成的织物，它的屏蔽效能较低。常用的导电纤维主要有镍纤维、铜纤维和碳纤维等，随着金属纤维含量的增加，电磁屏蔽效果也相应增加。金属纤维与涤棉纤维混纺时，若金属含量为 10%～15%，则织物的屏蔽效果具有各向同性，在频率为 150 kHz～6 GHz 范围内，电磁能量衰减可以达到 32～38 dB，采用复合型吸波纤维混纺的织物电磁屏蔽效能略高。美国研制的填充体积为 20% 的镀镍石墨纤维在 1000 MHz 时屏蔽效能可达 80 dB，日本研制的填充率为 10% 的黄铜纤维的屏蔽效能可达 60 dB。用导电纤维和普通纤维材料编织成的导电织物的放大图见图 4-27，它可剪裁缝制，也可进行清洗。这种编织方法最大限度地减少了导电金属纤维在形变时所承受的力量，使其具备突出的机械和导电性能。它具有相对电阻小于 1% 的优异导电性能，除了能够耐受水洗和机洗外，它还具备极好的抗拉伸性能。这种材料能够承受单向拉伸 300% 的形变，能够承受撞击测试中 150% 的应变以及 100 万次的折叠测试。

图 4-27　导电织物放大图

2. 表面镀金属电磁屏蔽织物

表面镀金属电磁屏蔽织物是指采用化学镀、电镀、真空镀、磁控溅射镀等工艺将金属离子镀在织物表面而制成的织物。化学镀和电镀主要是指通过氧化还原将 Cu、Ag、Ni、Al 等离子镀在织物表面的方法。目前这种技术主要用在电磁屏蔽织物材料的生产中，效果很好，例如在棉、涤纶及芳族聚酰胺等织物材料上镀铜、镀银或镀镍铜等。化学镀和电镀不受织物形状及大小的限制，镀层均匀，使织物材料柔软，设备投入量也小，但镀层容易因被刮擦而失去屏蔽性能，并且制备过程污染严重，必须进行污水处理，图 4 - 28 所示为表面镀银织物。化学镀铜织物在频率为 100 MHz～1.8 GHz 范围内时电磁屏蔽效能可达 35～68 dB，但易氧化；化学镀镍织物在频率为 100 MHz～1.8 GHz 范围内时电磁屏蔽效能不超过 40 dB，效能较低。真空镀改善了金属原子和织物复合的复合牢度问题，使金属层与织物附着力好，一般可以通过延长镀膜时间来增加镀膜厚度，以提高屏蔽效能。磁控溅射镀又称等离子电镀，是一种高速率低基片升温的成膜新技术，主要利用高能离子撞击金属靶材进行能量交换，把从靶材表面飞溅出的靶材原子或分子沉积到纺织基材衬底，形成屏蔽的金属薄膜。采用真空磁控溅射在涤纶织物上镀金属镍，再镀铜和镍制成的织物在频率为 30 MHz～1.5 GHz 范围内时电磁屏蔽效能超过 70 dB，在频率为 1.5 GHz～40 GHz 范围内时电磁屏蔽效能超过 60 dB，屏蔽效能较高，图 4 - 29 所示为镀镍铜织物。

图 4 - 28 镀银电磁屏蔽织物

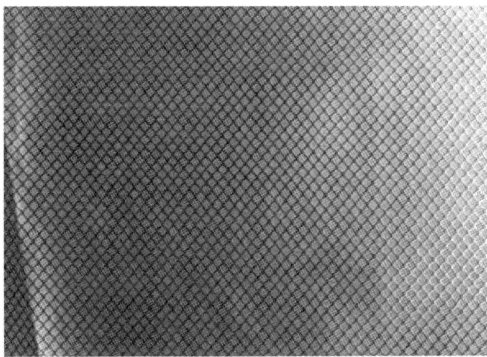

图 4 - 29 镀镍铜电磁屏蔽织物

3. 多离子电磁屏蔽织物

多离子电磁屏蔽织物材料是当今最先进的屏蔽电磁辐射材料，其制作工艺是采用先进的物理和化学工艺对金属进行离子化处理，这种织物的电磁辐射屏蔽效能一般可以达到 15～20 dB，但其屏蔽效能存在自然衰减的问题。

目前市场上的电磁屏蔽织物性能比较如表 4 - 1 所示。可见，金属镀层电磁屏蔽织物的屏蔽性能最好，但不耐折叠揉搓，揉搓易损害屏蔽镀层，使屏蔽效能降低；多离子电磁屏蔽织物的耐揉搓性能较好，但使用寿命较低，目前仅可达到 2 年。

影响电磁屏蔽体屏蔽效能的关键环节有两个：一个是整个屏蔽体表面必须连续导电；另一个是不能有导体穿透屏蔽体。在开发电磁屏蔽帐篷时，需要对屏蔽织物进行裁剪、拼接和缝合等加工，可能会破坏导电连续性，导致屏蔽性能下降甚至丧失。因此，必须对结合处进行特殊处理，以保持导电连续性。

表 4 - 1　电磁屏蔽织物性能比较

电磁屏蔽织物	屏蔽性能/dB	屏蔽率/%	屏蔽机理	透气性	耐搓性	耐洗性	色彩
不锈钢纤维混纺	15～20	96.8～99	反射	好	好	较好	多样
化学镀铜	50～60	99.999～99.9999	反射	差	差	差	单一
镀镍	60～80	99.9999～99.999999	反射	差	差	较好	单一
镀银	60～90	99.9999～99.9999999	反射	差	差	较好	单一
多离子	28～32	99.84～99.94	吸收	好	好	好	2～3 种

4.8　相变织物材料

　　相变材料是指在温度不变的情况下能够改变物质状态并能提供潜热的材料。物质转变物理状态的过程称为相变，相变时材料将吸收或释放大量潜热。相变材料可以制成微胶囊，即用相变材料作为核心，外层包裹聚合物膜，图 4 - 30 所示为相变材料微胶囊结构示意图。微胶囊的尺寸一般由加工过程中的搅拌速率决定，直径尺寸在 $1\ \mu m$ 以下的，属于纳米颗粒；直径尺寸为 $3\sim800\ \mu m$ 的，属于微颗粒；直径尺寸在 $1000\ \mu m$ 以上的，属于大颗粒。$20\sim40\ \mu m$ 的微胶囊适合用于织物涂层处理，$1\sim10\ \mu m$ 的微胶囊可以用于直接处理织物基底。

　　将微胶囊相变材料整理到织物上有三种方法，即层压法、涂层法和纺丝法。层压法是将微胶囊含量为 $20\%\sim60\%$ 的泡棉材料作为织物内衬，或者是将一定厚度的含微胶囊的聚合物薄膜层压在无纺布上，这种方法制成的织物微胶囊含量高，且加工工艺简单，成本较低；涂层法是将微胶囊配成乳液，浸涂、刮涂或印刷在织物表面，但需要注意，塑料的挤出涂层不适合制作微胶囊涂层；纺丝法是在纤维加工过程中混入微胶囊以制成微胶囊纤维，微胶囊纤维见图 4 - 31，一般在溶液纺丝法中使用丙烯腈、乙烯等纤维，因为在熔融状态下纺丝会破坏微胶囊结构。

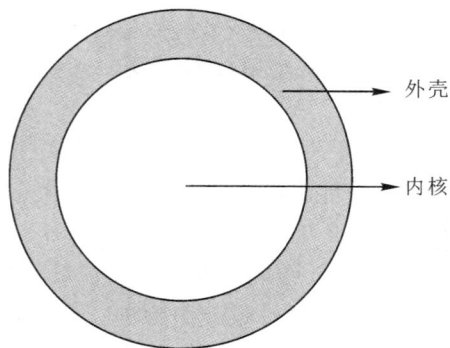

图 4 - 30　相变材料微胶囊结构

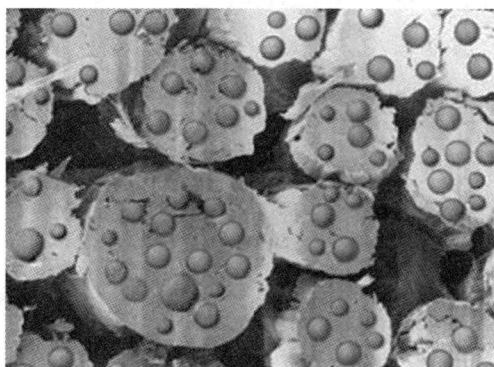

图 4 - 31　微胶囊纤维

相变材料制成微胶囊，可防止相变材料散失，消除相分离和过冷现象，延长寿命，方便其与纤维或织物结合。目前层压法、纺丝法在织物上应用比较成熟，而涂层法尚在研究发展阶段。在织物上应用较多的微胶囊相变材料有石蜡、聚脲，采用石蜡微胶囊/黏合剂溶液在110℃左右浸涂处理涤纶、尼龙、棉织物等，会使织物增重超过15％，处理后织物的撕裂、断裂强度均有提升，涤纶织物的耐洗性优于处理后的棉织物；处理后织物升温和降温均较处理前减慢。聚脲微胶囊相变材料可耐200℃高温，在棉织物上浸轧聚脲微胶囊，织物增重超过15％，处理后织物升温降温均较未处理前减慢，降温过程中200 s后两者温度接近一致，升温过程中180 s后两者温度接近一致。使用聚脲/聚氨酯双层微胶囊浸轧棉织物后，织物增重15％左右，10℃的棉织物升温到环境温度30℃需要60 s，而处理后的棉织物则需要100 s；30℃的棉织物降温到环境温度10℃需要100 s，而处理后的棉织物则需要120 s。

相变织物的调温性能受限于微胶囊的增重量，调温效果和时间都有限，通常在手套、鞋子、外套上使用。目前在长时间调温织物制品中还是采取密封袋法，即制作类似于防弹背心的相变材料插板来作为组件，如具有调温功能的医用防护背心、缓解热应激的降温背心等。相变织物在应用上可以和气凝胶材料、隔热层结构配合使用，但其在帐篷上的节能调温效果还有待研究评价。此外，相变材料在相变温度发生相变时伴随有吸热和放热效应，故其本身温度可保持不变，这种特性可以用于更好地实现军事目标的热红外伪装。

国内外对红外相变伪装材料的研究中有相当一部分都集中在热红外伪装织物上。例如，邓春涛等将相变材料微胶囊分散在涂料中，从而制备出了可相变吸收红外的涂料，这种涂料可用于对织物进行涂层整理，将进行了此种红外伪装的织物盖在一根加热棒上，前视红外雷达对此不能成像；李发学等将相变材料填充到涤纶中空纤维中，纺织成丝后加工制成了红外伪装服，并使用三羟甲基乙烷/新戊二醇相变材料微胶囊体系填充涤纶中空纤维，以此制作织物，将制备的纺织品与普通纤维制品分别覆盖在胳膊上，用热像仪拍摄不同时刻胳膊的热图，结果表明相变材料纺织品有明显的红外伪装效果，伪装时间可达到100 min。

综上所述，对新材料新技术的应用不是孤立的，如光伏织物需要织物导电，而同样地，电磁屏蔽也需要织物导电，金属丝混编也会带来一定的防雷达波侦察甚至防弹能力；可热合帐篷布使用的涂层也可以兼顾气凝胶隔热材料；相变织物可以同气凝胶共同应用于帐篷隔热，而相变织物的局部应用还可起到防红外侦察的效果等。因此，在设计中需要根据环境、勤务特点，对新材料新技术进行系统设计和采用，并相互配合来使用。

附　　录

附录1　帐篷支撑结构的主要材料及性能

1. 金属材料

1）碳素钢杆件

早期的帐篷支撑杆件，如支杆式帐篷、框架式帐篷等多采用碳素钢 Q235 管材，其主要性能指标见附表 1-1。

附表 1-1　Q235 管材的主要性能指标

牌号	弹性模量 /(N/mm²)	壁厚/mm	抗拉强度设计值 /(N/mm²)	剪切强度设计值 /(N/mm²)
Q235	2.1×10^5	1.5～2.0	215	125

2）铝合金圆管

网架式帐篷杆件多采用铝合金圆管，其规格应按图纸要求选用，并符合 GB/T 4437.2 规定，管材的断面尺寸及允许偏差应符合 GB/T 4436 中的高精级规定。铝合金管材的主要性能指标见附表 1-2。

附表 1-2　铝合金管材的主要性能指标

牌号	状态	壁厚/mm	抗拉强度设计值 /(N/mm²)	断后伸长率 /%
6A02	T6	1.5～2.0	295	≥8

3）铝合金型材

对重量要求较高的住房装备，可采用铝合金型材，并应符合 GB/T 6892 规定，其主要性能指标见附表 1-3。

附表 1-3　铝合金型材的主要性能指标

牌号	状态	壁厚/mm	抗拉强度设计值 /(N/mm²)	断后伸长率 /%
6063	T6	1.5～3.0	215	≥6

2. 非金属材料

充气帐篷通常使用聚醚型聚氨酯薄膜作为内部充气膜，28×3/28×3 或 28×2/28×2 涤纶防水帆布作为外部支撑，两者的性能指标见附表 1-4 和附表 1-5。

附表 1 - 4　聚氨酯薄膜的主要性能指标

厚度/mm	克重/(g/m²)	断裂强力/MPa	断裂伸长/%	空气透过系数/(×10⁻¹⁸ m²/(s·Pa))
0.25	283	31	650	3.6
0.50	586	43	660	7.2

附表 1 - 5　涤纶防水帆布(气肋外套材料)的主要性能指标

技术性能		指标限值		试验方法
		28×3/28×3	28×2/28×2	
断裂强力/N	经向	≥2300	≥2000	GB/T 3923.1
	纬向	≥2100	≥1700	
撕破强力/N	经向	≥400	≥300	GB/T 3917.3
	纬向	≥260	≥180	
静水压/kPa		≥4.5	≥4.5	GB/T 4744
耐光色牢度/级		≥4	≥4	GB/T 8426
外观		布面应无明显疵点		GB/T 17760

3. 复合材料

新型框架帐篷通常使用玻璃纤维增强复合管、环氧玻璃布层压板、纤维增强不饱和聚酯模塑料等复合材料作为支撑杆件。

1)玻璃纤维增强复合管

玻璃纤维增强复合管的主要性能指标见附表 1 - 6。

附表 1 - 6　玻璃纤维增强复合管的主要性能指标

性能参数	指标要求	检验方法
拉伸强度/MPa	≥400	GB/T 1447
压缩强度/MPa	≥300	GB/T 1448
弯曲强度/MPa	≥400	GB/T 1449
弯曲弹性模量/GPa	≥30	GB/T 1449
剪切强度/MPa	≥30	GB/T 3357
冲击韧性/(kJ/m²)	≥200	GB/T 1451
相对密度/(g/cm³)	1.8～2.1	GB/T 1463
巴氏硬度	≥50	GB/T 3854
湿热老化后弯曲强度保留率/%	≥70	按 GB/T 2574 采用恒定湿热,温度为60℃,相对湿度为93%,处理504 h后测试
湿热老化后冲击韧性保留率/%	≥80	

2）环氧玻璃布层压板

环氧玻璃布层压板的主要性能指标见附表1-7。

附表1-7　环氧玻璃布层压板的主要性能指标

性能参数	指标要求	检验方法
拉伸强度/MPa	≥320	GB/T 1447
压缩强度/MPa	≥320	GB/T 1448
弯曲强度/MPa	≥350	GB/T 1449
弯曲弹性模量/GPa	≥24	GB/T 1449
冲击韧性/(kJ/m²)	≥150	GB/T 1451
相对密度/(g/cm³)	1.8~2.1	GB/T 1463
巴氏硬度	≥50	GB/T 3854

3）纤维增强不饱和聚酯模塑料（SMC）

纤维增强不饱和聚酯模塑料（SMC）的主要性能指标见附表1-8。

附表1-8　纤维增强不饱和聚酯模塑料（SMC）的主要性能指标

性能参数	指标要求	检验方法
拉伸强度/MPa	≥120	GB/T 1040.2
压缩强度/MPa	≥150	GB/T 1041
弯曲强度/MPa	≥150	GB/T 9341
巴氏硬度	≥50	GB/T 3854
密度/(g/cm³)	1.7~2.0	GB/T 1033.1
吸水率/%	<0.2	GB/T 1034

附录2　帐篷通用围护结构的主要材料及性能

1. 外篷布

1）28×2/28×2涤纶防水帆布

早期框架式棉帐篷通常采用此类篷布，其主要性能指标见附表2-1。

附表2-1　28×2/28×2涤纶防水篷布的主要性能指标

性能参数		指标要求	试验方法
幅宽/cm		85.5±1	GB/T 4667
密度/(根/10 cm)	经向	≥285	GB/T 4668
	纬向	≥183	
断裂强力/N	经向	≥2100	GB/T 3923.1
	纬向	≥1800	

续表

性能参数		指标要求	试验方法
撕破强力/N	经向	≥330	GB/T 3917.3
	纬向	≥200	
耐光色牢度		不小于 4 级	GB/T 8427
静水压/kPa		≥4.5	GB/T 4744
吊水高度/cm		≥20	FZ/T 14009

2）600D 涤纶篷布

支杆式单帐篷通常采用防水性能好的 600D 涤纶篷布，其主要性能指标见附表 2-2。

附表 2-2　600D 涤纶篷布的主要性能指标

性能参数		指 标 要 求	试验方法
幅宽/cm		148±2	GB/T 4667
密度/（根/10 cm）	经向	175±10	GB/T 4668
	纬向	148±10	
断裂强力/N	经向	≥2000	GB/T 3923.1
	纬向	≥1700	
撕破强力/N	经向	≥170	GB/T 3917.3
	纬向	≥140	
耐光色牢度/级		≥4	GB/T 8427
静水压/kPa		≥9.0	GB/T 4774

3）通用帐篷布

防老化性能更好的通用帐篷布的主要性能指标见附表 2-3，其他性能指标详见 GJB 7390《通用帐篷布规范》。

附表 2-3　通用帐篷布的主要性能指标

性能参数		指标要求	检验方法
幅宽/cm		150±1	GB/T 4667
单位面积质量/（g/m²）		290^{+20}	GB/T 4669
断裂强力/N	经向	≥2100	GB/T 3923.1
	纬向	≥2000	
撕破强力/N	经向	≥140	GB/T 3917.3
	纬向	≥120	
耐光色牢度/级		6～7	GB/T 8427
静水压/kPa	平整部位	≥20	GB/T 4744
	折痕部位	≥8	
耐摩擦色牢度（干摩）/级		≥3	GB/T 3920

2. 内篷布

1）150D 白色涂铝牛津布

餐厅帐篷及单帐篷的内篷布通常采用此类篷布,其主要性能指标见附表 2-4。

附表 2-4　涂铝牛津布的主要性能指标

性能参数		指标要求	试验方法
幅宽/cm		148±1	GB/T 4667
单位面积质量/(g/m²)		130.0±2	FZ/T 01011
断裂强力/N	经向	≥1000	GB/T 3923.1
	纬向	≥500	
撕破强力/N	经向	≥150	GB/T 3917.3
	纬向	≥50	
密度/(根/10 cm)	经向	≥360	GB/T 4668
	纬向	≥220	
红外反射率/%		≥80.0	GB/T 18319
静水压/kPa		≥8.0	FZ/T 01004

2）150D 白色涂铝阻燃牛津布

采用双层篷布结构的新型框架帐篷的内篷布通常采用 150D 白色涂铝阻燃牛津布,其主要性能指标见附表 2-5。

附表 2-5　150D 白色涂铝阻燃牛津布的主要性能指标

性能参数		指标要求	检验方法
幅宽/cm		150±1	GB/T4667
单位面积质量/(g/m²)		130±20	GB/T 4669
断裂强力/N	经向	≥800	GB/T3923.1
	纬向	≥500	
撕破强力/N	经向	≥80	GB/T3917.3
	纬向	≥40	
静水压/kPa		≥5	GB/T 4744
损毁长度/mm		≤150	GB/T 5455
续、阴燃时间/s		≤5	GB/T 5455
红外发射率/%		≤55	

3）涤纶阻燃白平布

框架式棉帐篷的内篷布通常采用透气性较好的涤纶阻燃白平布，其主要性能指标见附表 2-6。

附表 2-6　涤纶阻燃白平布的主要性能指标

性能参数		指标要求	检验方法
幅宽/cm		110±1	GB/T4667
单位面积质量/(g/m²)		90±5	GB/T 4669
厚度/mm		0.15±0.01	GB/T 6672
规格		13×13（涤纶短纤维）	
断裂强力/N	经向	≥800	GB/T3923.1
	纬向	≥50	
撕破强力/N	经向	≥60	GB/T3917.3
	纬向	≥40	
损毁长度/mm		≤150	GB/T 5455
续、阴燃时间/s		≤5	GB/T 5455

3. 保温材料

1）合成纤维针刺毡

框架式棉帐篷的保温材料一般会选择合成纤维针刺毡，其主要性能指标见附表 2-7。

附表 2-7　合成纤维针刺毡的主要性能指标

性能参数	指标要求	检验方法
幅宽/cm	94～200	GB/T 1447
单位面积质量/(g/m²)	篷顶≥500，篷围≥300	GB/T 1448
厚度/mm	篷顶 5～6，篷围 3～4	GB/T6672
规格	2.5D 短纤维	
纤维配比	涤纶 25%，腈纶 25%，丙纶 50%（或涤纶 75%，腈纶 25%）	
喷胶热定型处理	胶液为丙烯酸酯乳胶，正面喷胶 10 g/m³，反面喷胶 15 g/m³	

2）中空纤维絮片

对质量有要求的保温材料也可以选用中空纤维絮片，其颜色为本白。中空纤维絮片应厚薄均匀，不得有污渍、破洞等疵点，其主要性能指标见附表 2-8。

附表 2-8　中空纤维絮片的主要性能指标

性能参数	指标要求	检验方法
单位面积质量/(g/m²)	≥150	FZ/T 60003
克罗值(CLO)	≥0.85	GB/T 11048
氧指数	≥28	GB/T 2046

附录3　帐篷特殊用途篷布的主要材料及性能

1. 电磁屏蔽布

电磁屏蔽帐篷应具备防止篷外电磁辐射干扰篷内电子设备的功能，其主要性能指标见附表 3-1。

附表 3-1　T/F 29×2 电磁屏蔽布的主要性能指标

性能参数		指标要求	试验方法
屏蔽效能/dB		≥45(150 kHz～10 kHz)	GJB 6190
幅宽/cm		127+1	GB/T 4666
单位面积质量/(g/m²)		≤295	GB/T 4669
密度/(根/10 cm)	经向	246	GB/T 4668
	纬向	220	
断裂强力/N	经向	≥900	GB/T 3923.1
	纬向	≥900	
撕破强力/N	经向	≥55	GB/T 3917.3
	纬向	≥50	

2. 三防帐篷防毒布

三防帐篷应具备防护化学毒剂的功能，因此篷布不但应有一定的力学要求，还应具有阻隔液体毒剂渗透的功能，防毒内篷布的主要性能指标见附表 3-2。

附表 3 - 2 防毒内篷布的主要性能指标

性能参数		指标要求	试验方法
幅宽/cm		125±1	GB/T 4667
单位面积质量/(g/m²)		350±2	FZ/T 01011
断裂强力/N	经向	≥1000	GB/T 3923.1
	纬向	≥500	
撕破强力/N	经向	≥150	GB/T 3917.3
	纬向	≥50	
高低温性能	高温(70℃)	不粘	GJB 5727
	低温(-55℃)	不脆	
防毒剂渗透性能		≥24 h	见产品规范
耐洗消性能		≥3 次	见产品规范

附录 4 帐篷的其他辅料及性能

1. 地布

帐篷地布应起到防雨水和防潮的作用，一般采用 PVC 涂层布，其主要性能指标见附表 4 - 1。

附表 4 - 1 PVC 地布的主要性能指标

性能参数		指标要求	检验方法
断裂强力/N	经向	≥2000	GB/T 3923.1
	纬向	≥1700	
静水压/kPa		≥20	GB/T 4744
耐低温性能		在-20℃时,出现裂痕试样不超过 2 块	FZ/T 01007
损毁长度/mm		≤150	GB/T 5455
续、阴燃时间/s		≤30	GB/T 5455

2. 聚氨酯薄膜

采光窗玻璃通常采用聚醚型聚氨酯薄膜，其主要性能指标见附表 4 - 2。

附表 4-2　聚氨酯(聚醚型)薄膜的主要性能指标

性能参数		指标要求	检验方法
拉力强度/MPa	纵向	≥34	GB 1040.2
	横向	≥30	
伸长率/%	纵向	≥500	GB 1040.2
	横向	≥520	
撕裂强度/(kg/cm)	纵向	≥80	QB/T 1130
	横向	≥80	
QVC耐黄变/级		≥4	HG/T 3689
透光率/%		≥75	GB/T 2410
密度/(g/cm³)		≤1.2	GB 1033.1
厚度/mm		0.3±0.02	GB/T 6672

3. 织带

帐篷缝纫用织带的主要性能指标见附表 4-3。

附表 4-3　织带的主要性能指标

性能参数	指标要求							检验方法
	涤纶带					丙纶带		
宽度/mm	10±1	11±1	22±1	22±1	28±1	24±1	50±1	FZ/T 60021
厚度/mm	1₋₀.₂	2₋₀.₂	1₋₀.₂	2₋₀.₂	2₋₀.₂	1.4₋₀.₂	1₋₀.₂	FZ/T 60021
组织	双层斜纹	双层斜纹	双层斜纹	双层斜纹	双层斜纹	双层平纹	双层平纹	FZ/T 60021
断裂强力/(N/100 mm)	500	1400	1400	2200	3200	1400	1700	FZ/T 60021
耐磨色牢度/级	≥3	≥3	≥3	≥3	≥3	≥3	≥3	GB/T 3920

4. 涤纶包芯绳

帐篷固定用风绳通常采用涤纶包芯绳,其主要性能指标见附表 4-4。

附表 4-4　涤纶包芯绳的主要性能指标

性能参数	指标要求		检验方法
直径/mm	3.0±0.5	6.0±0.5	FZ 65002
单位长度质量/(g/m)	≤11.0	≤22.0	FZ 65002
断裂强力/N	≥1000	≥2000	FZ 65002
断裂伸长率/%	≤20.0	≤15.0	FZ 65002
颜色	橄榄绿	橄榄绿	FZ 65002
耐摩擦色牢度/级	≥3	≥3	GB/T 3920

附录5　拆装式集装箱房的主要原材料及性能

拆装式集装箱房的主要原材料及性能如下。

1. 结构主材性能

结构用钢材性能应符合 GB/T 700、GB/T 706、GB/T 2518、GB/T 6725 和 GB/T 14978 的规定，其力学性能应不低于 Q345 钢的技术要求。其类别及主要性能指标见附表 5-1。

附表 5-1　结构主材的主要性能指标

类别	公称直径/mm	屈服强度/MPa	抗拉强度/MPa	检验方法
顶板主、次梁	≥3	≥345	≥490	GB/T 6725
	≥4	≥345	≥490	GB/T 6725
角柱侧板	≥3	≥345	≥490	GB/T 6725
角柱上下端板	≥20	≥345	≥490	GB/T 6725
角件侧板	≥6	≥345	≥490	GB/T 6725
角件上下端板	≥16	≥345	≥490	GB/T 6725

2. 保温围护结构性能

保温围护结构通常采用彩钢夹芯板，应根据建筑使用功能选择芯材，临时建筑应选用难燃材料，永久建筑应选用不燃材料。彩钢夹芯板应符合 GB/T 23932 的规定，其基板镀层应不低于腐蚀环境为中级的要求。其类别及主要性能指标见附表 5-2。

附表 5-2　保温围护结构的主要性能指标

类别	标称厚度/mm	密度/(kg/m³)	传热系数/[W/(m²·K)]	黏结强度	检验方法
彩钢岩棉夹芯板	≥70	≥100	≤0.6	≥0.06	GB/T 23932
彩钢聚氨酯夹芯板	≥50	≥38	≤0.45	≥0.1	GB/T 23932
彩钢玻璃棉芯板	≥80	≥64	≥0.59	≥0.03	GB/T 23932

3. 附属配件性能

铝合金门窗的材料性能应符合 GB/T 8478 的规定；钢门的材料性能应符合 GB/T 20909 的规定。

参 考 文 献

[1]　包世华，辛克贵，燕柳斌. 结构力学[M]. 2版. 武汉：武汉理工大学出版社，2003.

[2]　袁海庆. 材料力学[M]. 3版. 武汉：武汉理工大学出版社，2014.

[3]　朱伯芳. 有限单元法原理与应用[M]. 2版. 北京：中国水利水电出版社，1998.

[4]　赵均海，汪梦甫. 弹性力学及有限元[M]. 武汉：武汉理工大学出版社，2003.

[5]　刘加平. 建筑物理[M]. 北京：中国建筑工业出版社，2009.

[6]　孙禹. 城市建筑能耗空间模型与集成环境的研究及应用[D]. 哈尔滨：哈尔滨工业大学，2016.

[7]　ZHANG K, ZHANG X, LI S, et al. Review of underfloor air distribution technology[J]. Energy and Buildings, 2014, 8(5): 180 – 186.

[8]　WANG J N, CAO S R, LI Z, et al. Human exposure to carbon monoxide and inhalable particulate in Beijing, China[J]. Biomedical and Environmental Sciences, 1988, 1(1): 5 – 12.

[9]　冷木吉. 地域适应下农区藏式传统民居建筑环境与节能潜力研究[D]. 天津：天津大学，2014.

[10]　YANG Z, GHAHRAMANI A, BECERIK G B. Building occupancy diversity and HVAC (heating, ventilation, and air conditioning) system energy efficiency[J]. Energy, 2016, 7(4): 6 – 13.

[11]　LIAN Z, WANG H. Experimental study of factors that affect thermal comfort in an upward-displacement air-conditioned room[J]. HVAC&R Research, 2002, 8(2): 191 – 200.

[12]　LIN Z, CHOW T T, TSANG C F, et al. CFD study on effect of the air supply location on the performance of the displacement ventilation system[J]. Building and Environment, 2005, 40(8): 1051 – 1067.

[13]　LAU J, CHEN Q. Floor-supply displacement ventilation for workshops [J]. Building and Environment, 2007, 42(4): 1718 – 1730.

[14]　李戈. 桌面个性化送风末端方式对工位区热环境的影响研究[D]. 天津：天津商业大学，2015.

[15]　陈光，王东伟，方正平，等. 置换通风的发展及研究现状[J]. 建筑热能通风空调，2007(2): 23 – 28.

[16]　MACKEY C, GALANOS T, NORFORD L, et al. Wind, sun, surface temperature, and heat island: critical variables for high-resolution outdoor thermal comfort[C]. In the 15th IBPSA conference San Francisco, CA, USA, August 7 – 9, 2017.

[17]　LIN T P. Thermal perception, adaptation and attendance in a public square in hot and humid regions [J]. Building and Environment, 2009, 44: 2017 – 2026.

[18] 皇甫昊. 室外热环境因素对人体热舒适的影响[D]. 长沙：中南大学，2014.

[19] HUANG J, ZHOU C, ZHUO Y, et al. Outdoor thermal environments and activities in open space：an experiment study in humid subtropical climates[J]. Building and Environment，2016，103：238 - 249.

[20] 陈昕，刘京，张鹏程，等. 严寒地区城市冬季室外热舒适研究[J]. 建筑科学，2017(10)：8 - 12.

[21] 姚泰. 生理学[M]. 上海：复旦大学出版社，2005.

[22] 黄建华，张慧. 人与热环境[M]. 北京：科学出版社，2011.

[23] 崔芳，苏敏. 轻钢结构工业建筑设计[J]. 城市建筑，2013(14)：44 - 45.

[24] 曾玲玲. 基于体表温度的室内热环境响应实验研究[D]. 重庆：重庆大学，2008.

[25] 魏慧娇. 高温环境下热习服训练和工作效率的实验研究[D]. 天津：天津大学，2010.

[26] 魏润柏，徐文华. 热环境[M]. 上海：同济大学出版社，1994.

[27] 王美楠. 低气压环境下二节点人体热调节模型研究[D]. 青岛：青岛理工大学，2013.

[28] 金招芬，朱颖心. 建筑环境学[M]. 北京：中国建筑工业出版社，2001.

[29] 龚然. 拉萨地区室外热舒适评价指标研究[D]. 成都：西南交通大学，2017.

[30] FANGER P O. Thermal comfort[M]. New York：Mc Graw-Hill，1972.

[31] 唐鸣放，钱炜. 太阳辐射影响下的城市户外热环境评价指标[J]. 太阳能学报，2003(24)：106 - 110.

[32] 周鑫. 基于中国人热特性的多节点热舒适模型[D]. 上海：上海交通大学，2015.

[33] 张楠楠. 新型可穿戴染料敏化太阳能电池织物研究[D]. 重庆：重庆大学，2017.

[34] 许杰，李梅霞，祝立根，等. 染料敏化太阳能电池用聚吡咯/织物对电极的制备及性能[C]. 2013 年全国高分子学术论文报告会.

[35] 范兴，张楠楠，黄艺，等. 一种光伏电池织物与其它功能纤维共混纺织品的织造方法：CN108103631A[P]. 2016 - 11 - 24.

[36] 贺香梅，徐壁，蔡再生. SiO_2 气凝胶隔热涂层织物的制备及性能研究[J]. 表面技术，2014，43(3)：95 - 100.

[37] 张明明，刘晓林，马天. SiO_2 气凝胶制备及其在织物保温涂层中的应用[J]. 稀有金属材料与工程. 2015，S1：421 - 425.

[38] 颜卫亨，胡云龙，张茂功，等. 气肋式充气拱结构的应用[C]. 第十届全国现代结构工程学术研讨会，2010：502 - 506.

[39] 乐莹. PVC(聚氯乙烯)涂层织物的替代材料研究[J]. 染整技术，2009，31(7)：11 - 12.

[40] 宋凯杰，万红敬，黄红军. 剪切增稠材料的研究进展[J]. 化工新型材料，2017，45(5)：7 - 9.

[41] 蒋玲玲，钱坤，于科静，等. 剪切增稠液体在防刺材料中的应用研究，化工新型材料，2011，39(6)：121 - 124.

[42] 李峰，彭斌超，张博文，等. 剪切增稠凝胶及制备方法和有剪切增稠效应的防破片织物：CN201510253524.6[P]. 2015 - 5 - 18.

[43] 李承宇，王会阳. 硼纤维及其复合材料的研究及应用[J]. 塑料工业，2011，39(10)：1 - 4.

[44]　韦生文,白一峰. 大长径比高刚性碳纤维杆缠绕成型工艺研究[J]. 电子工艺技术,
　　　　2015,36(1):55 - 58.

[45]　韦生文,王亚锋. 轻质高刚性组装式碳纤维杆件缠绕成型工艺技术研究[J]. 2014 年
　　　　电子机械与微波结构工艺学术会议论文集,2014:263 - 266.

[46]　赵锐霞,尹亮,潘玲英,等. Φ10 mm 碳纤维复合材料管成型工艺及性能研究[J].
　　　　宇航材料工艺,2012(4):61 - 63,74.

[47]　苏国栋,郑启富,雷宏,等. 自洁功能聚氨酯材料[J]. 化工时刊,2007(9):1 - 4.

[48]　张丽叶,樊书德. PVDC 的阻隔性与加工技术[J]. 塑料,2001(1):15 - 19.

[49]　彭志远,杨爱景,王春香. 电磁屏蔽织物综述[J]. 中国纤检,2012(20):82 - 85.

[50]　褚玲,文珊. 电磁屏蔽织物的研究进展[J]. 现代纺织技术,2011(1):57 - 60.

[51]　贺娟,王花娥,薛元,等. 电磁波辐射屏蔽织物的研究发展现状[J]. 山东纺织科技,
　　　　2008,47(3):44 - 47.

[52]　杨召,佐同林. 电磁屏蔽织物的研究进展[J]. 毛纺科技,2016,44(1):14 - 18.

[53]　钱惺悦,纪俊玲,戴萍,等. 微胶囊相变材料 PCM 在织物上的应用[J]. 印染,
　　　　2014(7):12 - 15.

[54]　陆少锋,申天伟,宋庆文,等. 环保型聚脲微胶囊相变材料在棉织物上的应用[J].
　　　　棉纺织技术,2017,45(8):69 - 72.

[55]　陆少锋,申天伟,宋庆文,等. 聚脲/聚氨酯双层微胶囊相变材料的制备及应用[J].
　　　　合成纤维工业,2017,40(4):19 - 23.

[56]　杨益,李晓军,王昱蘅,等. 相变材料的特性及伪装应用探析[J]. 材料导报,2011,
　　　　25(7):118 - 121,139.